从零学

全彩图解
视频
学习

电动机维修一本通

韩雪涛　主　编
吴　瑛　韩广兴　副主编

U0301564

化学工业出版社

·北京·

内容简介

《从零学电动机维修一本通》采用全彩色图解的形式，全面系统地介绍了电动机维修与绕组接线的相关知识与技能，主要内容包括：电动机的种类和功能特点，电动机控制电路，电动机的维护与检修、拆卸与安装，电动机绕组的拆除与绕制、嵌线工艺、焊接工艺、接线方式，以及常见电动机驱动电路介绍。

本书理论和实践操作相结合，内容由浅入深，层次分明，重点突出，语言通俗易懂。本书还对重要的知识和技能专门配置了视频讲解，读者只需要用手机扫描二维码就可以观看视频，学习更加直观便捷。

本书可供电动机维修人员学习使用，也可供职业院校作为教材使用。

图书在版编目（CIP）数据

从零学电动机维修一本通 / 韩雪涛主编．—北京：化学工业出版社，2021.6（2024.6重印）

ISBN 978-7-122-38933-6

Ⅰ．①从… Ⅱ．①韩… Ⅲ．①电动机-维修 Ⅳ．①TM320.7

中国版本图书馆CIP数据核字（2021）第066558号

责任编辑：万忻欣　李军亮　　　装帧设计：王晓宇
责任校对：杜杏然

出版发行：化学工业出版社（北京市东城区青年湖南街13号　邮政编码100011）
印　　装：涿州市般润文化传播有限公司
850mm×1168mm 1/32 印张 7¾ 字数 184 千字 2024 年 6 月北京第 1 版第 5 次印刷

购书咨询：010-64518888　　　售后服务：010-64518899
网　　址：http://www.cip.com.cn
凡购买本书，如有缺损质量问题，本社销售中心负责调换。

定　　价：49.80元

前言

电动机是工农业生产中广泛使用的电力和动力设备，电动机维修是一项技术要求很高的工作。在实际工作中，对电动机的正常维护和维修可以延长它们的使用寿命，因此系统学习电动机维修知识与技能非常重要。我们从初学者的角度出发，根据实际岗位的技能需求编写了本书，旨在引导读者快速掌握电动机维修的专业知识与实操技能。

本书采用彩色图解的形式，全面系统地介绍了电动机维修的知识与技能，内容由浅入深，层次分明，重点突出，语言通俗易懂，具有完整的知识体系；书中采用大量实际操作案例进行辅助讲解，帮助读者掌握实操技能并将所学内容运用到工作中。

我们之前编写出版了《彩色图解电动机检测与绕组维修速成》一书，深受读者的欢迎与喜爱，广大读者在学习该书的过程中，通过网上评论或直接联系等方式，对该书内容提出了很多宝贵的意见，对此我们非常重视。我们汇总了读者的意见，并结合电工行业的新发展，对该书内容进行了一些改进，新增常见电动机驱动电路介绍，并且在原有基础上增加了大量教学视频，使读者的学习更加高效。

本书由数码维修工程师鉴定指导中心组织编写，由全国电子行业专家韩广兴教授亲自指导。编写人员有行业工程师、高级技师和一线教师，使读者在学习过程中如同有一群专家在身边指导，将学习和实践中需要注意的重点、难点一一化解，大大提升学习效果。另外，读者可登录数码维修工程师的官方网站获得技术服务。如果读者在学习和考核认证方面有什么问题，可以通过以下方式与我们联系。电话：022-83718162/83715667/13114807267，地址：天津市南开区榕苑路 4 号天发科技园 8-1-401，邮编：300384。

本书由韩雪涛任主编，吴瑛、韩广兴任副主编，参加本书内容整理工作的还有张丽梅、宋明芳、朱勇、吴玮、吴惠英、张湘萍、高瑞征、韩雪冬、周文静、吴鹏飞、唐秀鸯、王新霞、马梦霞、张义伟。

编　者

目 录

从零学电动机维修一本通

1 第1章

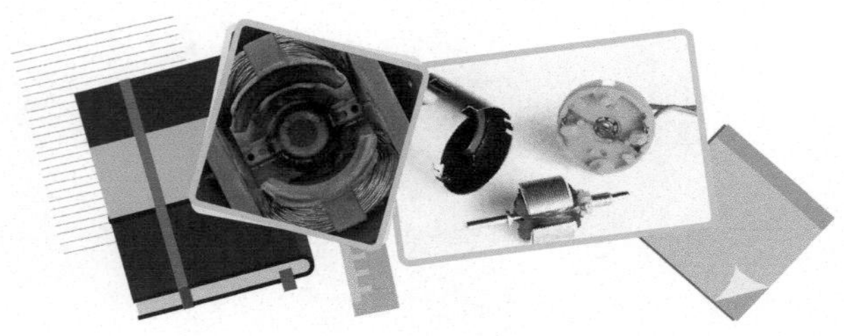

目录

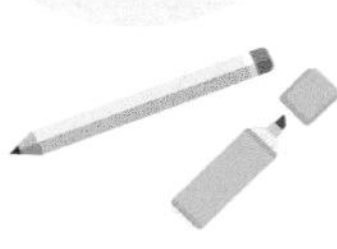

2 第2章

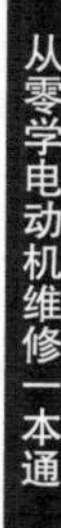
从零学电动机维修一本通

3 第3章

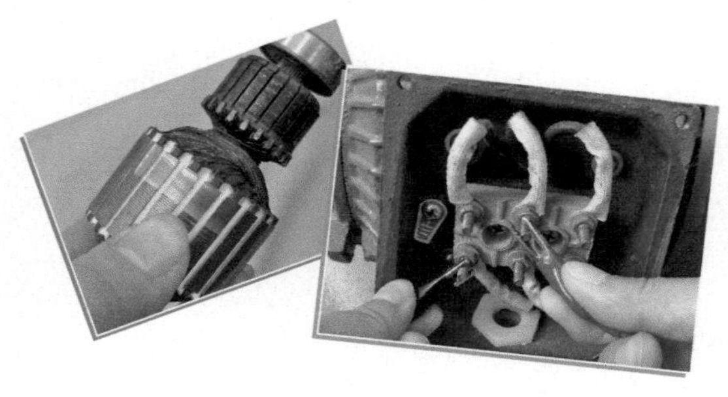

目录

5 第5章

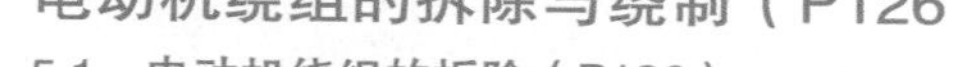

6 第6章

第7章 电动机绕组的焊接工艺（P188）

第8章 常用电动机绕组接线方式（P199）

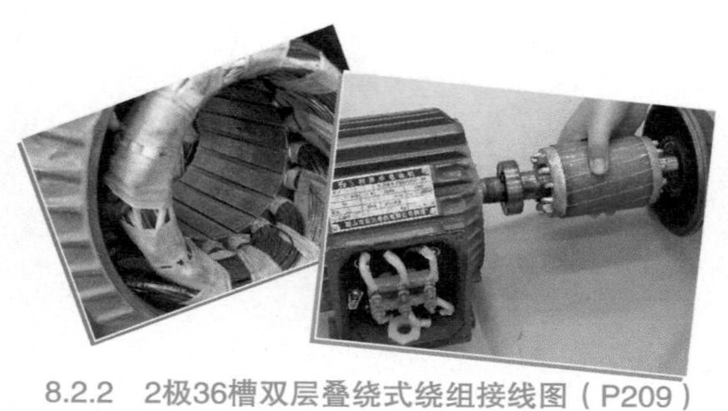

目录

第1章
电动机的种类和功能特点

1.1 永磁式直流电动机的特点

1.1.1 永磁式直流电动机的结构

直流电动机主要包括两个部分，即定子部分和转子部分。其中定子部分或转子部分由永久磁体构成的电动机称为永磁式直流电动机。

图 1-1 典型永磁式直流电动机的结构

如图 1-1 所示，永磁式直流电动机的定子磁体与圆柱形外壳制成一体，转子绕组绕制在铁芯上与转轴制成一体，绕组的引线焊接在整流子上，通过电刷为其供电，电刷安装在定子机座上与外部电源相连。

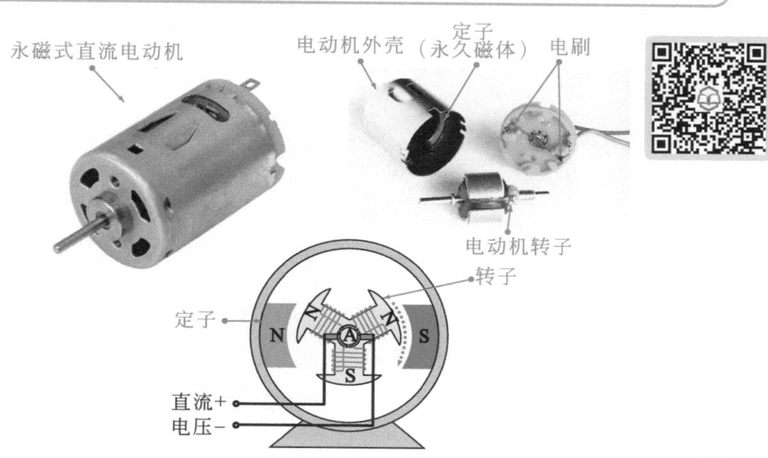
永磁式直流电动机
电动机外壳
定子
（永久磁体）
电刷
电动机转子
转子
定子
N
S
N
N
A
S
直流+
电压−

❶ 永磁式直流电动机的定子

图 1-2 永磁式直流电动机定子的结构

如图 1-2 所示，由于两个永磁体全部安装在一个由铁磁性材料制成的圆筒内，则圆筒外壳就成为中性磁极部分，内部两个磁体分别为 N 极和 S 极，这就构成了产生定子磁场的磁极，转子安装于其中就会受到磁场的作用而产生转动力矩。

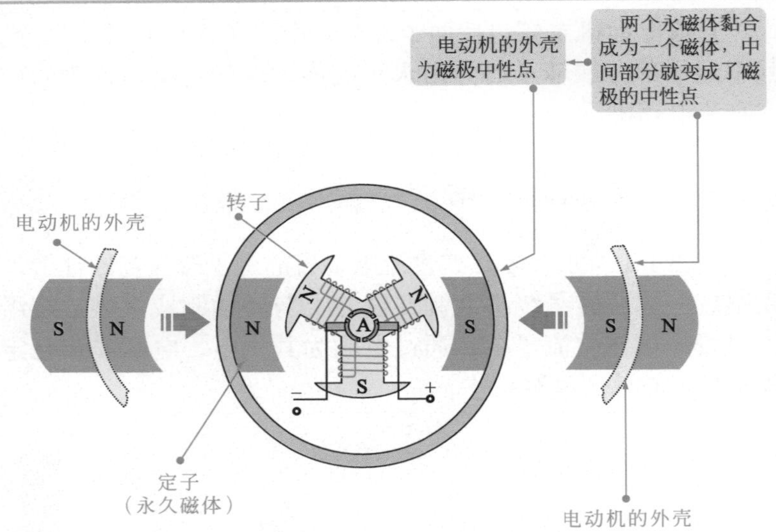
电动机的外壳为磁极中性点
两个永磁体黏合成为一个磁体，中间部分就变成了磁极的中性点
转子
电动机的外壳
S
N
N
N
N
A
S
S
S
N
S
−
+
定子
（永久磁体）
电动机的外壳

❷ 永磁式直流电动机的转子

图 1-3 永磁式直流电动机转子的结构

如图 1-3 所示，永磁式直流电动机的转子是由绝缘轴套、换向器、转子铁芯、绕组及转轴（电动机轴）等部分构成的。

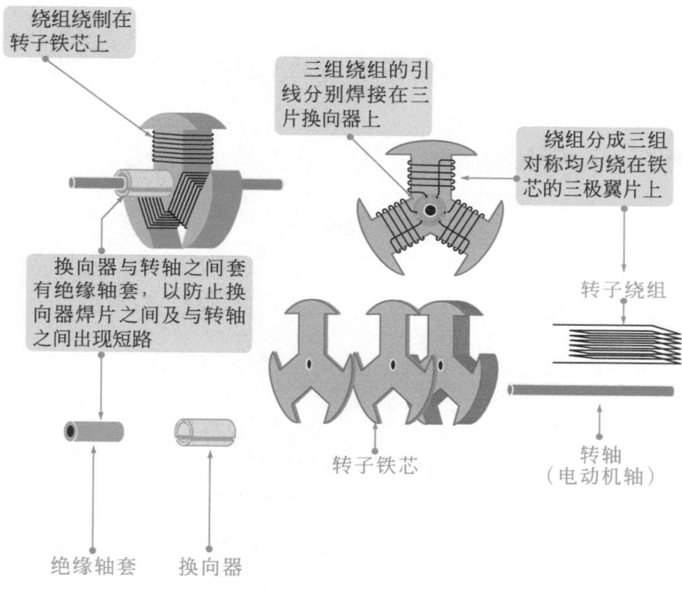
绕组绕制在转子铁芯上
三组绕组的引线分别焊接在三片换向器上
绕组分成三组对称均匀绕在铁芯的三极翼片上
换向器与转轴之间套有绝缘轴套，以防止换向器焊片之间及与转轴之间出现短路
转子绕组
转子铁芯
转轴
（电动机轴）
绝缘轴套
换向器

图 1-4　永磁式直流电动机转子中的整流子与电刷

如图 1–4 所示，换向器是将三个（或多个）环形金属片（铜或银材料）嵌在绝缘轴套上制成的，是转子绕组的供电端。电刷是由铜石墨或银石墨组成的导电块，电刷通过压力弹簧的压力接触到换向器上，也就是说电刷和换向器是靠弹性压力互相接触向转子绕组传送电流的。

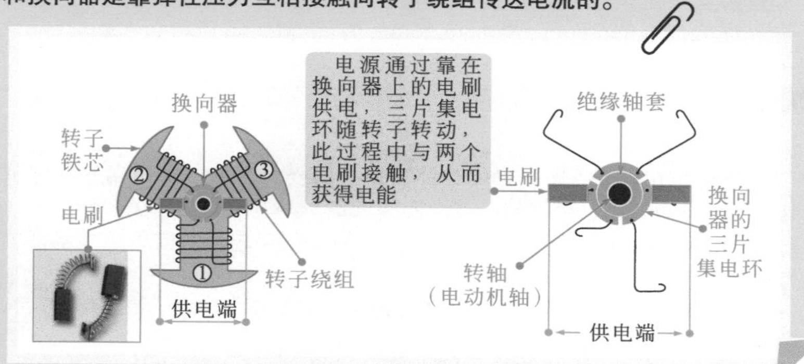
电源通过靠在换向器上的电刷供电，三片集电环随转子转动，此过程中与两个电刷接触，从而获得电能
换向器
转子铁芯
②
③
①
电刷
转子绕组
供电端
绝缘轴套
电刷
换向器的三片集电环
转轴
（电动机轴）
供电端

1.1.2 永磁式直流电动机的原理

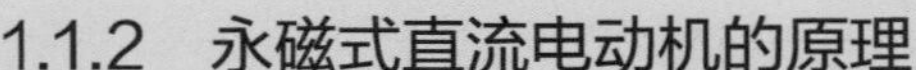

图 1-5 直流电动机转矩产生的原理

如图 1-5 所示，根据电磁感应原理（左手定则），当导体在磁场中有电流流过时就会受到磁场的作用而产生转矩。这就是直流电动机的旋转机理。

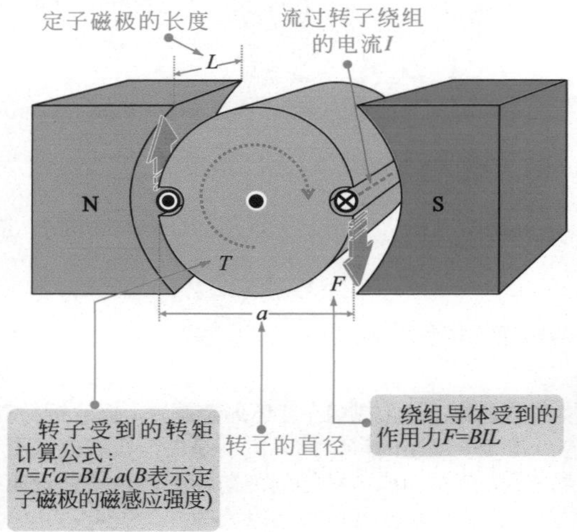
定子磁极的长度
L
流过转子绕组的电流I
N
S
T
F
a
转子受到的转矩计算公式：T=Fa=BILa(B表示定子磁极的磁感应强度)
转子的直径
绕组导体受到的作用力F=BIL

增加转子的直径、加长转子轴向的长度、增强转子绕组的电流及增强定子磁极的磁感应强度都会增大电动机的转矩

图 1-6 左手定则

如图 1–6 所示，通电导体在外磁场中的受力方向一般可用左手定则判断，即伸开左手，使拇指与其余四指垂直，并与手掌在同一平面内，让磁力线穿入手心（手心面向磁场 N 极），四指指向电流方向，拇指所指的方向就是导体的受力方向。

转子绕组有电流流过时，导体受到定子磁场的作用所产生力的方向，遵循左手定则。

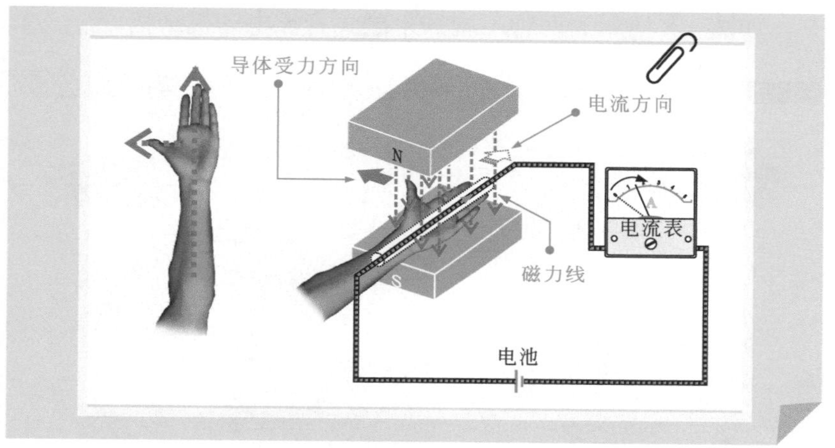
导体受力方向
电流方向
N
电流表
磁力线
S
电池

图 1-7　永磁式直流电动机的反电动势

如图 1-7 所示，由于永磁式直流电动机外加直流电源后，转子会受到磁场的作用力而旋转，当转子绕组旋转时又会切割磁力线而产生电动势，该电动势的方向与外加电源的方向相反，因而被称为反电动势，所以当电动机旋转起来后，电动机绕组所加的电压等于外加电源电压与反电动势之差，其电压小于启动电压。

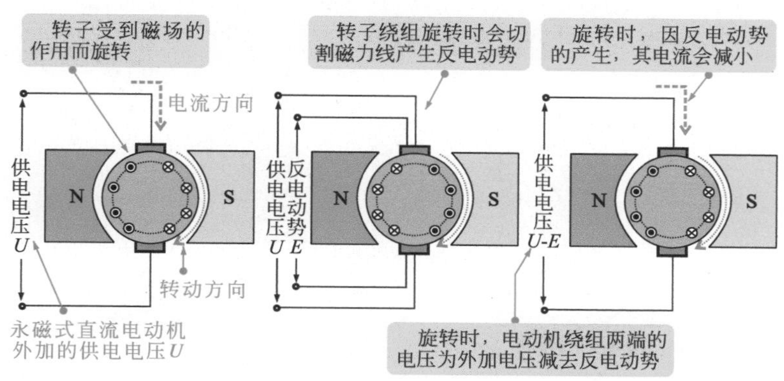
转子受到磁场的作用而旋转
转子绕组旋转时会切割磁力线产生反电动势
旋转时，因反电动势的产生，其电流会减小
电流方向
供电电压 U
N
S
转动方向
反电动势 E
供电电压 U-E
永磁式直流电动机外加的供电电压U
旋转时，电动机绕组两端的电压为外加电压减去反电动势

如图 1-8 所示为两种不同的永磁式直流电动机结构。

图 1-8 两极转子永磁式直流电动机和三极转子永磁式直流电动机的结构

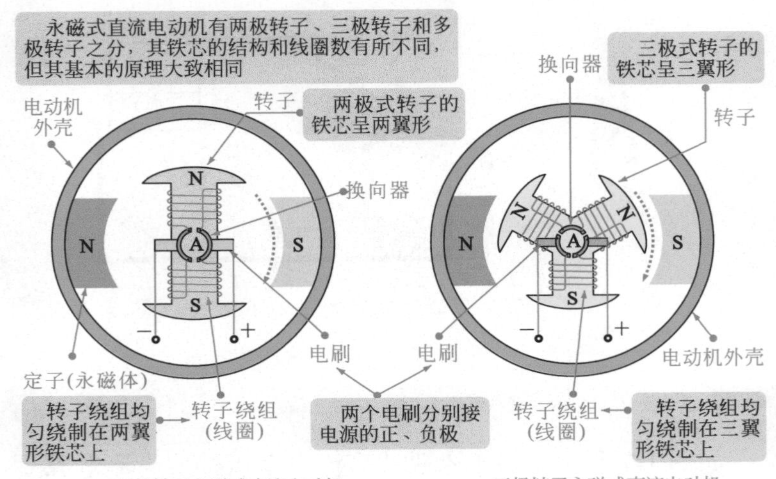
永磁式直流电动机有两极转子、三极转子和多极转子之分，其铁芯的结构和线圈数有所不同，但其基本的原理大致相同
电动机外壳
转子
两极式转子的铁芯呈两翼形
换向器
N
S
A
定子(永磁体)
转子绕组均匀绕制在两翼形铁芯上
转子绕组(线圈)
电刷
电刷
两个电刷分别接电源的正、负极
换向器
三极式转子的铁芯呈三翼形
转子
电动机外壳
转子绕组(线圈)
转子绕组均匀绕制在三翼形铁芯上
两极转子永磁式直流电动机
三极转子永磁式直流电动机

1 两极转子结构的永磁式直流电动机转动原理

图 1-9 两极转子结构的永磁式直流电动机转动原理

图 1-9 为永磁式直流电动机（两极转子）的转动过程。

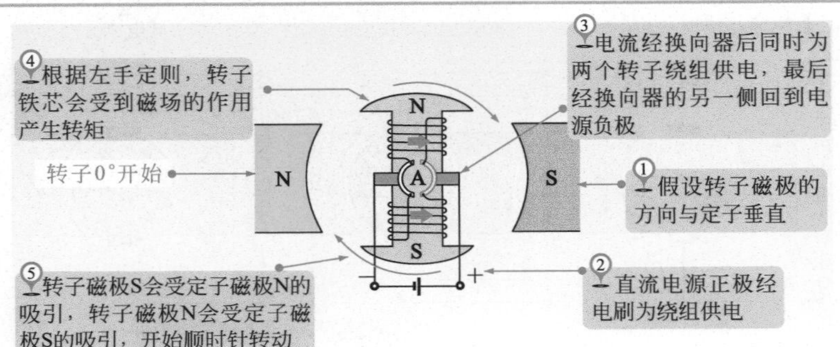
④根据左手定则，转子铁芯会受到磁场的作用产生转矩
转子0°开始
③电流经换向器后同时为两个转子绕组供电，最后经换向器的另一侧回到电源负极
①假设转子磁极的方向与定子垂直
⑤转子磁极S会受定子磁极N的吸引，转子磁极N会受定子磁极S的吸引，开始顺时针转动
②直流电源正极经电刷为绕组供电
N
S
A

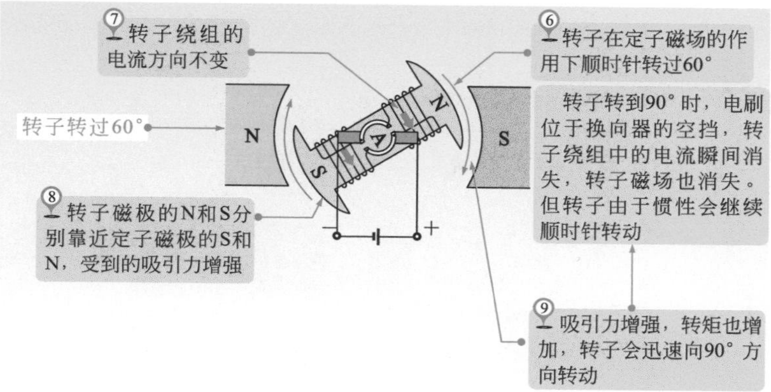

转子转过60°

⑥ 转子在定子磁场的作用下顺时针转过60°

⑦ 转子绕组的电流方向不变

⑧ 转子磁极的N和S分别靠近定子磁极的S和N，受到的吸引力增强

⑨ 吸引力增强，转矩也增加，转子会迅速向90°方向转动

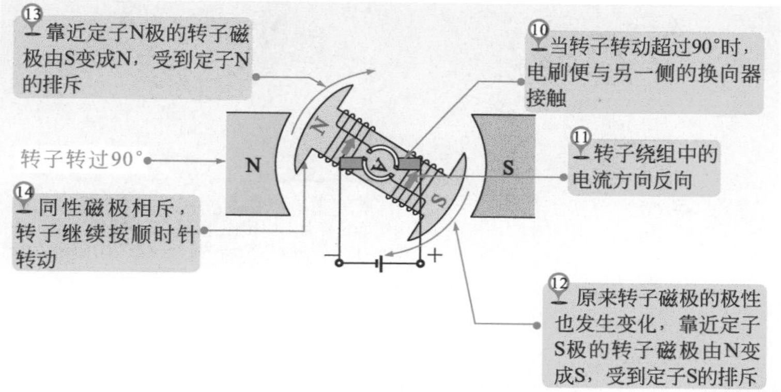

转子转到90°时，电刷位于换向器的空挡，转子绕组中的电流瞬间消失，转子磁场也消失。但转子由于惯性会继续顺时针转动

N　S　N　S　+　−

转子转过90°

⑩ 当转子转动超过90°时，电刷便与另一侧的换向器接触

⑪ 转子绕组中的电流方向反向

⑫ 原来转子磁极的极性也发生变化，靠近定子S极的转子磁极由N变成S，受到定子S的排斥

⑬ 靠近定子N极的转子磁极由S变成N，受到定子N的排斥

⑭ 同性磁极相斥，转子继续按顺时针转动

N　S　N　S　+　−

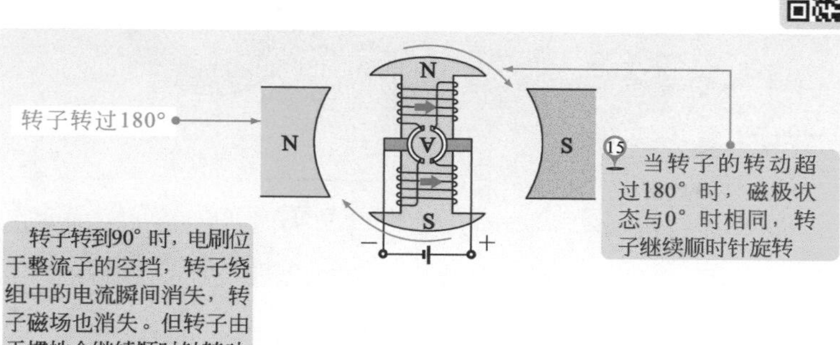
转子转过180°
N
S
N
S
−
+
⑮ 当转子的转动超过180°时，磁极状态与0°时相同，转子继续顺时针旋转
转子转到90°时，电刷位于整流子的空挡，转子绕组中的电流瞬间消失，转子磁场也消失。但转子由于惯性会继续顺时针转动

❷ 三极转子结构的永磁式直流电动机转动原理

图 1-10 三极转子结构的永磁式直流电动机转动原理

图 1-10 为永磁式直流电动机（三极转子）的转动过程。

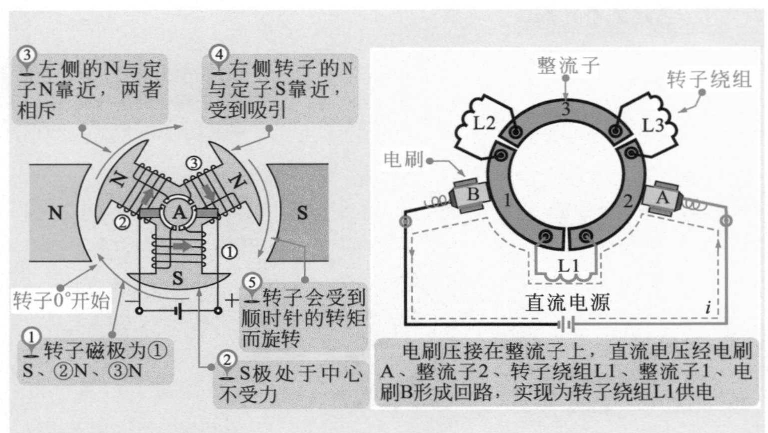
③左侧的N与定子N靠近，两者相斥
④右侧转子的N与定子S靠近，受到吸引
N
S
A
③
②
①
转子0°开始
⑤转子会受到顺时针的转矩而旋转
①转子磁极为①S、②N、③N
②S极处于中心不受力
整流子
转子绕组
L2
L3
3
电刷
B
A
1
2
L1
直流电源
i
电刷压接在整流子上，直流电压经电刷A、整流子2、转子绕组L1、整流子1、电刷B形成回路，实现为转子绕组L1供电

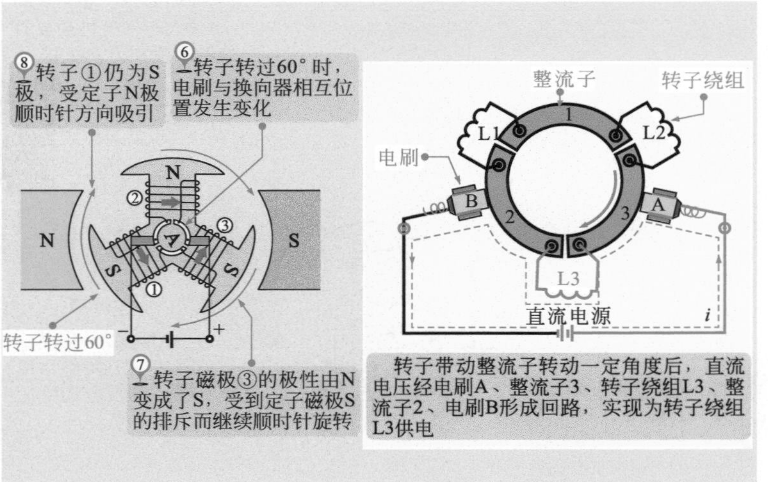
⑧转子①仍为S极，受定子N极顺时针方向吸引
⑥转子转过60°时，电刷与换向器相互位置发生变化
N
S
A
②
③
①
转子转过60°
⑦转子磁极③的极性由N变成了S，受到定子磁极S的排斥而继续顺时针旋转
整流子
转子绕组
L1
L2
1
电刷
B
A
2
3
L3
直流电源
i
转子带动整流子转动一定角度后，直流电压经电刷A、整流子3、转子绕组L3、整流子2、电刷B形成回路，实现为转子绕组L3供电

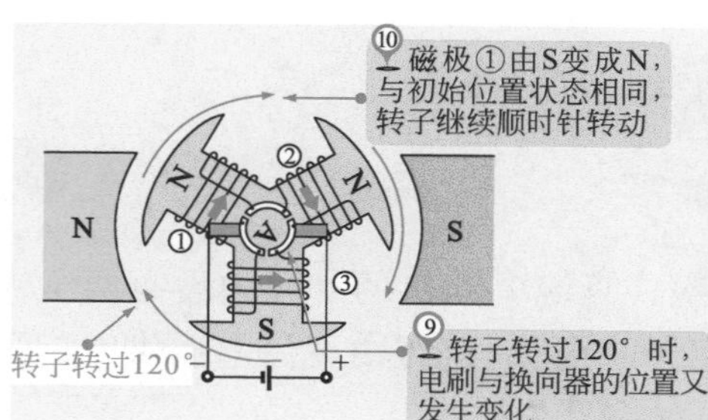
⑩磁极①由S变成N，与初始位置状态相同，转子继续顺时针转动
N
S
N
N
S
①
②
③
转子转过120°
⑨转子转过120°时，电刷与换向器的位置又发生变化
+

由于转子工作时是旋转的，因此安装在转子上的换向器也是旋转的，供电电源的引线不能与绕组引线或换向器引线焊接在一起，电源是通过压在换向器上的电刷进行供电，借助弹性压力为转动的绕组供电，三片换向片在转动过程中与两个电刷的刷片接触，从而获得电能

1.2 电磁式直流电动机的特点

1.2.1 电磁式直流电动机的结构

图 1-11　电磁式直流电动机的结构

如图 1-11 所示，电磁式直流电动机是将用于产生定子磁场的永磁体用电磁铁取代，定子铁芯上绕有绕组（线圈），转子部分是由转子铁芯、绕组（线圈）、整流子及转轴组成的。

转轴
转子铁芯
绕组

电磁式直流电动机

电动机外壳
定子铁芯（电磁铁）
定子绕组

❶ 电磁式直流电动机的定子

图 1-12 电磁式直流电动机定子的结构

如图 1-12 所示，电磁式直流电动机的外壳内设有两组铁芯，铁芯上绕有绕组（定子绕组），绕组由直流电压供电，当有电流流过时，定子铁芯便会产生磁场。

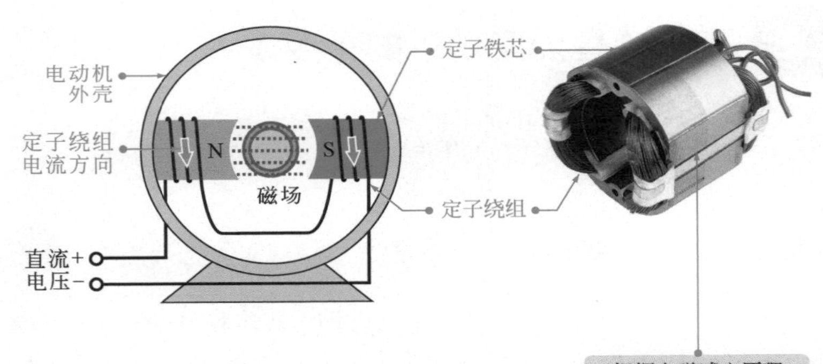
电动机
外壳
定子绕组
电流方向
N
S
磁场
直流+
电压−
定子铁芯
定子绕组

根据电磁感应原理，绕制在定子铁芯上的绕组线圈有电流流过，定子铁芯便会产生磁场。所形成的磁场强度随电流的增强而增强

❷ 电磁式直流电动机的转子

图 1-13 电磁式直流电动机转子的结构

如图 1-13 所示，将转子铁芯制成圆柱状，周围开多个绕组槽以便将多组绕组嵌入槽中，增加转子绕组的匝数可以增强电动机的启动转矩。

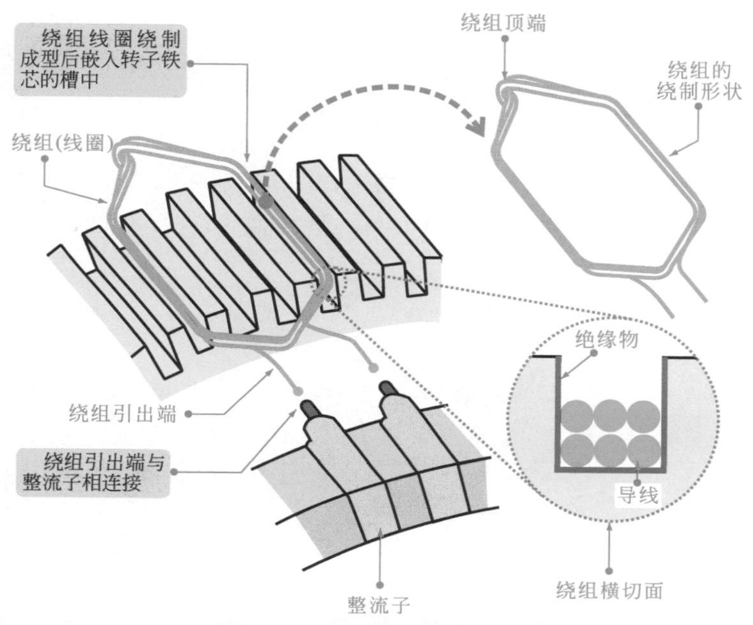
绕组线圈绕制成型后嵌入转子铁芯的槽中
绕组顶端
绕组的绕制形状
绕组(线圈)
绝缘物
绕组引出端
绕组引出端与整流子相连接
导线
整流子
绕组横切面

转子绕组槽
转子铁芯
绕组顶端

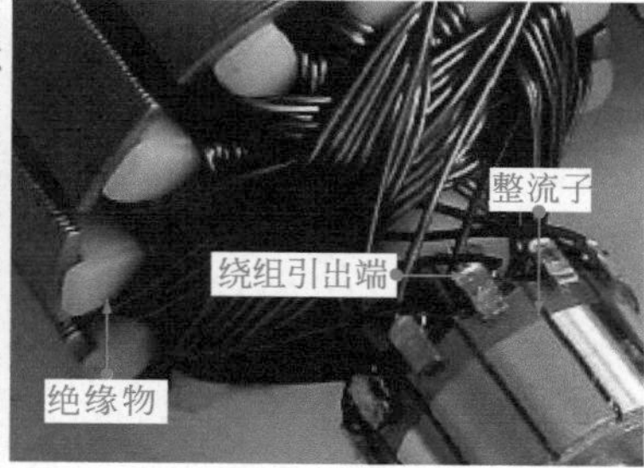
整流子
绕组引出端
绝缘物

1.2.2 电磁式直流电动机的原理

电磁式直流电动机根据内部结构和供电方式的不同，可以细分为他励式直流电动机、并励式直流电动机、串励式直流电动机及复励式直流电动机。

1 他励式直流电动机的工作原理

图 1-14 他励式直流电动机的工作原理

如图 1-14 所示，他励式直流电动机的转子绕组和定子绕组分别接到各自的电源上。这种电动机需要两套直流电源供电。

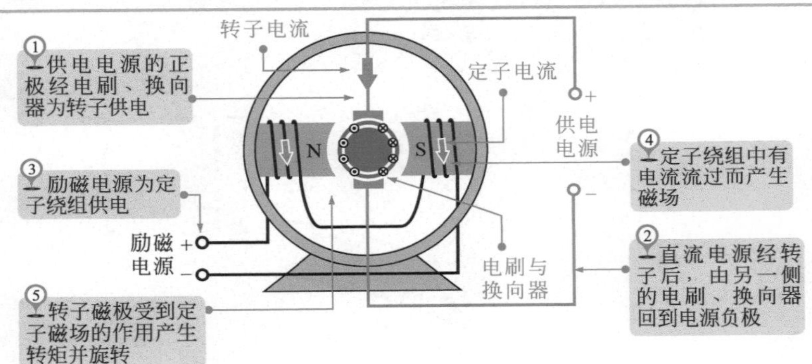
转子电流
①供电电源的正极经电刷、换向器为转子供电
定子电流
+
供电电源
−
④定子绕组中有电流流过而产生磁场
N
S
③励磁电源为定子绕组供电
励磁电源 +
−
电刷与换向器
②直流电源经转子后，由另一侧的电刷、换向器回到电源负极
⑤转子磁极受到定子磁场的作用产生转矩并旋转

2 并励式直流电动机的工作原理

图 1-15 并励式直流电动机的工作原理

如图 1-15 所示，并励式直流电动机的转子绕组和定子绕组并联，由一组直流电源供电。电动机的总电流等于转子与定子电流之和。

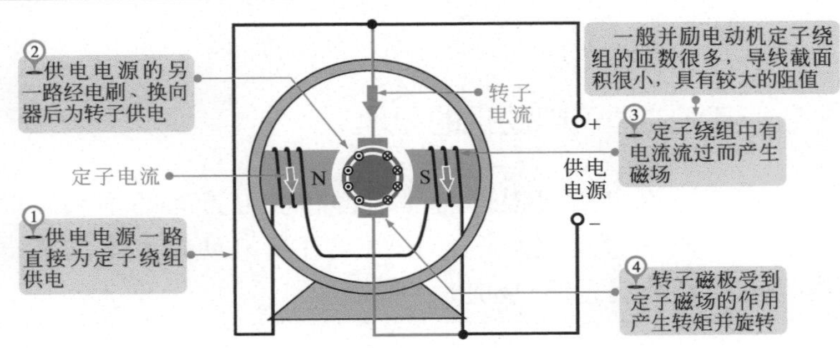
②供电电源的另一路经电刷、换向器后为转子供电
转子电流
一般并励电动机定子绕组的匝数很多，导线截面积很小，具有较大的阻值
+
③定子绕组中有电流流过而产生磁场
定子电流
N
S
供电电源
−
①供电电源一路直接为定子绕组供电
④转子磁极受到定子磁场的作用产生转矩并旋转

图 1-16 并励式直流电动机转速调整控制的电路原理

如图 1-16 所示，在定子绕组的供电电路中串联接入可变电阻。改变可变电阻的阻值就可以改变定子绕组的电流，定子绕组的磁场强度会随之改变，从而实现调速。

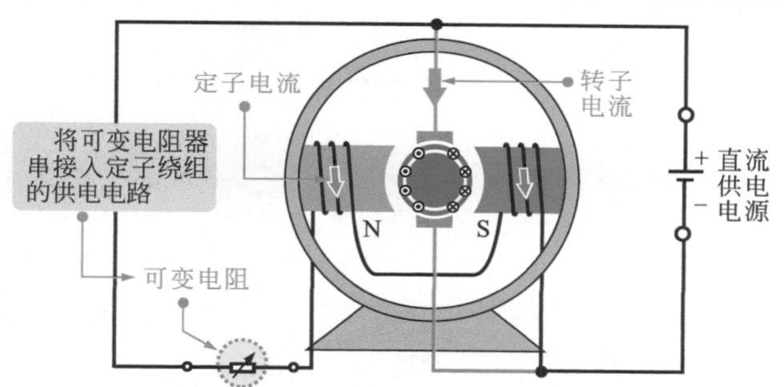
定子电流
转子电流
将可变电阻器串接入定子绕组的供电电路
N
S
+
直流供电电源
−
可变电阻

③ 串励式直流电动机的工作原理

图 1-17 串励式直流电动机的工作原理

如图 1-17 所示，串励式直流电动机的转子绕组和定子绕组串联，由一组直流电源供电。定子绕组中的电流就是转子绕组中的电流。

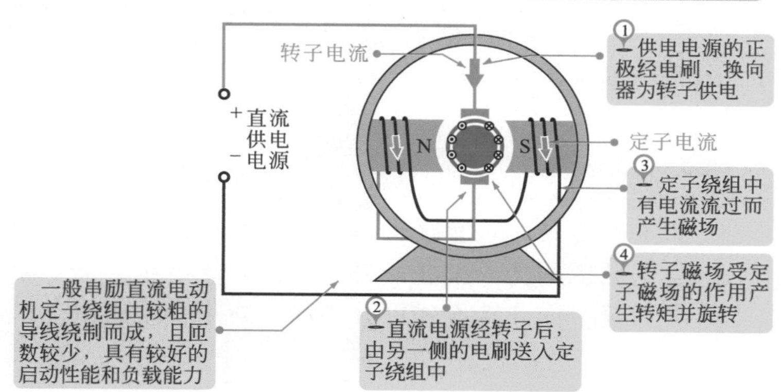
转子电流
① 供电电源的正极经电刷、换向器为转子供电
+
直流供电电源
−
N
S
定子电流
③ 定子绕组中有电流流过而产生磁场
④ 转子磁场受定子磁场的作用产生转矩并旋转
一般串励直流电动机定子绕组由较粗的导线绕制而成，且匝数较少，具有较好的启动性能和负载能力
② 直流电源经转子后，由另一侧的电刷送入定子绕组中

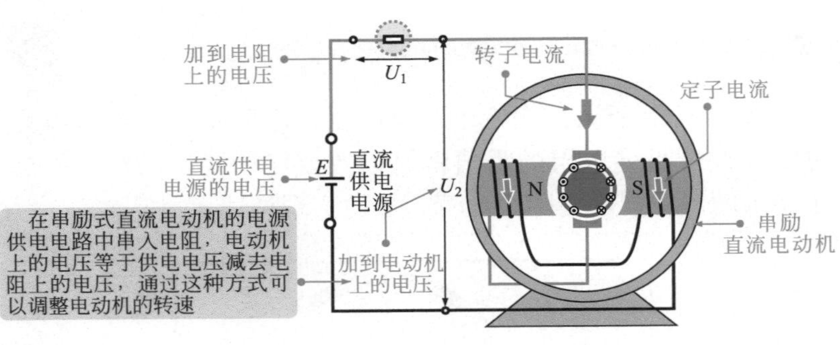
加到电阻
上的电压
U_1
转子电流
定子电流
直流供电
电源的电压
E
直流
供电
电源
U_2
N
S
在串励式直流电动机的电源供电电路中串入电阻，电动机上的电压等于供电电压减去电阻上的电压，通过这种方式可以调整电动机的转速
加到电动机
上的电压
串励
直流电动机

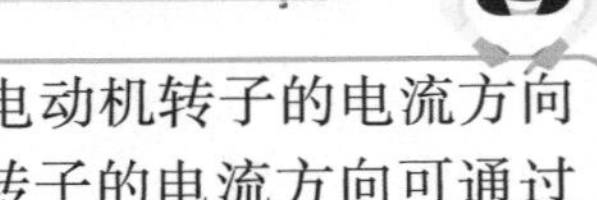

图 1-18 串励式直流电动机正、反转控制的电路原理

如图 1-18 所示，改变串励式直流电动机转子的电流方向就可以改变电动机的旋转方向。改变转子的电流方向可通过改变电动机的连接方式来实现。

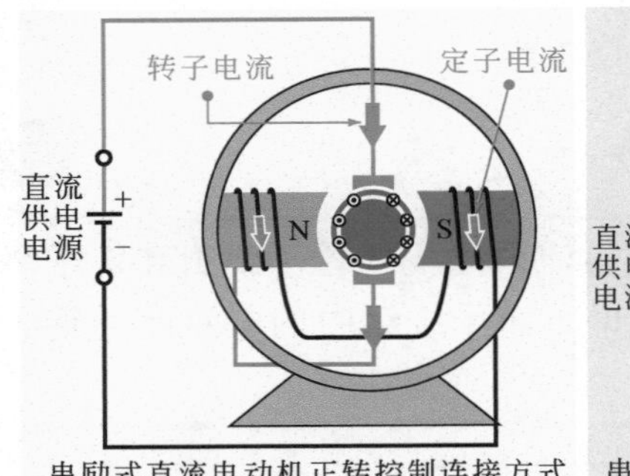
转子电流
定子电流
直流
供电
电源
+
−
N
S

串励式直流电动机正转控制连接方式

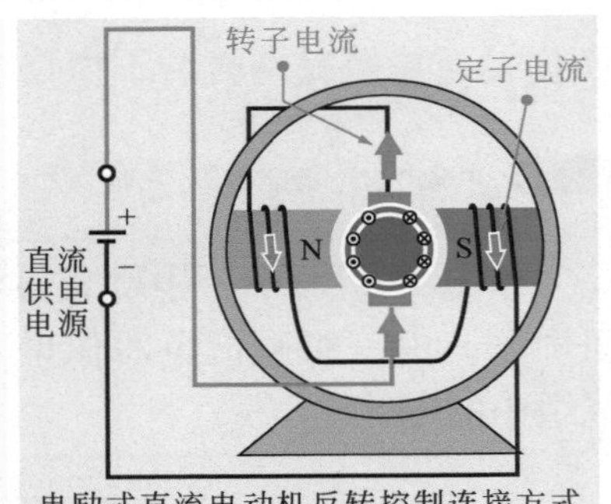
转子电流
定子电流
+
−
直流
供电
电源
N
S

串励式直流电动机反转控制连接方式

4 复励式直流电动机的工作原理

图 1-19 复励式直流电动机的工作原理

如图 1-19 所示，复励式直流电动机的定子绕组设有两组：一组与电动机的转子串联；另一组与转子绕组并联。复励式直流电动机根据连接方式可分为和动式复合绕组电动机和差动式复合绕组电动机。

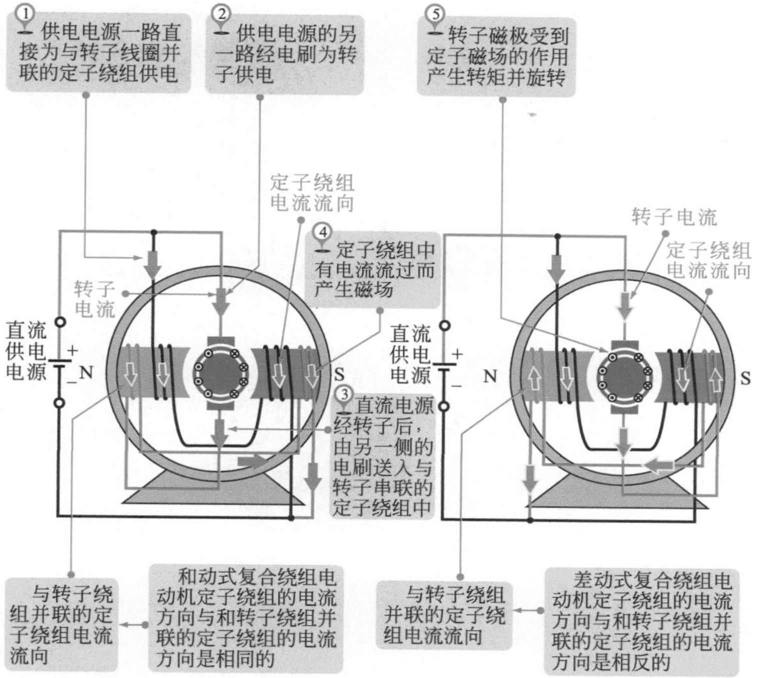

① 供电电源一路直接为与转子线圈并联的定子绕组供电

② 供电电源的另一路经电刷为转子供电

⑤ 转子磁极受到定子磁场的作用产生转矩并旋转

定子绕组电流流向

④ 定子绕组中有电流流过而产生磁场

转子电流

直流供电电源 + − N S

③ 直流电源经转子后，由另一侧的电刷送入与转子串联的定子绕组中

转子电流

定子绕组电流流向

直流供电电源 + − N S

与转子绕组并联的定子绕组电流流向

和动式复合绕组电动机定子绕组的电流方向与和转子绕组并联的定子绕组的电流方向是相同的

与转子绕组并联的定子绕组电流流向

差动式复合绕组电动机定子绕组的电流方向与和转子绕组并联的定子绕组的电流方向是相反的

1.3 有刷直流电动机的特点

1.3.1 有刷直流电动机的结构

图 1-20　有刷直流电动机的结构

如图 1-20 所示，有刷直流电动机的定子是由永磁体组成的，转子是由绕组和整流子（换向器）构成的；电刷安装在定子机座上，电源通过电刷及换向器来实现电动机绕组（线圈）中电流方向的变化。

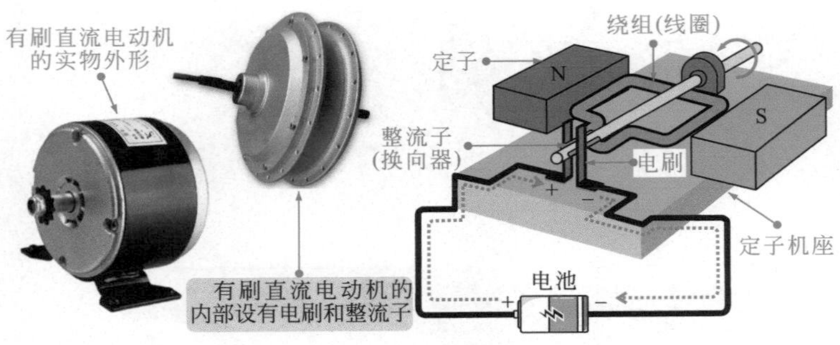
有刷直流电动机
的实物外形
有刷直流电动机的
内部设有电刷和整流子
绕组(线圈)
定子
N
S
整流子
(换向器)
电刷
定子机座
电池

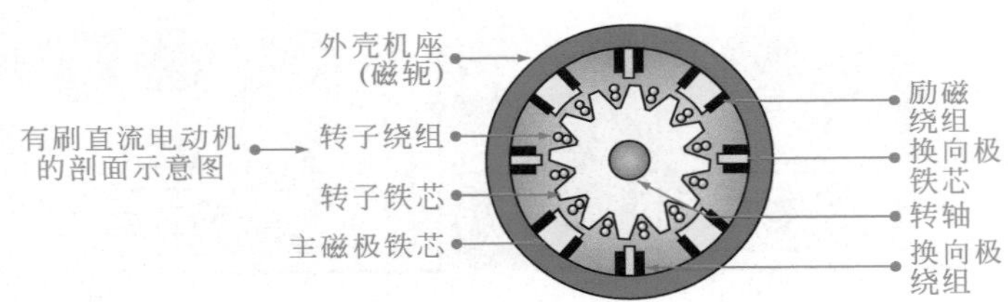
外壳机座
(磁轭)
有刷直流电动机
的剖面示意图
转子绕组
转子铁芯
主磁极铁芯
励磁
绕组
换向极
铁芯
转轴
换向极
绕组

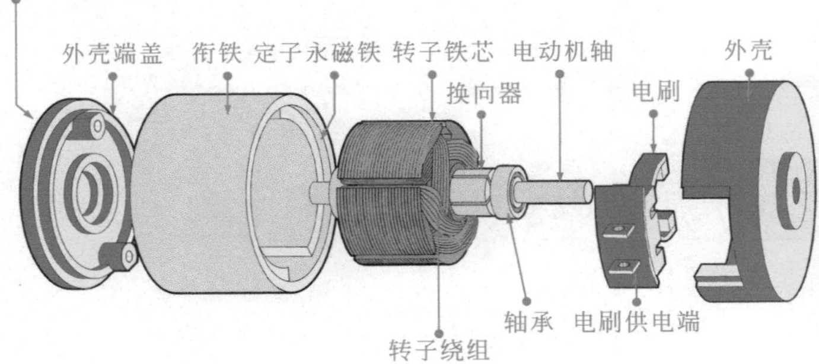
有刷直流电动机
的整机分解图
外壳端盖
衔铁
定子永磁铁
转子铁芯
电动机轴
外壳
换向器
电刷
轴承
电刷供电端
转子绕组

❶ 有刷直流电动机的定子

图 1-21 有刷直流电动机定子的结构

如图 1-21 所示，有刷直流电动机的定子部分主要由主磁极（定子永磁铁或绕组）、衔铁、端盖和电刷等部分组成。

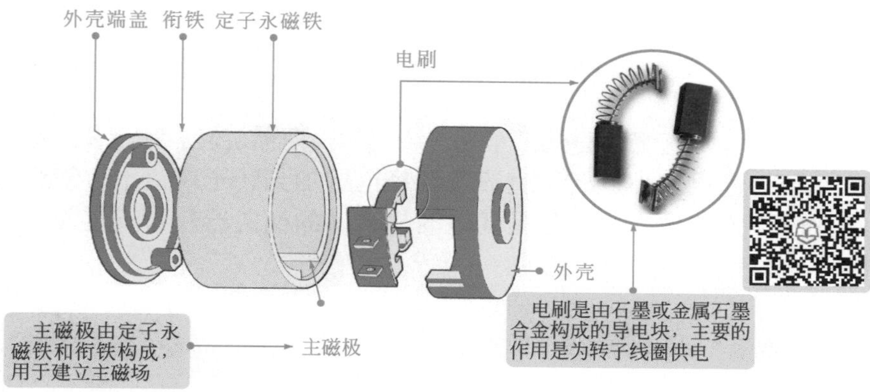
外壳端盖
衔铁
定子永磁铁
电刷
外壳
主磁极由定子永磁铁和衔铁构成，用于建立主磁场
主磁极
电刷是由石墨或金属石墨合金构成的导电块，主要的作用是为转子线圈供电

2 有刷直流电动机的转子

图 1-22　有刷直流电动机转子的结构

如图 1-22 所示，有刷直流电动机的转子部分主要由转子铁芯、转子绕组、轴承、电动机轴、换向器（整流子）等部分组成。

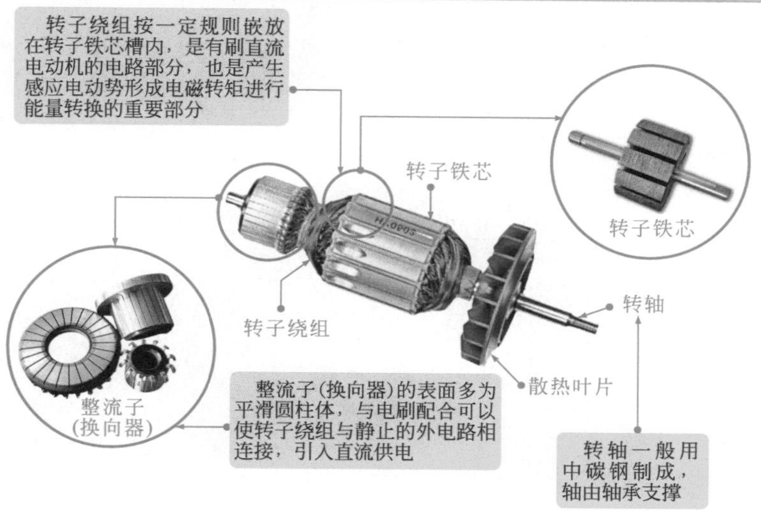
转子绕组按一定规则嵌放在转子铁芯槽内，是有刷直流电动机的电路部分，也是产生感应电动势形成电磁转矩进行能量转换的重要部分
转子铁芯
转子铁芯
转子绕组
转轴
散热叶片
整流子
(换向器)
整流子(换向器)的表面多为平滑圆柱体，与电刷配合可以使转子绕组与静止的外电路相连接，引入直流供电
转轴一般用中碳钢制成，轴由轴承支撑

1.3.2 有刷直流电动机的原理

有刷直流电动机工作时，绕组和换向器旋转，主磁极（定子）和电刷不旋转，直流电源经电刷加到转子绕组上，绕组电流方向的交替变化是随电动机转动的换向器及与其相关的电刷位置变化而变化的。

图 1-23 有刷直流电动机的转动原理

图 1-23 为有刷直流电动机的转动过程。

有刷直流电动机接通电源瞬间的工作过程：有刷直流电动机接通电源一瞬间，直流电源的正、负两极通过电刷A和B与直流电动机的转子绕组接通，直流电流经电刷A、换向器1、绕组ab和cd、换向器2、电刷B返回到电源的负极

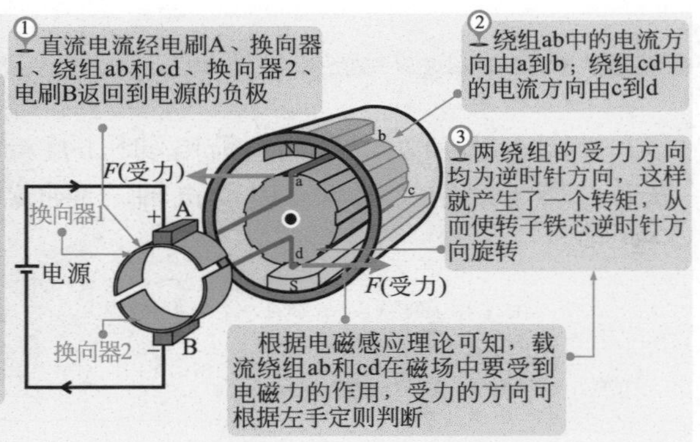
①直流电流经电刷A、换向器1、绕组ab和cd、换向器2、电刷B返回到电源的负极
②绕组ab中的电流方向由a到b；绕组cd中的电流方向由c到d
③两绕组的受力方向均为逆时针方向，这样就产生了一个转矩，从而使转子铁芯逆时针方向旋转
F(受力)
换向器1
换向器2
电源
A
B
+
−
N
S
a
b
c
d
F(受力)
根据电磁感应理论可知，载流绕组ab和cd在磁场中要受到电磁力的作用，受力的方向可根据左手定则判断

有刷直流电动机转子转到90°时的工作过程：当有刷直流电动机转子转到90°时，两个绕组边处于磁场物理中性面，且电刷不与换向器接触，绕组中没有电流流过，F=0，转矩消失

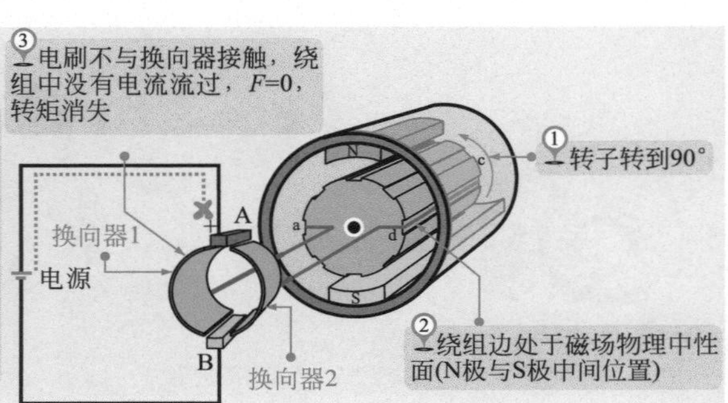
③电刷不与换向器接触，绕组中没有电流流过，F=0，转矩消失
①转子转到90°
换向器1
电源
换向器2
A
B
N
S
a
c
d
②绕组边处于磁场物理中性面(N极与S极中间位置)

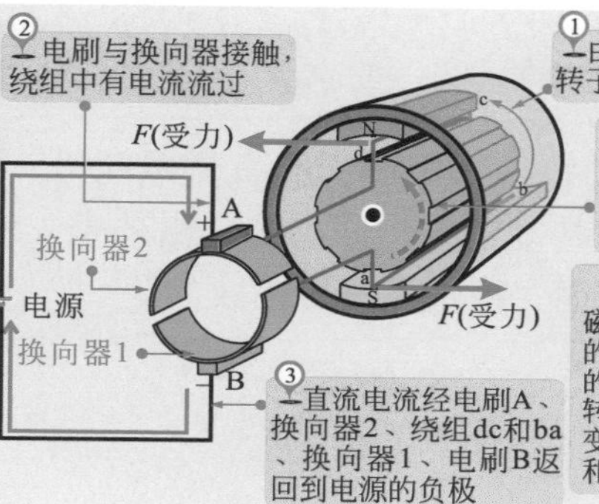
有刷直流电动机超过90°旋转的工作过程：由于机械惯性的作用，有刷直流电动机的转子将冲过90°，绕组中则出现反向电流，继续旋转至180°，此时直流电流经电刷A、换向器2、绕组dc和ba、换向器1、电刷B返回到电源的负极
②电刷与换向器接触，绕组中有电流流过
①由于机械惯性作用，转子绕组将冲过一个角度
F(受力)
④根据左手定则可知，两个绕组受力的方向仍是逆时针，转子依然逆时针旋转
A
换向器2
电源
F(受力)
换向器1
B
③直流电流经电刷A、换向器2、绕组dc和ba、换向器1、电刷B返回到电源的负极
由此可见，一个绕组从一个磁极范围经过中性面到了相对的异性磁极范围时，通过绕组的电流方向已改变一次，因此转子的转动方向保持不变。改变绕组中电流方向是靠换向器和电刷来完成的

1.4 无刷直流电动机的特点

1.4.1 无刷直流电动机的结构

无刷直流电动机是指没有电刷和换向器的电动机，其转子是由永久磁钢制成的，绕组绕制在定子上。定子上的霍尔元件用于检测转子磁极的位置，以便借助该位置信号控制定子绕组中的电流方向和相位，并驱动转子旋转。

图 1-24　无刷直流电动机的结构

图 1-24 为典型无刷直流电动机的结构组成。

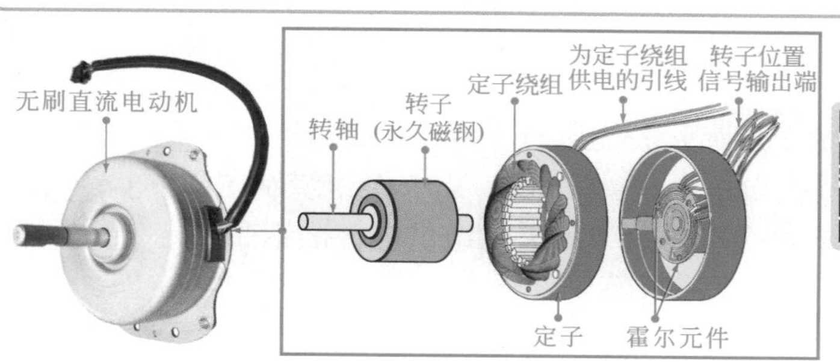
无刷直流电动机
转轴
转子
(永久磁钢)
定子绕组
为定子绕组
供电的引线
转子位置
信号输出端
定子
霍尔元件

图 1-25 电动自行车中的无刷直流电动机

图 1-25 为电动自行车中的无刷直流电动机。无刷直流电动机外形多样，但基本结构相同，都是由外壳、转轴、轴承、定子绕组、转子磁钢、霍尔元件等构成的。

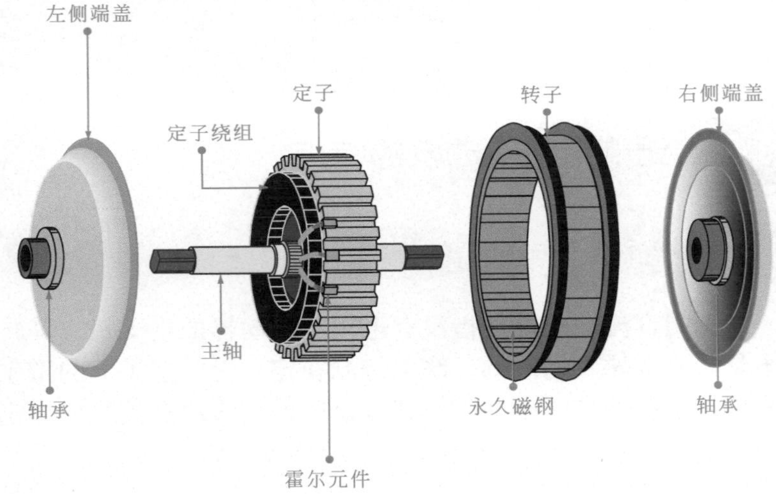
左侧端盖
定子
定子绕组
转子
右侧端盖
主轴
轴承
永久磁钢
轴承
霍尔元件

1.4.2 无刷直流电动机的工作原理

图 1-26 无刷直流电动机的工作原理

如图 1-26 所示，无刷直流电动机的转子由永久磁钢构成。它的圆周上设有多对磁极（N、S）。绕组绕制在定子上，当接通直流电源时，电源为定子绕组供电，磁钢受到定子磁场的作用而产生转矩并旋转。

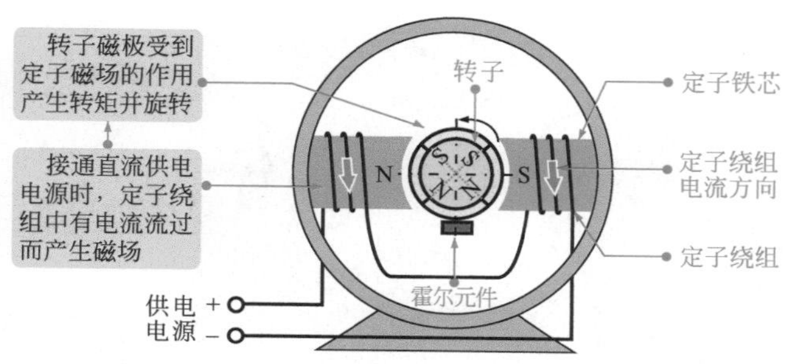
转子磁极受到
定子磁场的作用
产生转矩并旋转
接通直流供电
电源时，定子绕
组中有电流流过
而产生磁场
转子
定子铁芯
定子绕组
电流方向
定子绕组
霍尔元件
供电
电源
N
S

1 霍尔元件的特点和工作原理

图 1-27　无刷直流电动机中的霍尔元件

如图 1-27 所示，无刷直流电动机中的霍尔元件是电动机中的传感器件，一般被固定在电动机的定子上。霍尔元件用于检测转子磁极的位置，以便借助该位置信号控制定子绕组中的电流方向和相位，并驱动转子旋转。

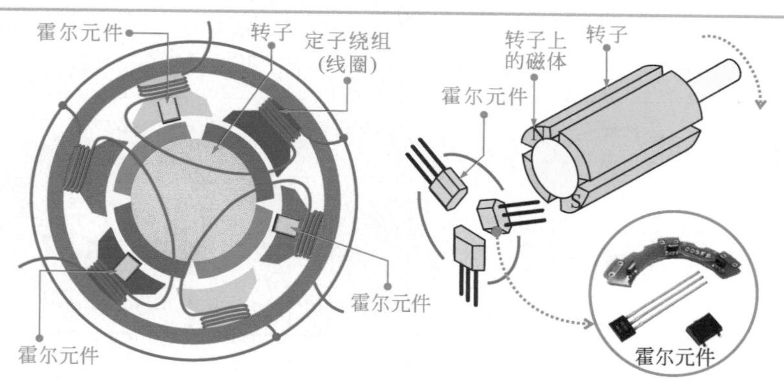
霍尔元件
转子
定子绕组
(线圈)
转子上
的磁体
转子
霍尔元件
霍尔元件
霍尔元件
霍尔元件

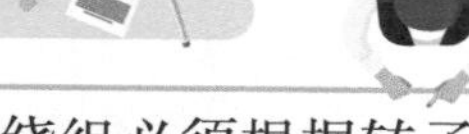

图 1-28　霍尔元件的工作特点

如图 1-28 所示，无刷直流电动机定子绕组必须根据转子的磁极方位切换其中的电流方向，才能使转子连续旋转，霍尔元件即为转子磁极位置检测传感器。

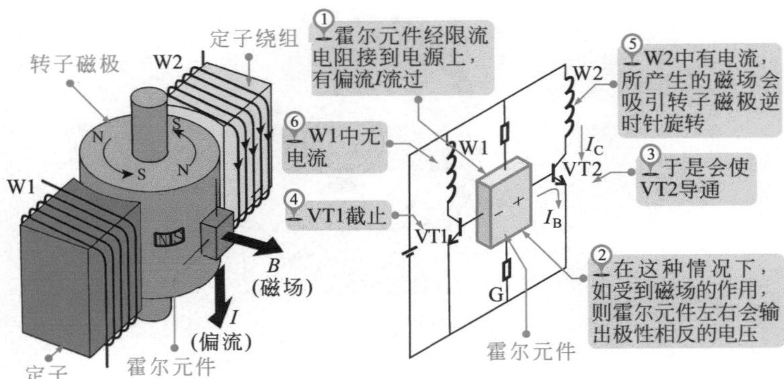
定子绕组
转子磁极
W2
S
N
N
S
W1
B
(磁场)
I
(偏流)
定子
霍尔元件
①霍尔元件经限流电阻接到电源上，有偏流I流过
⑥W1中无电流
④VT1截止
W1
VT1
W2
VT2
G
⑤W2中有电流，所产生的磁场会吸引转子磁极逆时针旋转
③于是会使VT2导通
②在这种情况下，如受到磁场的作用，则霍尔元件左右会输出极性相反的电压
霍尔元件

❷ 霍尔元件对无刷直流电动机的控制过程

图 1-29 霍尔元件对无刷直流电动机的控制过程

如图 1-29 所示，霍尔元件安装在无刷直流电动机靠近转子磁极的位置，输出端分别加到两个晶体三极管的基极，用于输出极性相反的电压，控制晶体三极管导通与截止，从而控制绕组中的电流，使其绕组产生磁场，吸引转子连续运转。

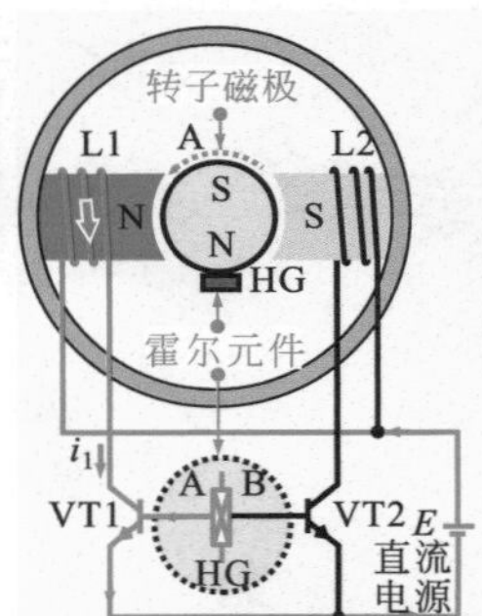
转子磁极
L1
A
L2
N
S
N
S
HG
霍尔元件
VT1
A
B
VT2
E
HG
直流
电源

当N极靠近霍尔元件时，霍尔元件感应磁场信号，并转换成电信号，即其AB端输出左右极性的电信号，A为正、B为负，VT1导通、VT2截止，L1绕组中有电流，L2无电流，L1产生的磁场N极吸引S极，排斥N极，使转子逆时针方向运动

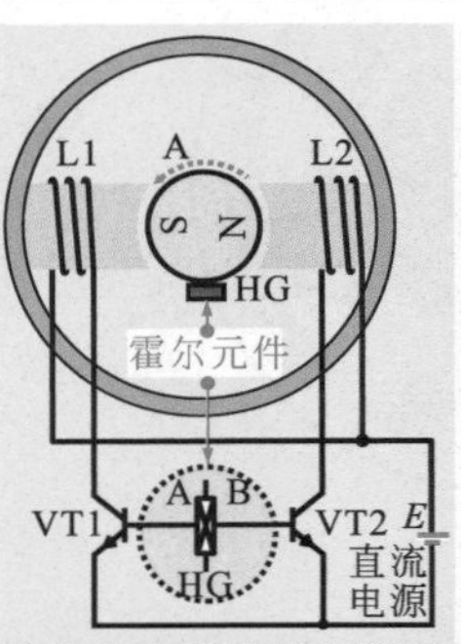
L1
A
L2
S
N
HG
霍尔元件
VT1
A
B
VT2
E
HG
直流
电源

当电动机转子转动90°后，转子磁极位置(N、S)发生变化，霍尔元件处于转子磁极N、S的中性位置，无磁场信号，此时霍尔元件无任何信号输出，VT1、VT2均截止，无电流流过，电动机的转子因惯性而继续转动

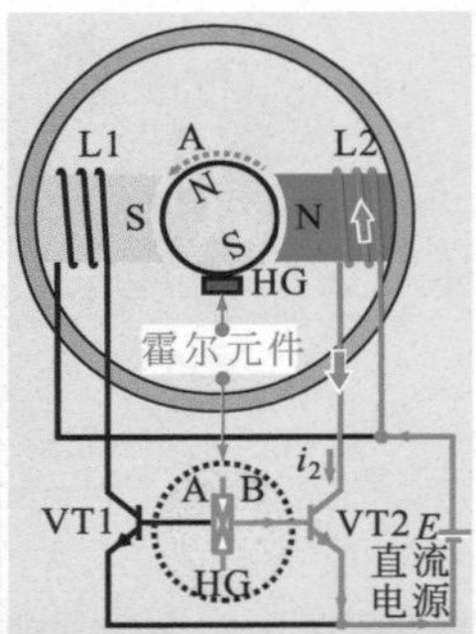
L1
A
L2
S
N
N
S
HG
霍尔元件
VT1
A
B
VT2
E
HG
直流
电源

转子转过90°后，S极转到霍尔元件的位置，霍尔元件受到与前次相反的磁极作用，输出B为正，A为负，则VT2导通，VT1截止，L2绕组有电流，靠近转子一侧产生磁场N，并吸引转子S极，使转子继续按逆时针方向转动

上述无刷直流电动机的结构中有两个死点（区），即当转子 N、S 极之间的位置为中性点，在此位置霍尔元件感受不到磁场，因而无输出，则定子绕组也会无电流，电动机只能靠惯性转动，如果恰巧电动机停在此位置，则会无法启动。为了克服上述问题，在实践中也开发出多种通电方式。

3 单极性三相半波通电方式

图 1-30　无刷直流电动机单极性三相半波通电方式的工作过程

图 1-30 为无刷直流电动机所采用的单极性三相半波通电方式转子转到图示位置时的工作状态。

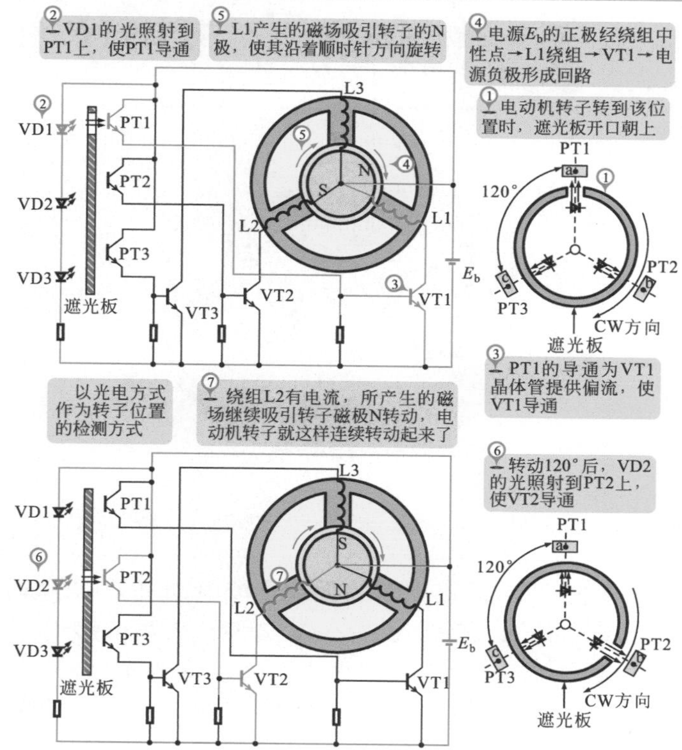

② VD1的光照射到PT1上，使PT1导通
⑤ L1产生的磁场吸引转子的N极，使其沿着顺时针方向旋转
④ 电源E_b的正极经绕组中性点→L1绕组→VT1→电源负极形成回路
① 电动机转子转到该位置时，遮光板开口朝上
③ PT1的导通为VT1晶体管提供偏流，使VT1导通
以光电方式作为转子位置的检测方式
⑦ 绕组L2有电流，所产生的磁场继续吸引转子磁极N转动，电动机转子就这样连续转动起来了
⑥ 转动120°后，VD2的光照射到PT2上，使VT2导通
VD1
VD2
VD3
PT1
PT2
PT3
遮光板
VT1
VT2
VT3
L1
L2
L3
N
S
E_b
120°
CW方向

单极性三相半波通电方式是无刷直流电动机的控制方式之一，定子采用3相绕组120°分布，转子的位置检测设有三个光电检测器件（三个发光二极管和三个光敏晶体三极管），发光二极管和光敏晶体三极管分别设置在遮光板的两侧，遮光板与转子一同旋转，遮光板有一个开口，当开口转到某一位置时，发光二极管的光会照射到光敏晶体三极管上，并使之导通，这样当电动机旋转时，三个光敏晶体三极管会循环导通。

4 单极性两相半波通电方式

图 1-31 单极性两相半波通电方式的无刷直流电动机的内部结构

如图 1-31 所示，单极性两相半波通电方式中的无刷直流电动机中设有两个霍尔元件按 90° 分布，转子为单极（N、S）永久磁钢，定子绕组为两相 4 个励磁绕组。

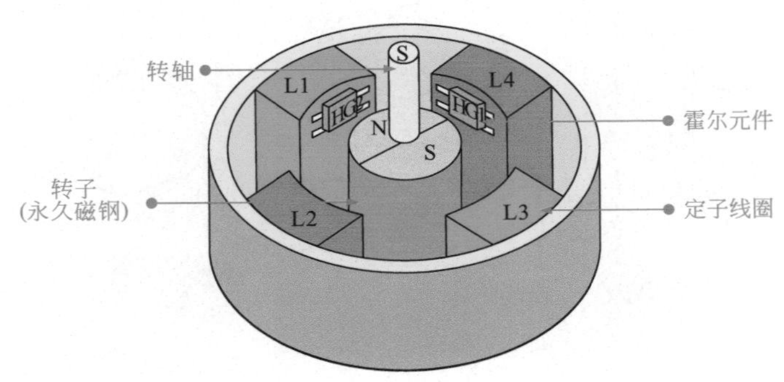
转轴
S
L1
L4
HG2
HG1
N
S
霍尔元件
转子
(永久磁钢)
L2
L3
定子线圈

图 1-32 单极性两相半波通电方式的工作过程

如图 1-32 所示，该类型的无刷直流电动机为了形成旋转磁场，由 4 个晶体三极管 VT1 ～ VT4 驱动各自的绕组，转子位置的检测由两个霍尔元件担当。

① 绕在转子磁极旋转过程中，当N极靠近霍尔元器件HG1时，霍尔元器件HG1感应磁场信号，并转换成相应极性的电信号

③ 绕组L1中有电流，L2中无电流，L1产生的磁场S极会吸引N极，并排斥S极，使转子逆时针方向转动

② 霍尔元件A、B端输出左右极性相反的电信号。其中，A端为正极、B端为负极，VT1导通、VT2截止

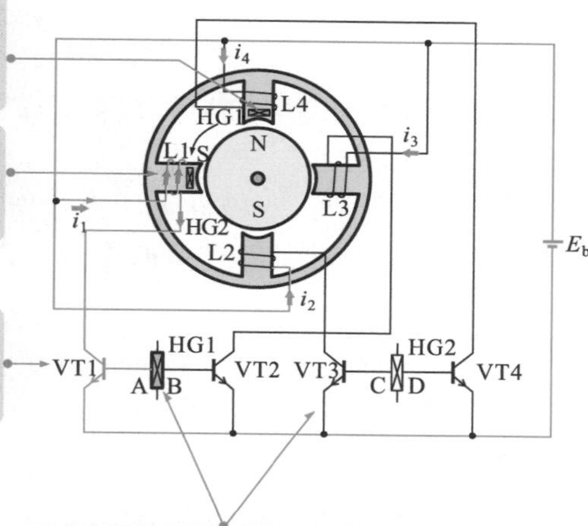

i_4
HG1
L4
N
i_3
L1
S
S
L3
i_1
HG2
L2
E_b
i_2
VT1
HG1
VT2
VT3
HG2
VT4
A
B
C
D

单极性两相半波通电方式的无刷直流电动机为了形成旋转磁场，由4个晶体管VT1～VT4分别驱动各自的绕组，由两个霍尔元件对转子位置进行检测

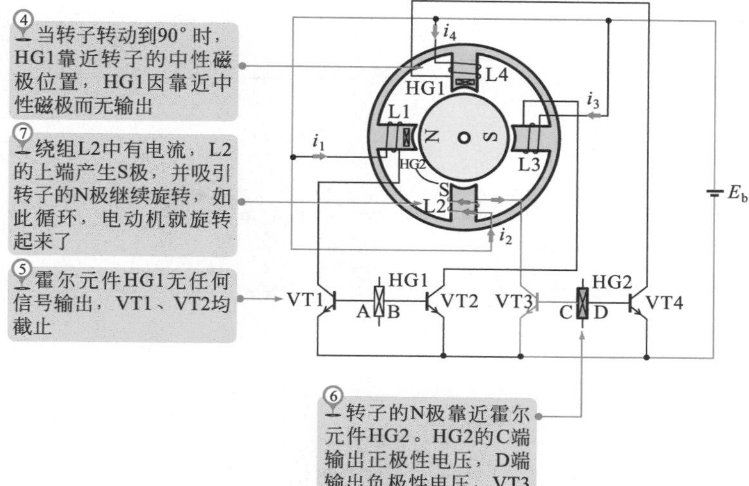

④ 当转子转动到90°时，HG1靠近转子的中性磁极位置，HG1因靠近中性磁极而无输出
⑦ 绕组L2中有电流，L2的上端产生S极，并吸引转子的N极继续旋转，如此循环，电动机就旋转起来了
⑤ 霍尔元件HG1无任何信号输出，VT1、VT2均截止
i_4
HG1
L4
i_3
L1
N
S
i_1
HG2
L3
S
L2
E_b
i_2
VT1
HG1
VT2
VT3
HG2
VT4
A
B
C
D

⑥ 转子的N极靠近霍尔元件HG2。HG2的C端输出正极性电压，D端输出负极性电压，VT3导通

⑤ 双极性三相半波通电方式

图 1-33 双极性无刷直流电动机定子绕组的结构和连接方式

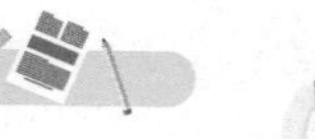

如图 1-33 所示，双极性无刷直流电动机中定子绕组的结构和连接方式有两种，即三角形连接方式和星形连接方式。

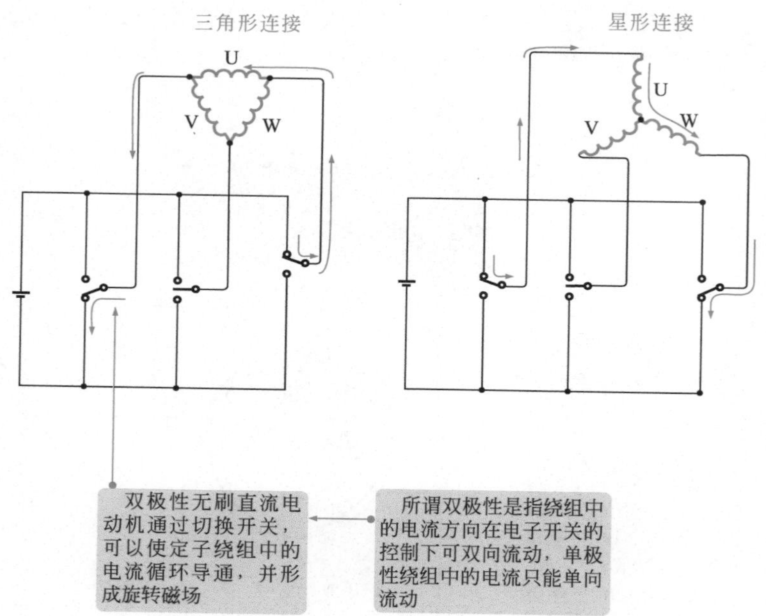
三角形连接
星形连接
U
V
W
U
V
W
双极性无刷直流电动机通过切换开关，可以使定子绕组中的电流循环导通，并形成旋转磁场
所谓双极性是指绕组中的电流方向在电子开关的控制下可双向流动，单极性绕组中的电流只能单向流动

图 1-34 双极性无刷直流电动机三角形连接绕组的工作过程

图 1-34 为双极性无刷直流电动机三角形连接绕组的工作过程（循环一周的开关状态和电流通路）。

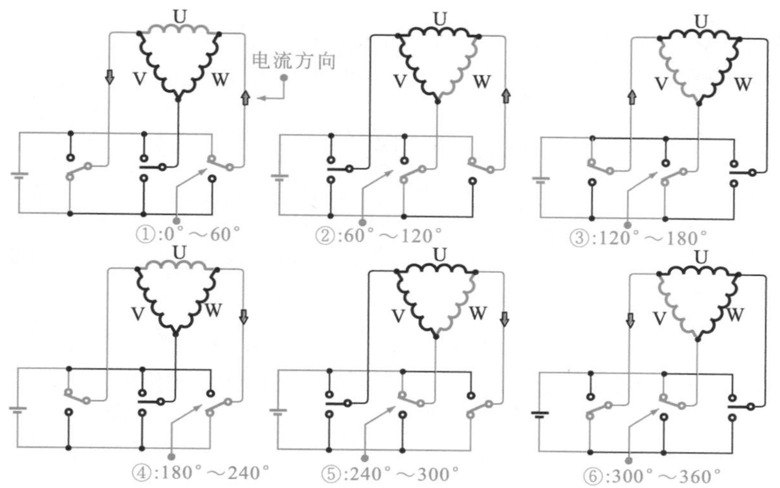
U
V
W
电流方向
①:0°～60°
②:60°～120°
③:120°～180°
④:180°～240°
⑤:240°～300°
⑥:300°～360°

图 1-35　双极性无刷直流电动机的驱动过程

如图 1-35 所示，双极性无刷直流电动机驱动电路中的开关通常由开关晶体三极管构成。为了实现开关有序的变换，必须采用逻辑控制和驱动电路。

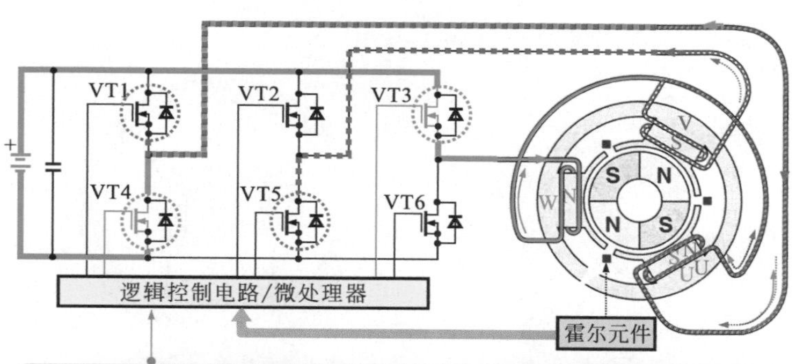
VT1
VT2
VT3
VT4
VT5
VT6
+
S
N
N
S
V
W
U
逻辑控制电路/微处理器
霍尔元件

无刷电动机初始状态时VT3、VT4导通，定子磁极U绕组形成S极，定子磁极W绕组形成N极，定子磁场对转子磁极产生作用，转子逆时针转动；转子转动120°后，VT1、VT5由截止变为导通，绕组V处的磁场变为S极，绕组U处的磁场变为N极，转子继续按逆时针方向旋转120°

1.5 交流同步电动机的特点

1.5.1 交流同步电动机的结构

交流同步电动机是指转动速度与供电电源频率同步的电动机。这种电动机工作在电源频率恒定的条件下，其转速也恒定不变，与负载无关。

交流同步电动机在结构上有两种，即转子用直流电驱动励磁的同步电动机和转子不需要励磁的同步电动机。

❶ 转子用直流电驱动励磁的同步电动机

图 1-36 转子用直流电驱动励磁的同步电动机结构

如图 1-36 所示，转子用直流电驱动励磁的同步电动机主要是由显极式转子、定子及磁场绕组、轴套滑环等构成的。

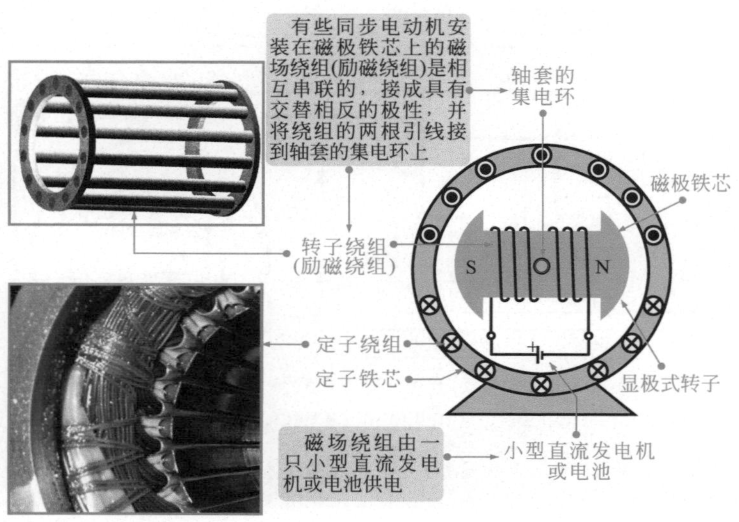
有些同步电动机安装在磁极铁芯上的磁场绕组(励磁绕组)是相互串联的，接成具有交替相反的极性，并将绕组的两根引线接到轴套的集电环上
轴套的集电环
磁极铁芯
转子绕组(励磁绕组)
S
N
定子绕组
定子铁芯
显极式转子
磁场绕组由一只小型直流发电机或电池供电
小型直流发电机或电池

在很多实用场合，将直流发电机安装在电动机的轴上，用直流发电机为电动机转子提供励磁电流。由于这种同步电动机不能自动启动，因而在转子上还装有笼型绕组而作为电动机启动之用，笼型绕组放在转子周围，其结构与异步电动机的结构相似。

当给定子绕组上输入三相交流电源时，电动机内就产生了旋转磁场，笼型绕组切割磁力线而产生感应电流，从而使电动机旋转起来。电动机旋转之后，其速度慢慢上升，当接近旋转磁场的速度但低于该速度，此时转子绕组开始由直流供电，来进行励磁，使转子形成一定的磁极，转子磁极会跟踪定子的旋转磁极，这样使转子的转速跟踪定子的旋转磁场，从而达到同步运转。

2 转子不需要励磁的同步电动机

图 1-37　转子不需要励磁的同步电动机结构

如图 1-37 所示，转子不需要励磁的同步电动机也主要由显极式转子和定子构成。显极式转子的表面切成平面，并装有笼型绕组。转子磁极是由磁钢制成的，具有保持磁性的特点，用来产生启动转矩。

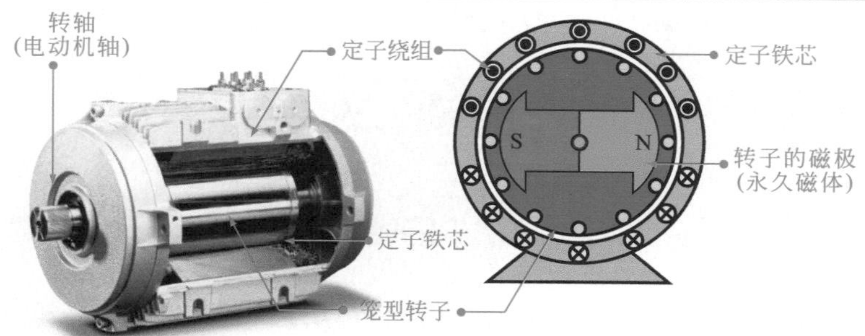
转轴
(电动机轴)
定子绕组
定子铁芯
S
N
转子的磁极
(永久磁体)
定子铁芯
笼型转子

笼型转子磁极用来产生启动转矩，当电动机的转速到达一定值时，转子的显极就跟踪定子绕组的电流频率达到同步，显极的极性是由定子感应出来的，它的极数与定子的极数相等，当转子的速度达到一定值后，转子上的笼型绕组就失去作用，靠转子磁极跟踪定子磁极，使其同步。

1.5.2 交流同步电动机的原理

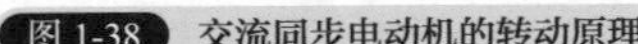

图 1-38 交流同步电动机的转动原理

如图 1-38 所示，如果电动机的转子是一个永磁体，具有 N、S 磁极，当该转子置于定子磁场中时，定子磁场的磁极 N 吸引转子磁极 S，定子磁极 S 吸引转子磁极 N。如果此时使定子磁极转动，则由于磁力的作用，转子也会随之转动。

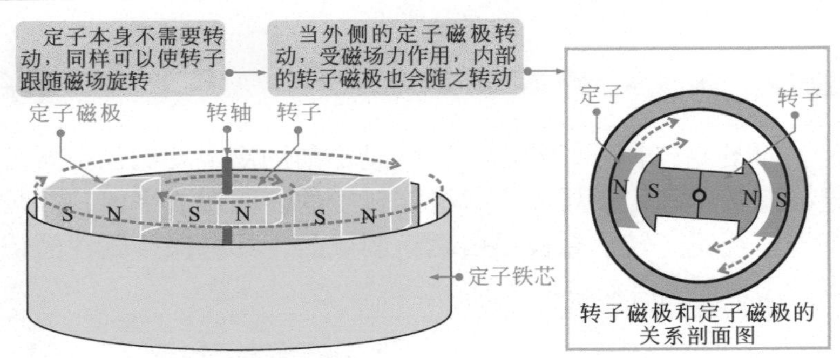
定子本身不需要转动，同样可以使转子跟随磁场旋转
当外侧的定子磁极转动，受磁场力作用，内部的转子磁极也会随之转动
定子磁极
转轴
转子
S N S N S N
定子铁芯
定子
转子
N S N S
转子磁极和定子磁极的关系剖面图

1.6 单相交流异步电动机的特点

1.6.1 单相交流异步电动机的结构

交流异步电动机是指电动机的转动速度与供电电源的频率不同步，其转速始终低于同步转速的一类电动机。

根据供电方式不同，交流异步电动机主要分为单相交流异步电动机和三相交流异步电动机两种。其中，单相交流异步电动机是指采用单相电源（一根相线、一根零线构成的交流 220 V 电源）进行供电的交流异步电动机。

图 1-39　单相交流异步电动机的结构

如图 1-39 所示，单相交流异步电动机的结构与直流电动机基本相同，都是由静止的定子、旋转的转子、转轴、轴承、端盖等部分构成的。

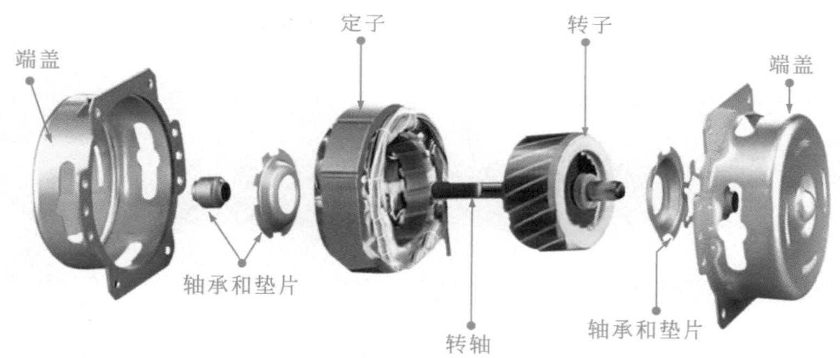
定子
转子
端盖
端盖
轴承和垫片
转轴
轴承和垫片

1 单相交流异步电动机的定子

图 1-40　单相交流异步电动机定子的结构

如图 1-40 所示，单相交流异步电动机的定子主要是由定子铁芯、定子绕组和引出线等部分构成的。

定子铁芯除支撑绕组外，主要功能是增强绕组所产生的电磁场

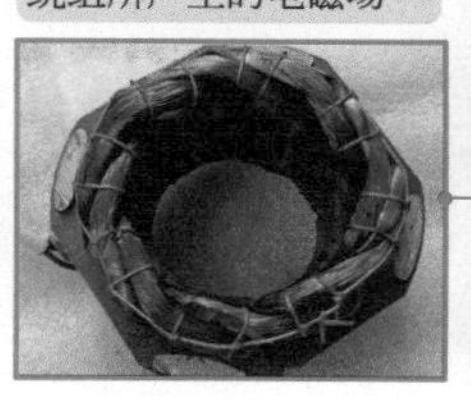

定子铁芯
定子绕组

定子绕组
引出线

图 1-41 单相交流异步电动机中的定子绕组

如图 1–41 所示，单相交流异步电动机定子中的绕组部分经引出线后与单相电源连接，当有电流通过时，形成磁场，实现电气性能。

其中，定子绕组的主绕组又称为运行绕组或工作绕组，副绕组又称为启动绕组或辅助绕组。

值得注意的是，在电动机定子绕组中，主绕组与副绕组的匝数、线径是不同的。

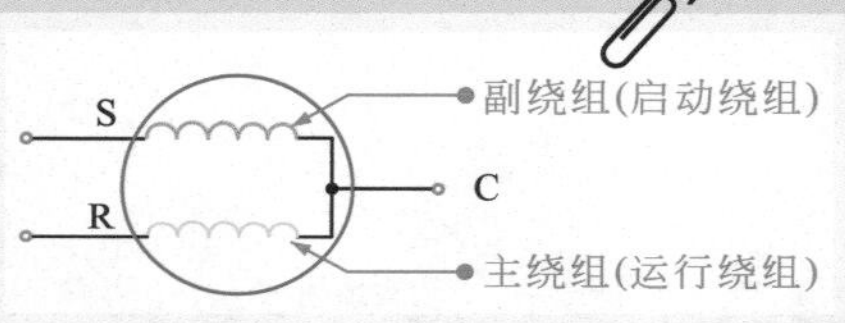

S
R
C
副绕组(启动绕组)
主绕组(运行绕组)

图 1-42 隐极式和显极式定子绕组

如图 1-42 所示，从结构形式来看，单相交流异步电动机的定子主要有隐极式和显极式（凸极式）两种。

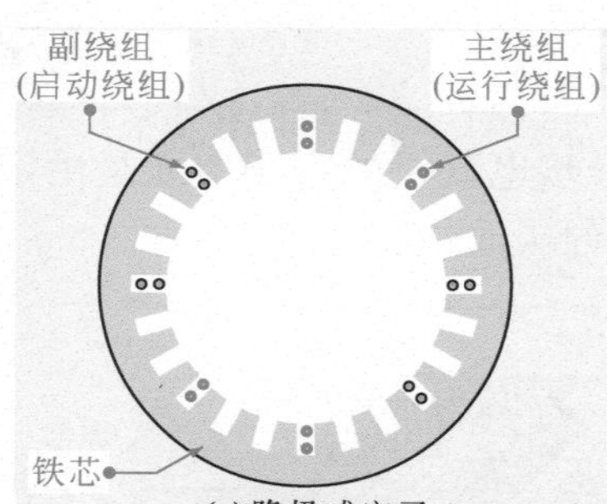

副绕组
(启动绕组)
主绕组
(运行绕组)
铁芯

(a) 隐极式定子

隐极式定子由定子铁芯和定子绕组构成。其中，定子铁芯是用硅钢片叠压成的，在铁芯槽内放置两套绕组，一套是主绕组，也称为运行绕组或工作绕组；另一套为副绕组，也称为启动绕组或辅助绕组。两个绕组在空间上相隔90°

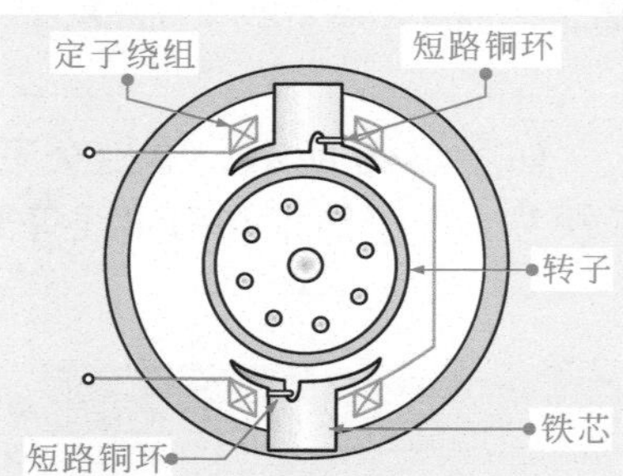

定子绕组
短路铜环
转子
铁芯
短路铜环

(b) 显极式定子

显极式(也称凸极式)定子的铁芯由硅钢片叠压制成凸极形状固定在机座内，在铁芯的1/3～1/4处开一个小槽，在槽和短边一侧套装一个短路铜环，如同这部分磁极被罩起来，故称为罩极。定子绕组绕成集中绕组的形式套在铁芯上

图 1-43　单相交流异步电动机中的定子铁芯

如图 1–43 所示，电磁感应是电动机旋转的基本原理，电动机的功率越大，线圈中的电流越大，变化的磁场会在铁芯中产生涡流，从而降低效率，因此转子铁芯和定子铁芯必须采用叠层结构而且层间要采取绝缘措施，以减小涡流损耗。

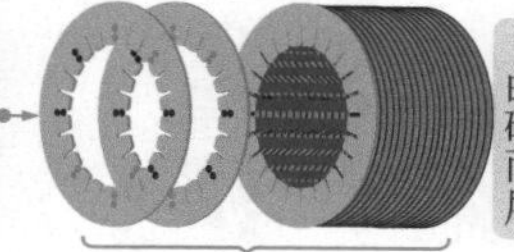
定子铁芯由一层一层硅钢片叠压而成，层与层之间绝缘
定子铁芯的层叠结构
转子铁芯由一层一层硅钢片叠压而成，层与层之间绝缘
转子铁芯的层叠结构

2 单相交流异步电动机的转子

单相交流异步电动机的转子指电动机工作时发生转动的部分，目前，主要有笼型转子和绕线型转子（换向器型）两种结构。

图 1-44　笼型转子的结构

图 1-44 为单相交流异步电动机笼型转子的结构。

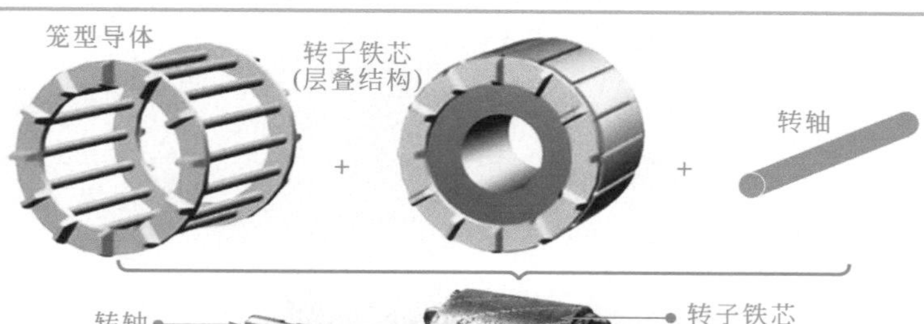
笼型导体
转子铁芯
(层叠结构)
+
+
转轴

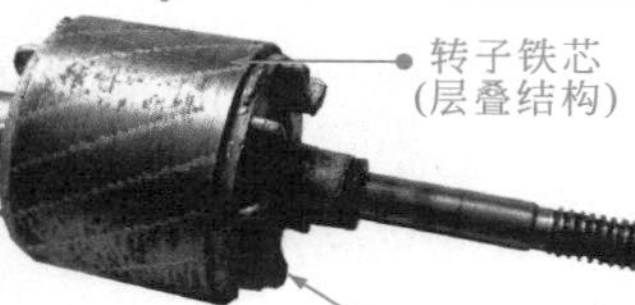
转轴
转子铁芯
(层叠结构)
笼型导体

单相交流异步电动机大都是将交流电源加到定子绕组上，由于所加的交流电源是交变的，所以会产生变化的磁场。转子内设有多个导体，导体受到磁场的作用就会产生电流，并受到磁场的作用力而旋转，这种情况转子的导体常制成笼型

图 1-45 绕线型（换向器型）转子的结构

图 1-45 为单相交流异步电动机绕线型（换向器型）转子的结构。

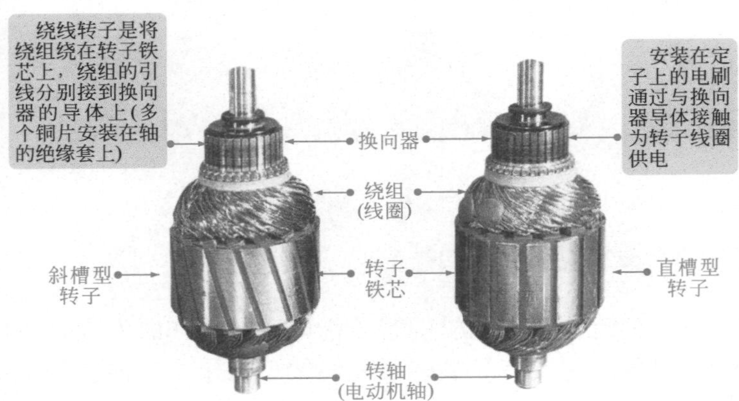
绕线转子是将绕组绕在转子铁芯上，绕组的引线分别接到换向器的导体上(多个铜片安装在轴的绝缘套上)
安装在定子上的电刷通过与换向器导体接触为转子线圈供电
换向器
绕组
(线圈)
斜槽型
转子
转子
铁芯
直槽型
转子
转轴
(电动机轴)

1.6.2 单相交流异步电动机的原理

单相交流异步电动机是在市电交流供电的条件下，通过转子转动，最终将电能转换成机械能。

① 单相交流异步电动机的转动原理

图 1-46 单相交流异步电动机的转动原理

如图 1-46 所示，将多个闭环的线圈（转子绕组）交错地置于磁场中，并安装到转子铁芯中，当定子磁场旋转时，转子绕组受到磁场力也会随之旋转，这就是单相交流异步电动机的转动原理。

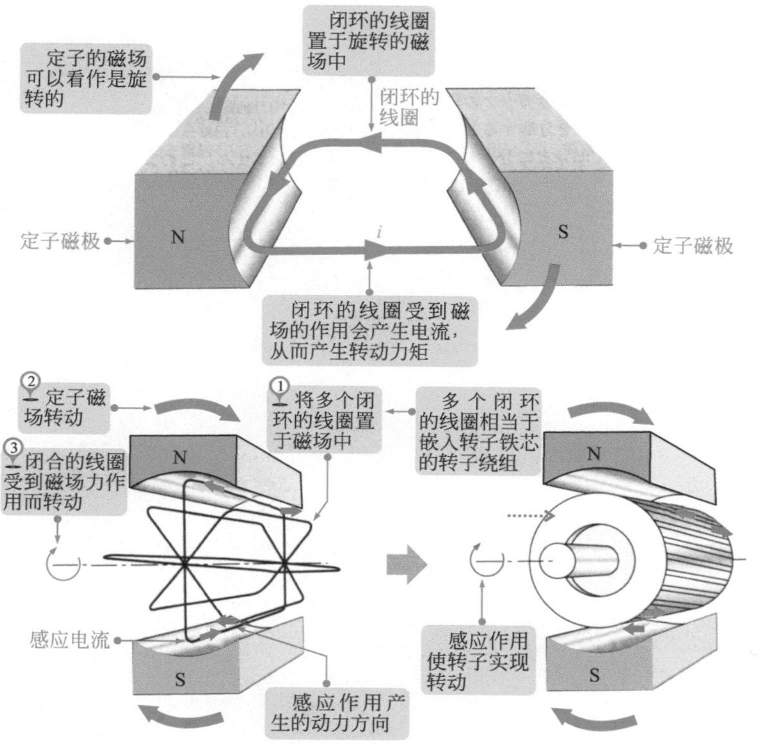

定子的磁场可以看作是旋转的

闭环的线圈置于旋转的磁场中

闭环的线圈

定子磁极

N

i

S

定子磁极

闭环的线圈受到磁场的作用会产生电流，从而产生转动力矩

② 定子磁场转动

① 将多个闭环的线圈置于磁场中

多个闭环的线圈相当于嵌入转子铁芯的转子绕组

③ 闭合的线圈受到磁场力作用而转动

N

N

感应电流

感应作用使转子实现转动

S

S

感应作用产生的动力方向

❷ 单相交流异步电动机的启动原理

图 1-47 单相交流异步电动机的启动原理

如图 1-47 所示，要使单相交流异步电动机能自动启动，通常在电动机的定子上增加一个启动绕组，启动绕组与运行绕组在空间上相差 90°。外加电源经电容或电阻接到启动绕组上，启动绕组的电流与运行绕组相差 90°，这样在空间上相差 90° 的绕组，在外电源的作用下形成相差 90° 的电流，于是空间上就形成了两相旋转磁场。

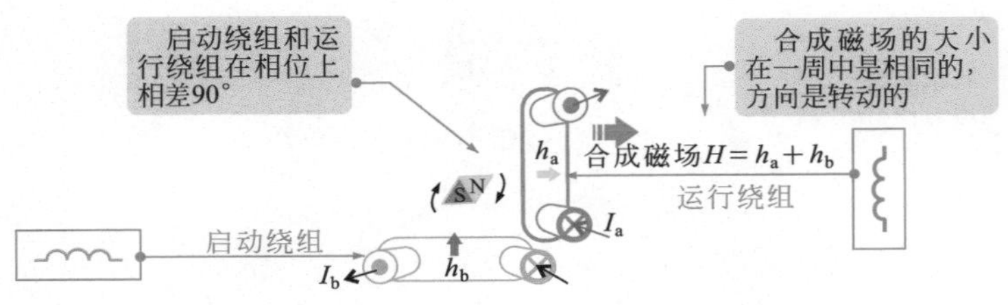

启动绕组和运行绕组在相位上相差90°
合成磁场的大小在一周中是相同的，方向是转动的
h_a
合成磁场$H=h_a+h_b$
运行绕组
S N
I_a
启动绕组
I_b
h_b

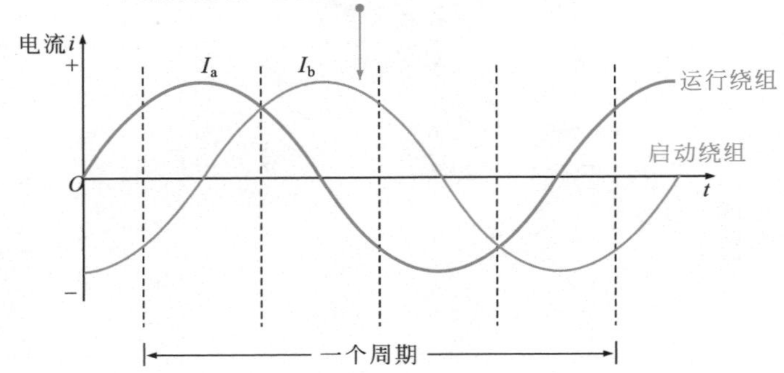

单相交流异步电动机启动绕组和运行绕组中的电流
电流i
+
I_a
I_b
运行绕组
启动绕组
O
t
−
一个周期

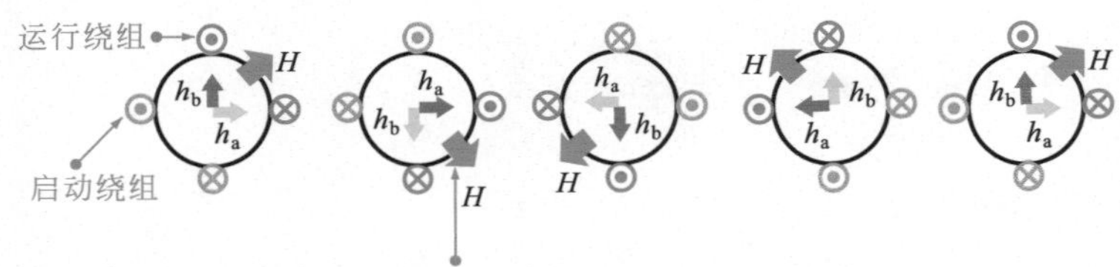

运行绕组
启动绕组
H
h_b
h_a

单相交流异步电动机在转动过程中两相绕组合成磁场的方向

❸ 单相交流异步电动机不同启动方式电路的工作原理

单相交流异步电动机启动电路的方式有多种，常用的主要有电阻分相式启动，电容分相式启动，离心开关式启动，运行电容、启动电容、离心开关式启动和正、反转切换式启动等。

图 1-48　采用不同启动方式的单相交流异步电动机的启动原理

图 1-48 为采用不同启动方式的单相交流异步电动机的启动原理。

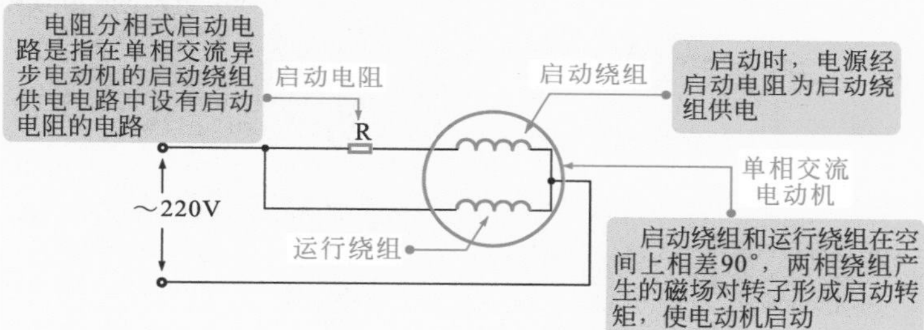
电阻分相式启动电路
电阻分相式启动电路是指在单相交流异步电动机的启动绕组供电电路中设有启动电阻的电路
启动电阻
R
启动绕组
启动时，电源经启动电阻为启动绕组供电
单相交流电动机
～220V
运行绕组
启动绕组和运行绕组在空间上相差90°，两相绕组产生的磁场对转子形成启动转矩，使电动机启动

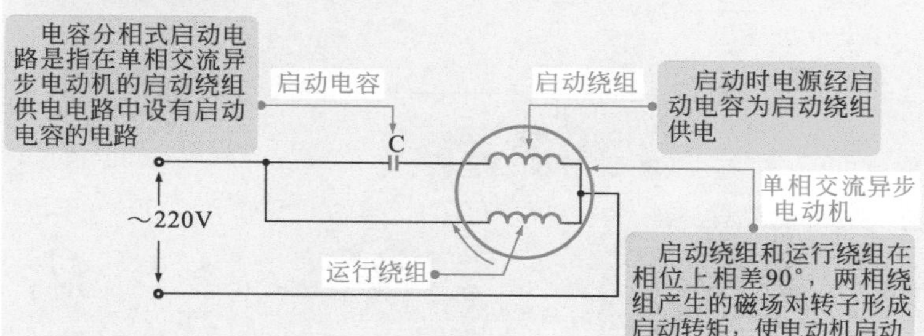
电容分相式启动电路
电容分相式启动电路是指在单相交流异步电动机的启动绕组供电电路中设有启动电容的电路
启动电容
C
启动绕组
启动时电源经启动电容为启动绕组供电
单相交流异步电动机
～220V
运行绕组
启动绕组和运行绕组在相位上相差90°，两相绕组产生的磁场对转子形成启动转矩，使电动机启动

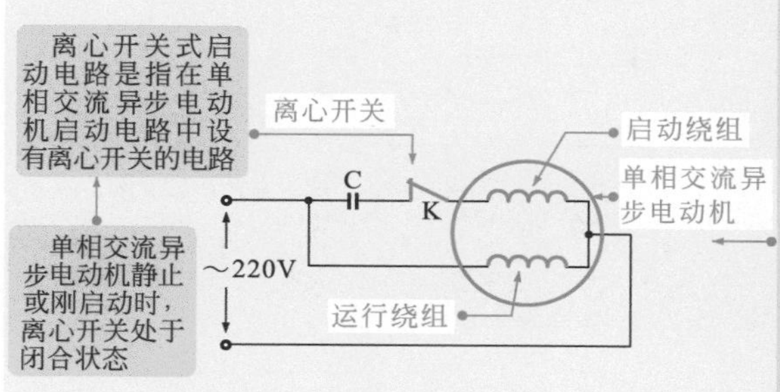
离心开关式启动电路
离心开关式启动电路是指在单相交流异步电动机启动电路中设有离心开关的电路
离心开关
C
K
启动绕组
单相交流异步电动机
～220V
运行绕组
单相交流异步电动机静止或刚启动时，离心开关处于闭合状态

接通电源，开始启动时，交流220V电压一路直接加到运行绕组上，另一路经启动电容C、离心开关K后，加到启动绕组上。

两相线圈的相位成90°对转子形成启动转矩，使电动机启动。当电动机启动达到一定转速时，离心开关受离心力的作用而断开，启动绕组停止工作，运行绕组驱动转子旋转，电动机进入正常的运转状态

运行电容、启动电容、离心开关式启动电路

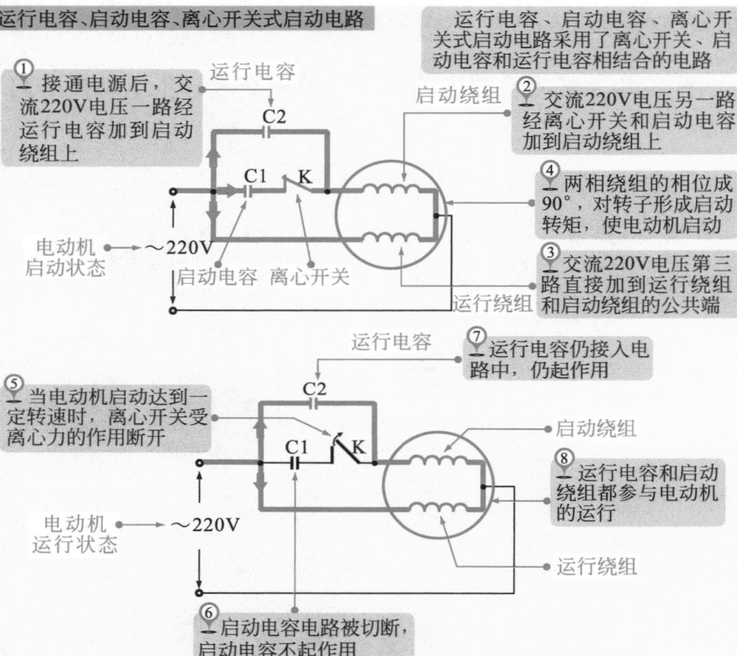
运行电容、启动电容、离心开关式启动电路采用了离心开关、启动电容和运行电容相结合的电路
①接通电源后，交流220V电压一路经运行电容加到启动绕组上
运行电容
C2
C1
K
启动绕组
②交流220V电压另一路经离心开关和启动电容加到启动绕组上
④两相绕组的相位成90°，对转子形成启动转矩，使电动机启动
电动机启动状态
～220V
启动电容
离心开关
③交流220V电压第三路直接加到运行绕组和启动绕组的公共端
运行绕组
运行电容
⑦运行电容仍接入电路中，仍起作用
⑤当电动机启动达到一定转速时，离心开关受离心力的作用断开
C2
C1
K
启动绕组
⑧运行电容和启动绕组都参与电动机的运行
电动机运行状态
～220V
运行绕组
⑥启动电容电路被切断，启动电容不起作用

正、反转切换式启动电路

对于经常需要进行正反转切换的单相交流异步电动机，则需要设一正反转切换开关，将启动绕组和运行绕组互相转换一下即可

这种电动机最好是将启动绕组和运行绕组采用相同的参数

正反转切换开关置于正转挡位时，电动机绕组a作为运行绕组，绕组b作为启动绕组，电动机正转

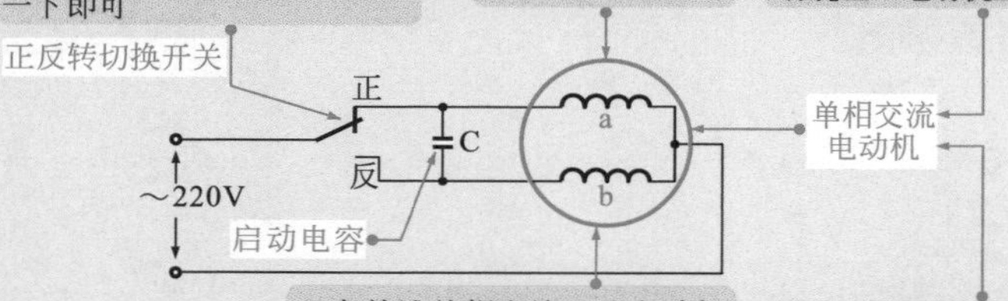
正反转切换开关
正
反
C
a
b
～220V
启动电容
单相交流电动机

在前述单相交流异步电动机启动电路中，如果将运行绕组或启动绕组的接头对调一下，即可实现单相交流异步电动机的正反转控制

正反转切换开关置于反转挡位时，电动机绕组b作为运行绕组，绕组a作为启动绕组，电动机反转

1.7 三相交流异步电动机的特点

1.7.1 三相交流异步电动机的结构

三相交流异步电动机是指具有三相绕组，并由三相交流电源供电的电动机。该电动机的转矩较大、效率较高，多用于大功率动力设备中。

图 1-49　三相交流异步电动机的结构

如图 1-49 所示，三相交流异步电动机与单相交流异步电动机的结构相似，同样是由静止的定子、旋转的转子、转轴、轴承、端盖、外壳等部分构成的。

转子铁芯
风扇
轴承
外壳
定子铁芯
接线盒
端盖
转轴
定子绕组

三相交流异步电动机内部结构

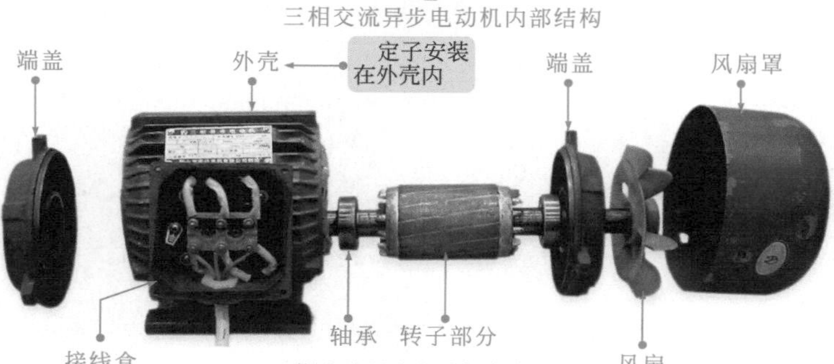
端盖
外壳
定子安装在外壳内
端盖
风扇罩
接线盒
轴承
转子部分
风扇

三相交流异步电动机整机分解图

❶ 三相交流异步电动机的定子

图 1-50 三相交流异步电动机定子的结构

如图 1-50 所示，三相交流异步电动机的定子部分通常安装固定在电动机外壳内，与外壳制成一体。在通常情况下，三相交流异步电动机的定子部分主要是由定子绕组和定子的铁芯部分构成的。

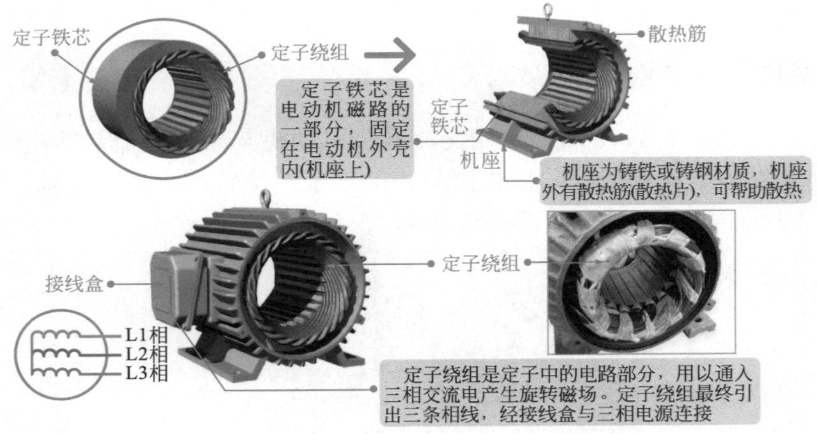
定子铁芯
定子绕组
散热筋
定子铁芯是电动机磁路的一部分，固定在电动机外壳内(机座上)
定子铁芯
机座
机座为铸铁或铸钢材质，机座外有散热筋(散热片)，可帮助散热
接线盒
定子绕组
L1相
L2相
L3相
定子绕组是定子中的电路部分，用以通入三相交流电产生旋转磁场。定子绕组最终引出三条相线，经接线盒与三相电源连接

图 1-51 三相交流异步电动机定子绕组的连接形式

如图 1–51 所示，三相交流异步电动机的定子绕组引出三条线，经接线盒与三相电源连接。三相定子绕组有两种连接方式：一种是星形连接方式，又称 Y 形；另一种是三角形连接方式，又称△形。

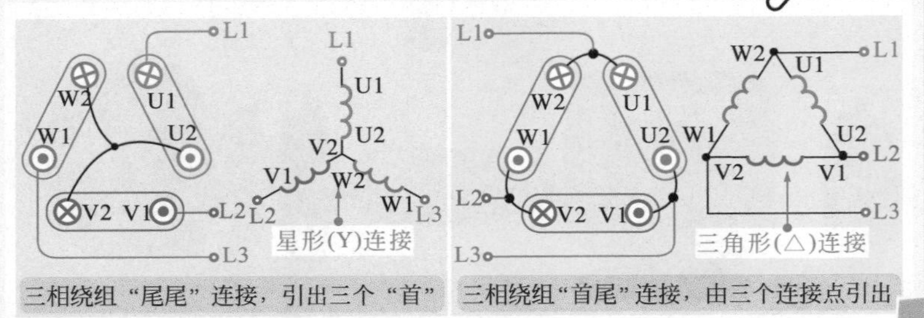
L1
W2
U1
W1
U2
V2
V1
L2
L3
L1
U1
U2
V2
V1
W2
W1
L2
L3
星形(Y)连接
三相绕组“尾尾”连接，引出三个“首”
L1
W2
U1
W1
U2
V2
V1
L2
L3
W2
U1
L1
W1
U2
L2
V2
V1
L3
三角形(△)连接
三相绕组“首尾”连接，由三个连接点引出

② 三相交流异步电动机的转子

转子是三相交流异步电动机的旋转部分，通过感应电动机定子形成的旋转磁场，产生感应转矩而转动。

三相交流异步电动机的转子有两种结构形式，即笼型和绕线型转子。

图 1-52　三相交流异步电动机笼型转子的结构

图 1-52 为三相交流异步电动机笼型转子的结构。

转轴
+
转子铁芯
(层叠结构)
笼型导体嵌入转子的铁芯中构成笼型转子
+
笼型导体
短路环
铜导体
笼型转子
笼型导体
转轴
转子铁芯
(层叠结构)
由于绕组中的磁通是变化的，在铁芯中会产生涡流，因此三相交流异步电动机的转子铁芯必须经采用层叠结构，而且层间要采取绝缘，以减小涡流损耗
转轴
轴承
笼型导体
转子铁芯
(层叠结构)
轴承
转轴

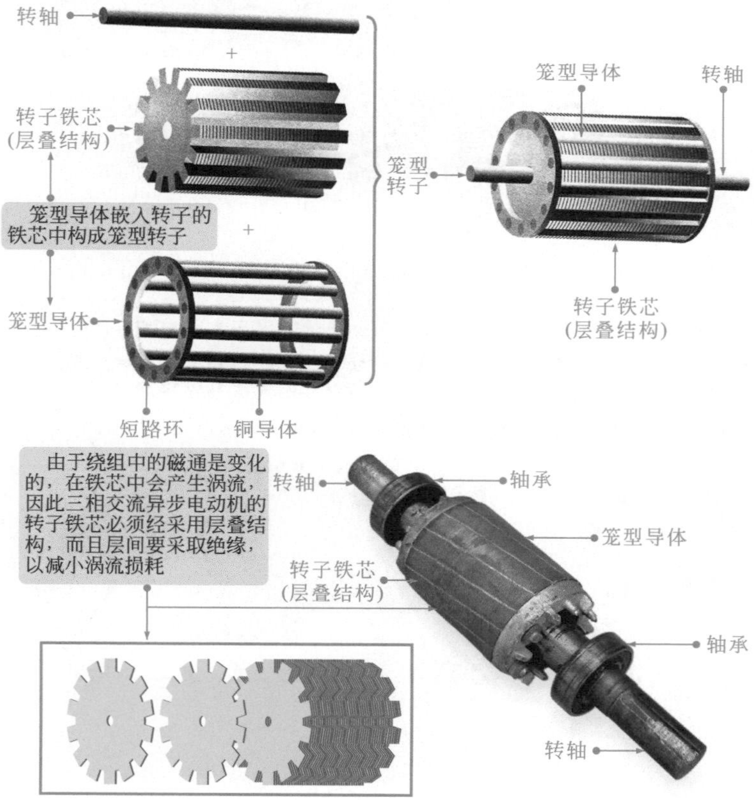

图 1-53 三相交流异步电动机绕线型转子的结构

图 1-53 为三相交流异步电动机绕线型转子的结构。

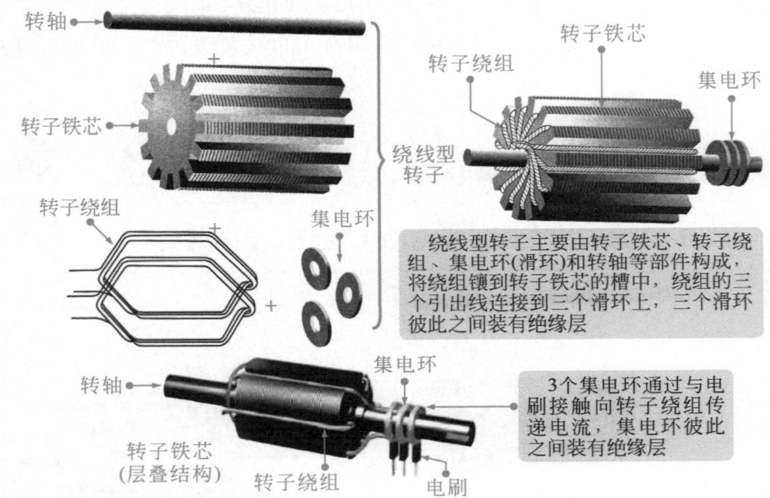
转轴
转子铁芯
转子绕组
集电环
绕线型转子
转子铁芯
转子绕组
集电环
绕线型转子主要由转子铁芯、转子绕组、集电环(滑环)和转轴等部件构成，将绕组镶到转子铁芯的槽中，绕组的三个引出线连接到三个滑环上，三个滑环彼此之间装有绝缘层
转轴
集电环
3个集电环通过与电刷接触向转子绕组传递电流，集电环彼此之间装有绝缘层
转子铁芯
(层叠结构)
转子绕组
电刷

图 1-54 三相交流异步电动机的绕线型转子

如图 1–54 所示，三相交流异步电动机的转子上安装有端盖、转轴、轴承等部分。其中，端盖的作用是支撑转子，把定子和转子连成一个整体，使转子能在定子铁芯内膛中转动；转轴穿在转子铁芯中与转子同时旋转；轴承与端盖连在一起，是支撑电动机转轴及转子部分旋转的关键部件。

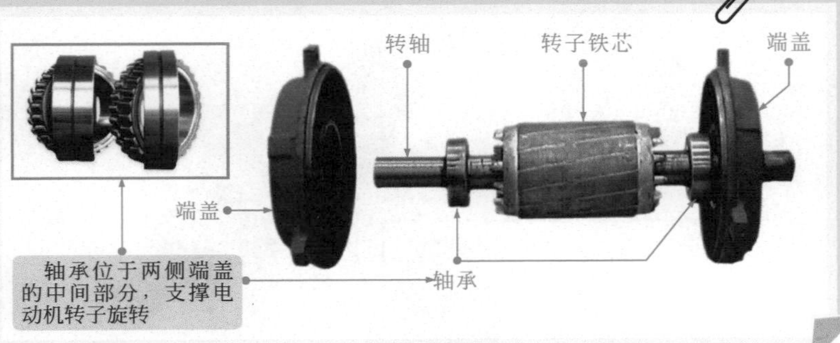
转轴
转子铁芯
端盖
端盖
轴承位于两侧端盖的中间部分，支撑电动机转子旋转
轴承

1.7.2　三相交流异步电动机的原理

❶ 三相交流异步电动机的转动原理

图 1-55 三相交流异步电动机的转动原理

如图 1-55 所示，三相交流异步电动机在三相交流供电的条件下工作。

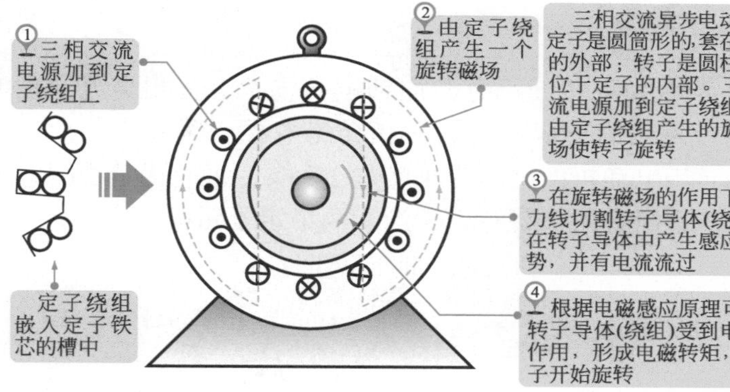

①三相交流电源加到定子绕组上
定子绕组嵌入定子铁芯的槽中
②由定子绕组产生一个旋转磁场
三相交流异步电动机的定子是圆筒形的，套在转子的外部；转子是圆柱形的，位于定子的内部。三相交流电源加到定子绕组上，由定子绕组产生的旋转磁场使转子旋转
③在旋转磁场的作用下，磁力线切割转子导体(绕组)，在转子导体中产生感应电动势，并有电流流过
④根据电磁感应原理可知，转子导体(绕组)受到电磁力作用，形成电磁转矩，使转子开始旋转

图 1-56 三相交流电的相位关系

图 1-56 为三相交流电的相位关系。

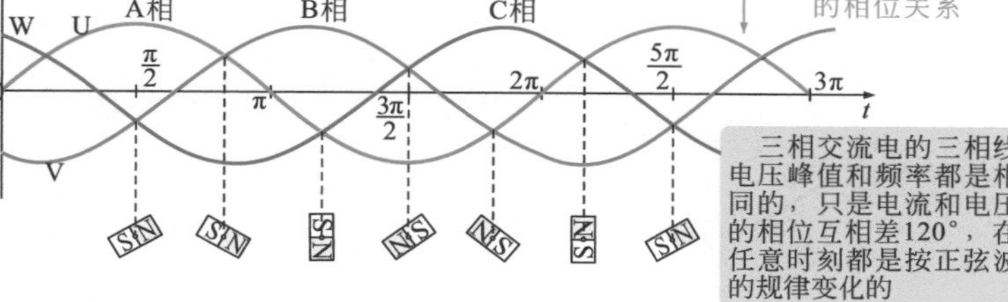

三相交流异步电动机需要三相交流电源为其提供工作条件，而满足工作条件后三相交流异步电动机的转子之所以会旋转且实现能量转换，是因为转子气隙内有一个沿定子内圆旋转的磁场
三相交流电源的相位关系
A相
B相
C相
W
U
V
0
π/2
π
3π/2
2π
5π/2
3π
t
三相交流电的三相线电压峰值和频率都是相同的，只是电流和电压的相位互相差120°，在任意时刻都是按正弦波的规律变化的

三相交流异步电动机接通三相电源后，定子绕组有电流流过，产生一个转速为 n_0 的旋转磁场。在旋转磁场作用下，电动机转子受电磁力的作用，以转速 n 开始旋转。这里 n 始终不会加速到 n_0，因为只有这样，转子导体（绕组）与旋转磁场之间才会有相对运动而切割磁力线，转子导体（绕组）中才能产生感应电动势和电流，从而产生电磁转矩，使转子按照旋转磁场的方向连续旋转。定子磁场对转子的异步转矩是异步电动机工作的必要条件，"异步"的名称也由此而来。

2 三相交流异步电动机定子磁场的形成过程

图 1-57 三相交流异步电动机旋转磁场的形成过程

图 1-57 为三相交流电源加到定子线圈上三相交流异步电动机旋转磁场的形成过程。三相交流电源变化一个周期，三相交流异步电动机的旋转磁场转过 1/2 圈，每一相定子绕组分为两组，每组有两个绕组，相当于两个定子磁极。

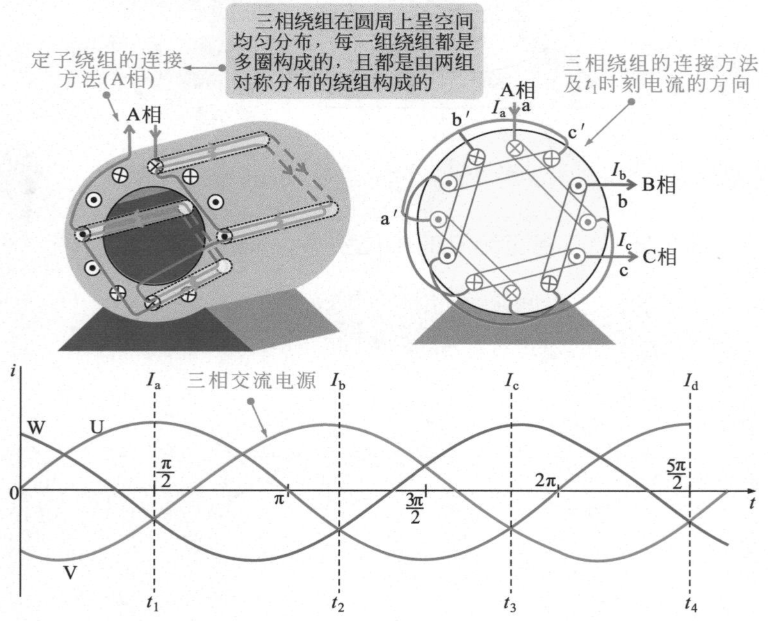

三相绕组在圆周上呈空间均匀分布，每一组绕组都是多圈构成的，且都是由两组对称分布的绕组构成的
定子绕组的连接方法(A相)
A相
三相绕组的连接方法及t_1时刻电流的方向
A相
I_a
a
b′
c′
a′
I_b
B相
b
I_c
C相
c
i
I_a
三相交流电源
I_b
I_c
I_d
W
U
V
0
$\frac{\pi}{2}$
π
$\frac{3\pi}{2}$
2π
$\frac{5\pi}{2}$
t
t_1
t_2
t_3
t_4

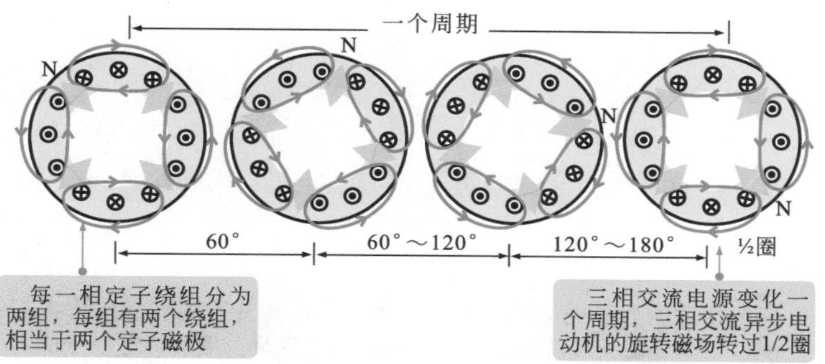
一个周期
N
N
N
N
60°
60°～120°
120°～180°
½圈
每一相定子绕组分为两组，每组有两个绕组，相当于两个定子磁极
三相交流电源变化一个周期，三相交流异步电动机的旋转磁场转过1/2圈

图 1-58　三相交流异步电动机合成磁场在不同时间段的变化过程

如图 1-58 所示，三相交流异步电动机合成磁场是指三相绕组产生的旋转磁场的矢量和。当三相交流异步电动机三相绕组加入交流电源时，由于三相交流电源的相位差为 120° ，绕组在空间上呈 120° 对称分布，因而可根据三相绕组的分布位置、接线方式、电流方向及时间判别合成磁场的方向。

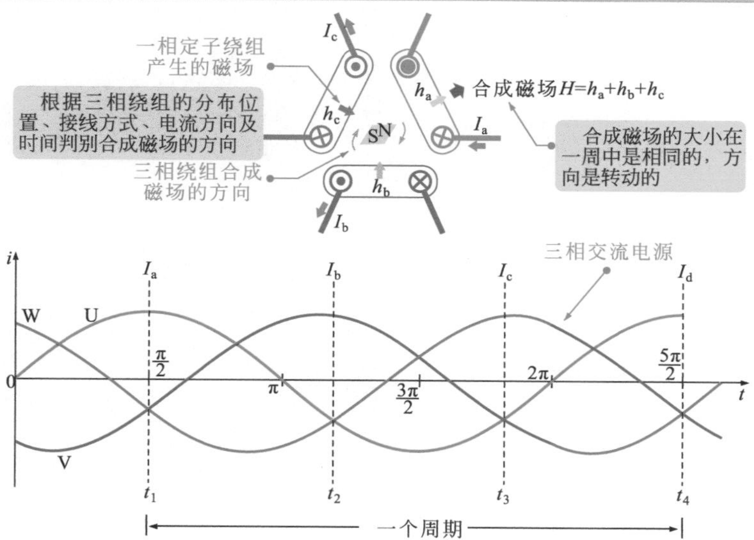
一相定子绕组产生的磁场
根据三相绕组的分布位置、接线方式、电流方向及时间判别合成磁场的方向
三相绕组合成磁场的方向
合成磁场$H=h_a+h_b+h_c$
合成磁场的大小在一周中是相同的，方向是转动的
三相交流电源
一个周期

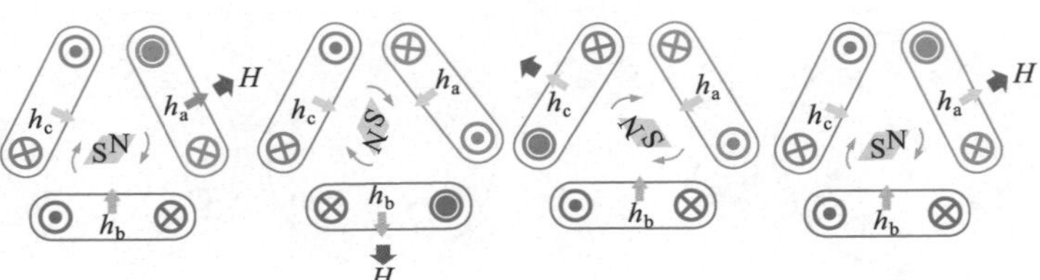
H
h_a
h_b
h_c
S N
N S
H
h_a
h_b
h_c
N S
h_a
h_b
h_c
S N
H
h_a
h_b
h_c

在三相交流异步电动机中，由定子绕组所形成的旋转磁场作用于转子，使转子跟随磁场旋转，转子的转速滞后于磁场，因而转速低于磁场的转速。如果转速增加到旋转磁场的转速，则转子导体与旋转磁场间的相对运动消失，转子中的电磁转矩等于 0。转子的实际转速 n 总是小于旋转磁场的同步转速 n_0，它们之间有一个转速差，反映了转子导体切割磁感应线的快慢程度，常用的这个转速差 n_0-n 与旋转磁场同步转速 n_0 的比值来表示异步电动机的性能，称为转差率，通常用 s 表示，即 $s=(n_0-n)/n_0$。

第2章 电动机与电动机控制电路

2.1 电动机与电动机控制电路的关系

电动机是一种在控制电路的控制作用下，驱动机械设备运行的动力设备，与控制电路形成受控与施控的关系。

2.1.1 电动机控制电路中的主要部件

图 2-1 电动机控制电路的结构

如图 2-1 所示，在电动机控制系统中，由控制按钮发送人工控制指令，由接触器、继电器及相应的控制部件控制电动机的启、停运转控制，指示灯用于指示当前系统的工作状态；保护器件负责电路安全。各电气部件与电动机根据设计需要，按照一定的控制关系连接在一起，从而实现相应的功能。

在电动机控制电路中，控制开关、熔断器、继电器和接触器是非常重要的电气部件。这些电气部件通过不同的方式组合连接，从而实现对电动机的各项控制功能。

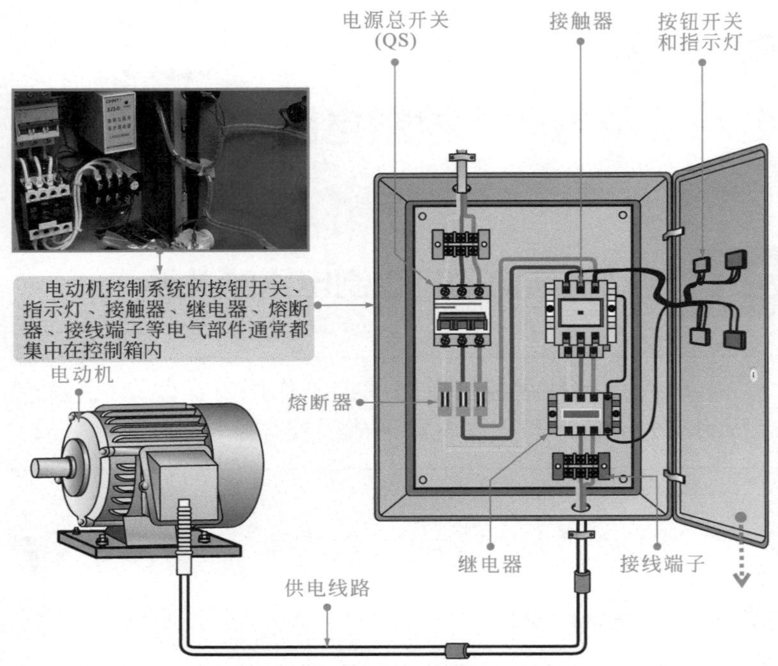

电源总开关
(QS)
接触器
按钮开关
和指示灯
电动机控制系统的按钮开关、指示灯、接触器、继电器、熔断器、接线端子等电气部件通常都集中在控制箱内
电动机
熔断器
继电器
接线端子
供电线路

1 控制开关

控制开关是指对电动机控制电路发出操作指令的电气设备，具有接通和断开电路的功能。电动机控制电路中常用的控制开关有按钮开关、电源总开关和组合开关。

图 2-2 不同类型按钮开关的结构和功能特点

如图 2-2 所示，按钮开关是指通过按动纽扣似的部件实现线路通断的控制开关，按钮开关通常具有自动复位功能，即按下按钮时，可使线路接通或断开；取消操作后按钮复位，线路恢复断开或接通。

按钮开关根据内部结构的不同，主要可分为常开按钮开关、常闭按钮开关和复合按钮开关三种。不同结构的按钮开关，其图形符号也不相同

SB
图形符号
常开按钮开关

SB
图形符号

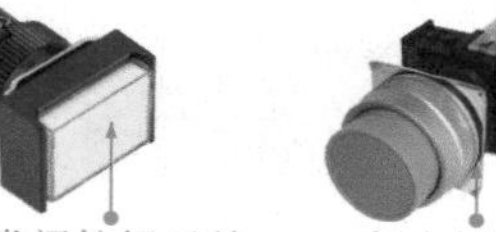
常闭按钮开关

SB-1
SB-2
图形符号
复合按钮开关

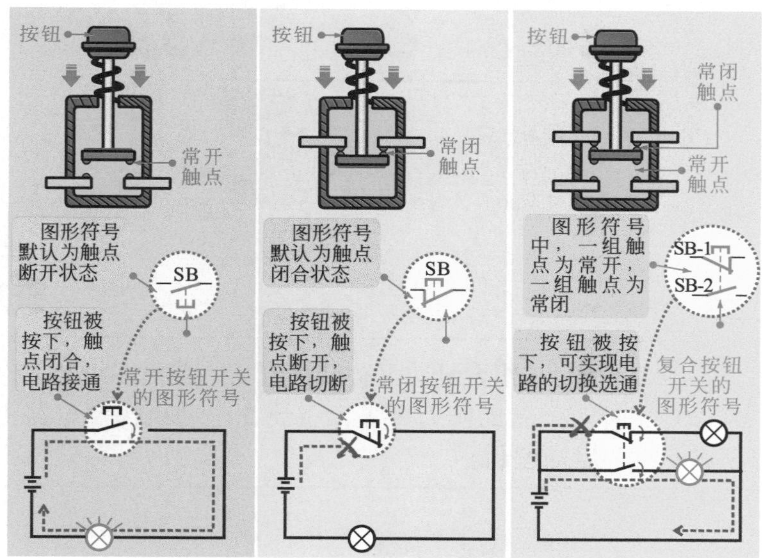
按钮
常开
触点
图形符号默认为触点断开状态
SB
按钮被按下，触点闭合，电路接通
常开按钮开关的图形符号
按钮
常闭
触点
图形符号默认为触点闭合状态
SB
按钮被按下，触点断开，电路切断
常闭按钮开关的图形符号
按钮
常闭
触点
常开
触点
图形符号中，一组触点为常开，一组触点为常闭
SB-1
SB-2
按钮被按下，可实现电路的切换选通
复合按钮开关的图形符号

电源总开关是指控制电动机整个电路供电电源接通与断开的总开关。通常由具备自动切断电路功能的断路器（具有过载、短路、欠压保护功能）实现。

图 2-3　电源总开关的特点

如图 2-3 所示，在电动机控制电路中，电源总开关（即断路器）主要用于手动、自动接通或自动切断总供电线路。

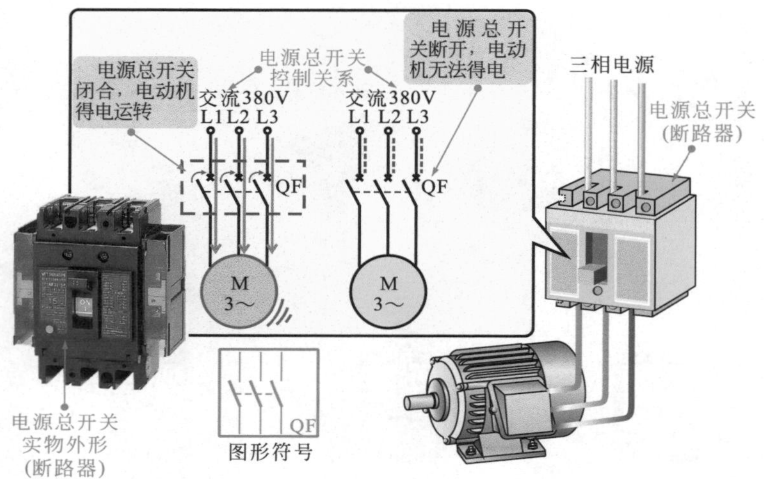

电源总开关控制关系
电源总开关闭合，电动机得电运转
电源总开关断开，电动机无法得电
交流380V
L1 L2 L3
QF
M
3～
三相电源
电源总开关（断路器）
电源总开关实物外形（断路器）
图形符号

图 2-4　组合开关的特点

如图 2-4 所示，组合开关又称转换开关，是由多组开关构成的，是一种转动式的闸刀开关，主要在电动机控制电路中用于电动机的启动控制。

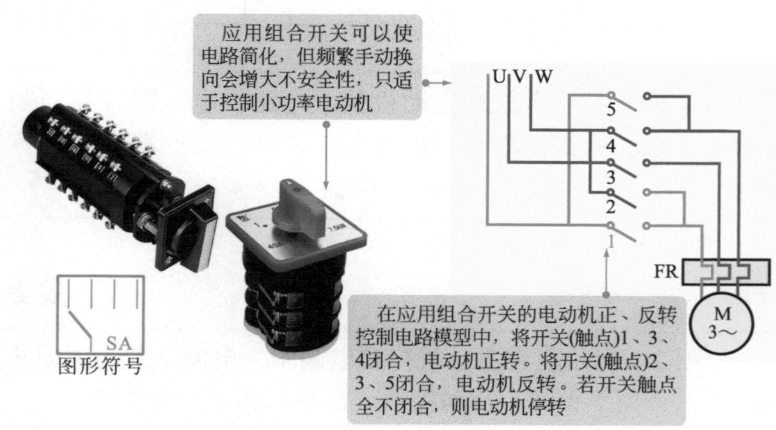

应用组合开关可以使电路简化，但频繁手动换向会增大不安全性，只适于控制小功率电动机
U V W
5
4
3
2
1
FR
M
3～
SA
图形符号
在应用组合开关的电动机正、反转控制电路模型中，将开关(触点)1、3、4闭合，电动机正转。将开关(触点)2、3、5闭合，电动机反转。若开关触点全不闭合，则电动机停转

❷ 熔断器

图 2-5 熔断器的特点

如图 2-5 所示，熔断器是在电流超过规定值一段时间后，以其自身产生的热量使熔体熔化，从而使电路断开，起到短路、过载保护的作用。

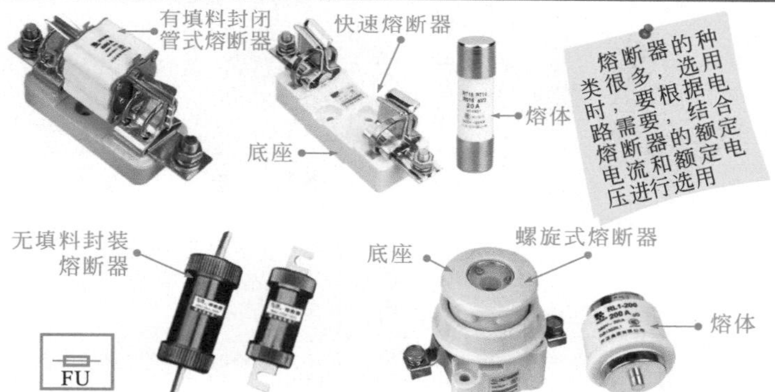
有填料封闭管式熔断器
快速熔断器
底座
熔体
熔断器的种类很多，选用时，要根据电路需要，结合熔断器的额定电流和额定电压进行选用
无填料封装熔断器
FU
底座
螺旋式熔断器
熔体

❸ 继电器

图 2-6 继电器的特点

如图 2-6 所示，继电器是根据信号（电压、电流、时间等）来接通或切断电路的控制元件。该元器件在电工电子行业中应用较为广泛，在许多机械控制及电子电路中都采用这种器件。

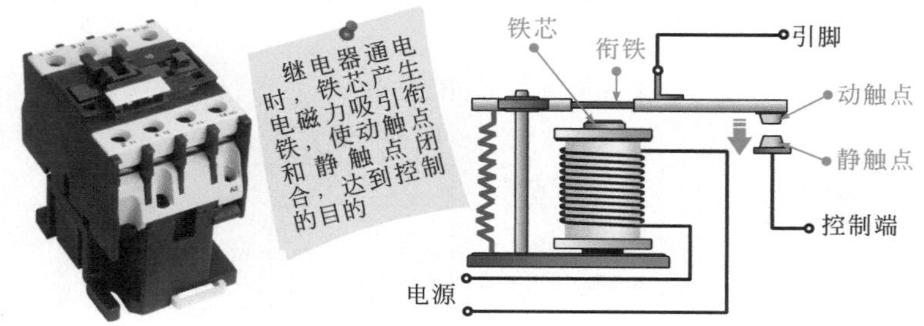
继电器通电时，铁芯产生电磁力吸引衔铁，使动触点和静触点闭合，达到控制的目的
铁芯
衔铁
引脚
动触点
静触点
控制端
电源

图 2-7 不同类型的继电器

如图 2-7 所示，继电器种类多样，结构功能各不相同，图形符号也有所区别。常见的继电器有中间继电器、时间继电器、过热保护继电器及速度继电器等。

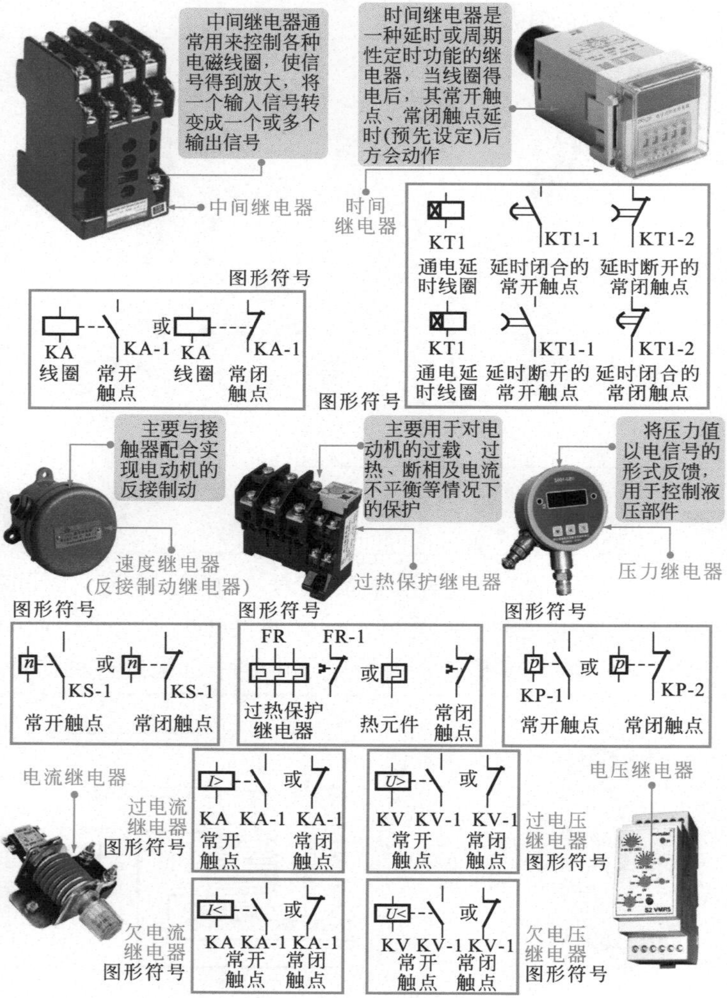

中间继电器通常用来控制各种电磁线圈，使信号得到放大，将一个输入信号转变成一个或多个输出信号

中间继电器

图形符号

KA 线圈　KA-1 常开触点　或　KA 线圈　KA-1 常闭触点

时间继电器是一种延时或周期性定时功能的继电器，当线圈得电后，其常开触点、常闭触点延时(预先设定)后方会动作

时间继电器

KT1 通电延时线圈　KT1-1 延时闭合的常开触点　KT1-2 延时断开的常闭触点

KT1 通电延时线圈　KT1-1 延时断开的常开触点　KT1-2 延时闭合的常闭触点

图形符号

主要与接触器配合实现电动机的反接制动

速度继电器（反接制动继电器）

图形符号

KS-1 常开触点　或　KS-1 常闭触点

主要用于对电动机的过载、过热、断相及电流不平衡等情况下的保护

过热保护继电器

图形符号

FR 过热保护继电器　FR-1　或　热元件　常闭触点

将压力值以电信号的形式反馈，用于控制液压部件

压力继电器

图形符号

KP-1 常开触点　或　KP-2 常闭触点

电流继电器

过电流继电器图形符号

KA　KA-1 常开触点　或　KA-1 常闭触点

欠电流继电器图形符号

KA　KA-1 常开触点　或　KA-1 常闭触点

电压继电器

过电压继电器图形符号

KV　KV-1 常开触点　或　KV-1 常闭触点

欠电压继电器图形符号

KV　KV-1 常开触点　或　KV-1 常闭触点

❹ 接触器

图 2-8　接触器的特点

如图 2-8 所示，接触器也称电磁开关，是通过电磁机构的动作频繁接通和断开电路供电的装置。按照电源类型的不同，接触器可分为交流接触器和直流接触器两种。

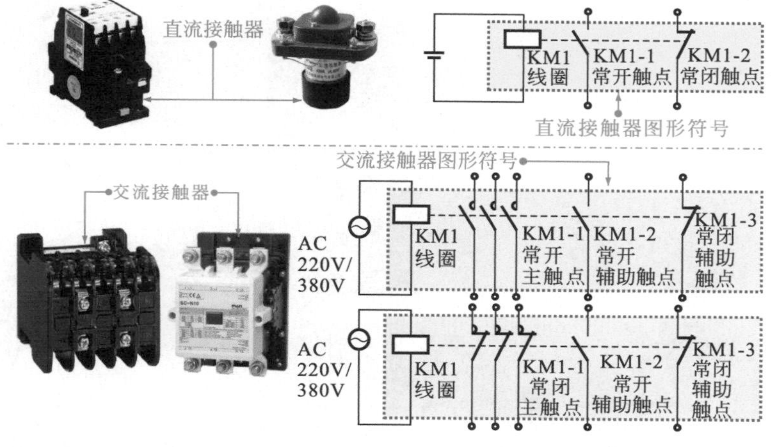
直流接触器
KM1
线圈
KM1-1
常开触点
KM1-2
常闭触点
直流接触器图形符号
交流接触器图形符号
交流接触器
AC
220V/
380V
KM1
线圈
KM1-1
常开
主触点
KM1-2
常开
辅助触点
KM1-3
常闭
辅助
触点
AC
220V/
380V
KM1
线圈
KM1-1
常闭
主触点
KM1-2
常开
辅助触点
KM1-3
常闭
辅助
触点

图 2-9　接触器的结构特点

如图 2–9 所示，在电动机控制电路中，接触器通常分开来使用，即主触点连接在电动机供电线路中，辅助触点和线圈连接在控制电路中，通过控制电路中线圈的得电与失电变化，自动控制电动机供电线路的接通、断开。

通常，交流接触器KM分为KM-1(主触点)、KM-2～KM-4(辅助触点)和用矩形框标识的KM(线圈)等部分。

其中，主触点KM-1位于电动机供电线路中，KM-1闭合与否是由电动机控制电路中接触器的线圈部分KM控制的，即接触器线圈得电，接触器主触点和辅助触点才会相应动作(常开触点会闭合，常闭触点会断开)

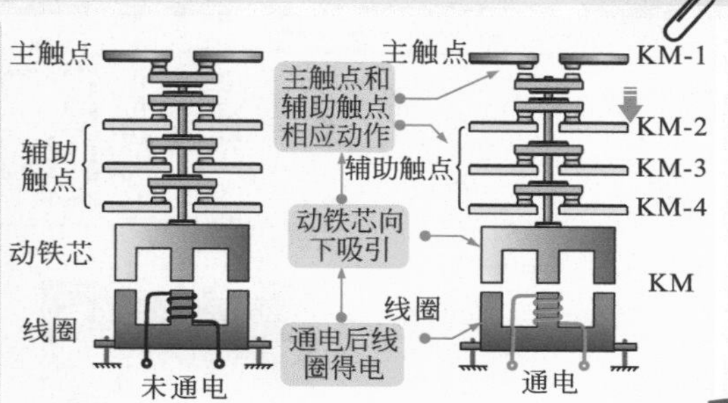
主触点
辅助
触点
动铁芯
线圈
未通电
主触点
主触点和
辅助触点
相应动作
辅助触点
动铁芯向
下吸引
线圈
通电后线
圈得电
KM-1
KM-2
KM-3
KM-4
KM
通电

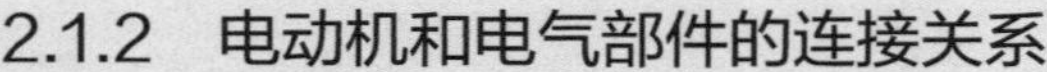

2.1.2 电动机和电气部件的连接关系

电动机的控制电路主要通过各种控制部件、功能部件与电动机各电气部件之间的不同的连接关系，实现对电动机的启动、运转、变速、制动及停机等的控制。

图 2-10 典型电动机控制电路的连接关系

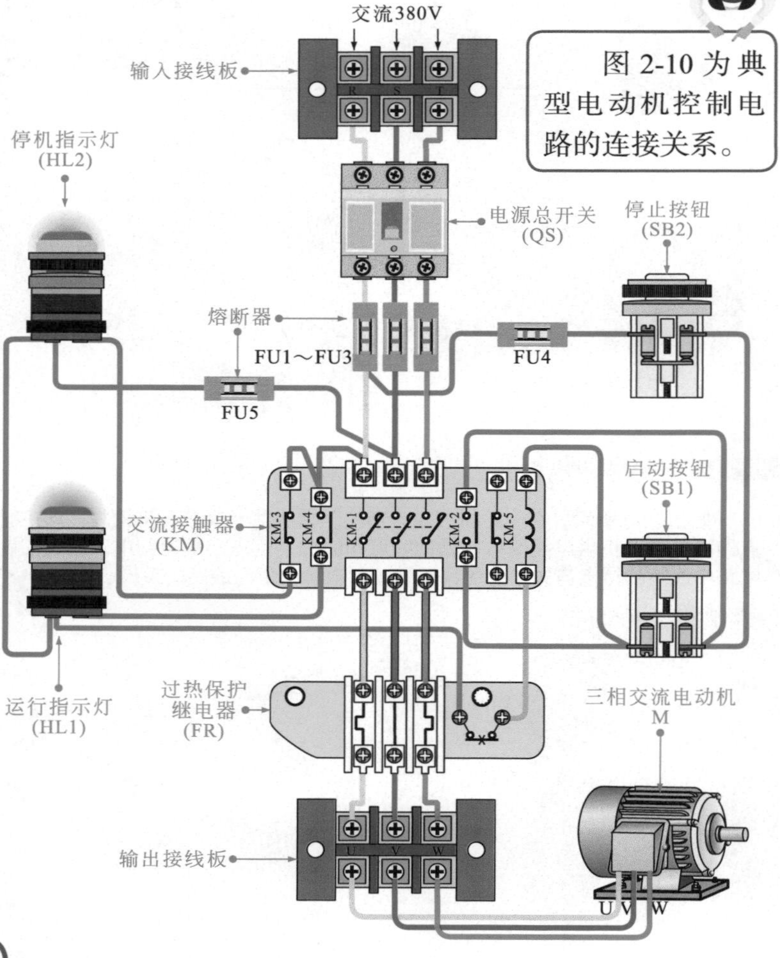

图 2-10 为典型电动机控制电路的连接关系。

交流380V
输入接线板
R S T
停机指示灯
(HL2)
电源总开关
(QS)
停止按钮
(SB2)
熔断器
FU1～FU3
FU4
FU5
启动按钮
(SB1)
交流接触器
(KM)
KM-3 KM-4 KM-1 KM-2 KM-5
运行指示灯
(HL1)
过热保护
继电器
(FR)
三相交流电动机
M
输出接线板
U V W
U V W

在实际应用中，常常采用电动机控制电路原理图（简称控制电路）的形式体现电动机在控制电路中的连接关系。

图 2-11　典型电动机控制电路原理图

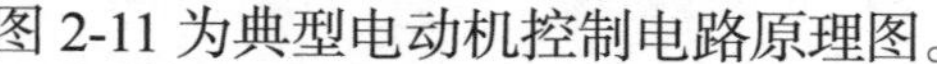

图 2-11 为典型电动机控制电路原理图。

电源总开关
熔断器
停止按钮
启动按钮
～380V
L1 L2 L3
QS
FU1～FU3
SB2
SB1
KM-1
KM-2
KM-3
KM-4
过热保护继电器
FR
KM
交流接触器
FR-1
HL1
HL2
U V W
三相交流电动机
M 3～
运行指示灯
停机指示灯
电动机控制电路通过连线清晰地表达了各主要部件的连接关系，控制电路中的主要部件用规范的图形符号和标识表示

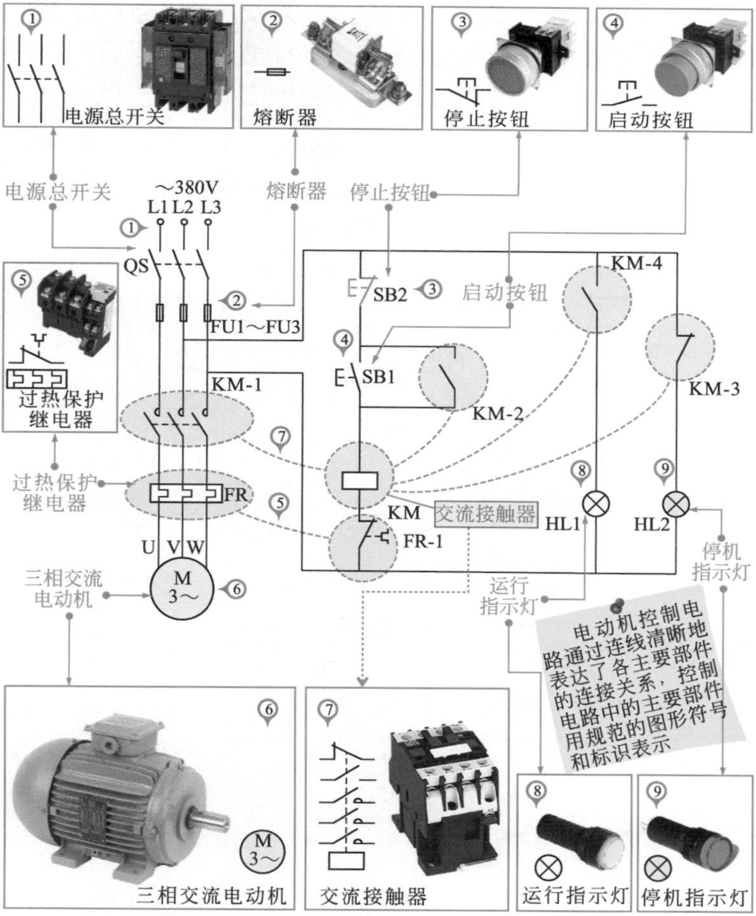

2.2 直流电动机控制电路

2.2.1 直流电动机减压启动控制电路

图 2-12 直流电动机减压启动控制电路工作过程分析

如图 2-12 所示，直流电动机的减压启动控制电路是指直流电动机启动时，接入绕组的电压较小，在控制电路作用下，送入绕组的电压逐渐变为全压，有利于降低启动瞬间的冲击性，稳定性好。

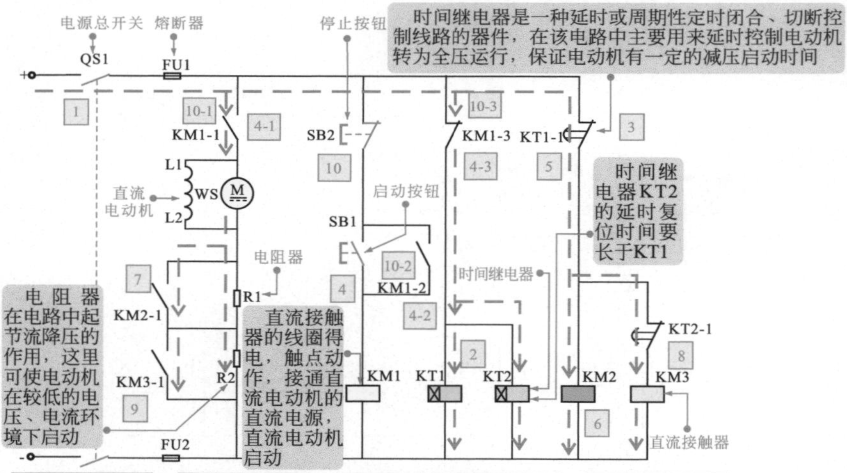

电源总开关 熔断器 停止按钮

时间继电器是一种延时或周期性定时闭合、切断控制线路的器件，在该电路中主要用来延时控制电动机转为全压运行，保证电动机有一定的减压启动时间

QS1 FU1 KM1-1 SB2 KM1-3 KT1-1 L1 WS M 直流电动机 L2 启动按钮 SB1 KM1-2 电阻器 R1 KM2-1 KM3-1 R2 FU2 KM1 KT1 KT2 KM2 KM3 KT2-1 时间继电器 直流接触器

时间继电器KT2的延时复位时间要长于KT1

电阻器在电路中起节流降压的作用，这里可使电动机在较低的电压、电流环境下启动

直流接触器的线圈得电，触点动作，接通直流电动机的直流电源，直流电动机启动

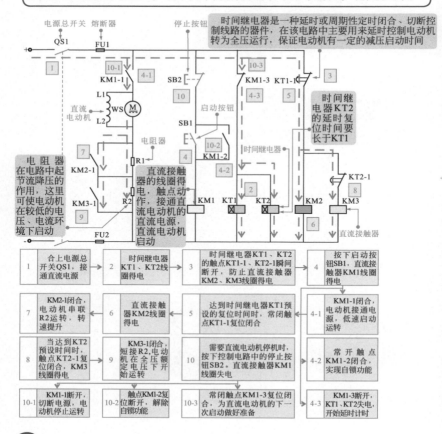

1 合上电源总开关QS1，接通直流电源 → 2 时间继电器KT1、KT2线圈得电 → 3 时间继电器KT1、KT2的触点KT1-1、KT2-1瞬间断开，防止直流接触器KM2、KM3线圈得电 → 4 按下启动按钮SB1，直流接触器KM1线圈得电

4-1 KM1-1闭合，电动机接通电源，低速启动运转

4-2 常开触点KM1-2闭合，实现自锁功能

4-3 KM1-3断开，KT1、KT2失电，开始延时计时

5 达到时间继电器KT1预设的复位时间时，常闭触点KT1-1复位闭合 → 6 直流接触器KM2线圈得电 → 7 KM2-1闭合，电动机串联R2运转，转速提升

8 当达到KT2预设时间时，触点KT2-1复位闭合，KM3线圈得电 → 9 KM3-1闭合，短接R2,电动机在全压额定电压下开始运转

10 需要直流电动机停机时，按下控制电路中的停止按钮SB2。直流接触器KM1线圈失电

10-1 KM1-1断开，切断电源，电动机停止运转

10-2 触点KM1-2复位断开，解除自锁功能

10-3 常闭触点KM1-3复位闭合，为直流电动机的下一次启动做好准备

2.2.2　直流电动机能耗制动控制电路

图 2-13　直流电动机能耗制动控制电路工作过程分析

如图 2-13 所示，直流电动机的能耗制动控制电路是指维持直流电动机的励磁不变，把正在接通电源并具有较高转速的直流电动机电枢绕组从电源上断开，由于惯性使直流电动机变为发电机，并与外加电阻器连接而成为闭合回路，利用此电路中产生的电流及制动转矩使直流电动机快速停机的电路。

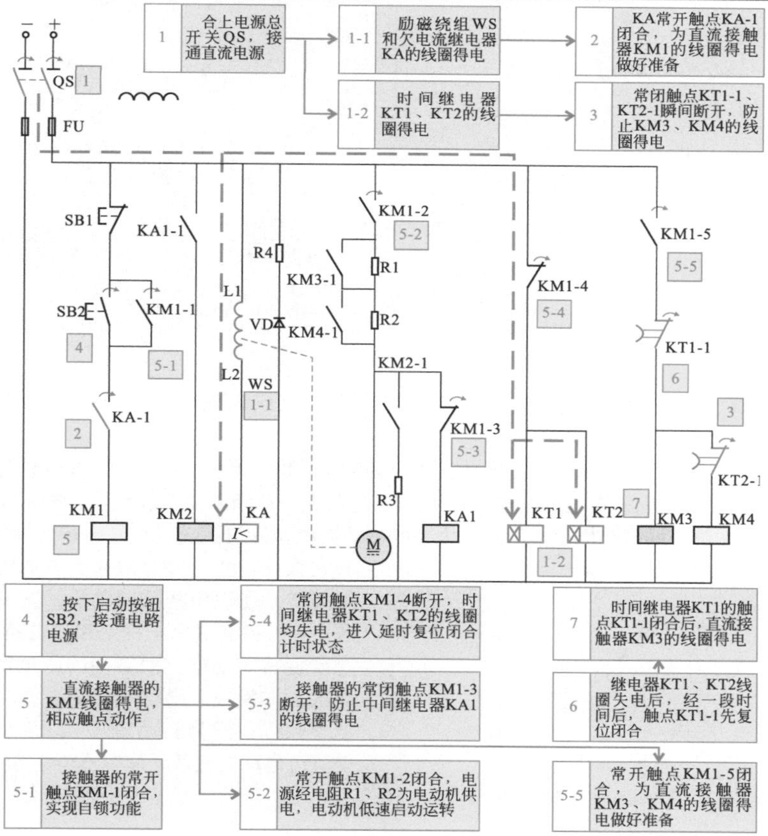

1	合上电源总开关QS，接通直流电源
1-1	励磁绕组WS和欠电流继电器KA的线圈得电
2	KA常开触点KA-1闭合，为直流接触器KM1的线圈得电做好准备
1-2	时间继电器KT1、KT2的线圈得电
3	常闭触点KT1-1、KT2-1瞬间断开，防止KM3、KM4的线圈得电
4	按下启动按钮SB2，接通电路电源
5	直流接触器的KM1线圈得电，相应触点动作
5-1	接触器的常开触点KM1-1闭合，实现自锁功能
5-2	常开触点KM1-2闭合，电源经电阻R1、R2为电动机供电，电动机低速启动运转
5-3	接触器的常闭触点KM1-3断开，防止中间继电器KA1的线圈得电
5-4	常闭触点KM1-4断开，时间继电器KT1、KT2的线圈均失电，进入延时复位闭合计时状态
5-5	常开触点KM1-5闭合，为直流接触器KM3、KM4的线圈得电做好准备
6	继电器KT1、KT2线圈失电后，经一段时间后，触点KT1-1先复位闭合
7	时间继电器KT1的触点KT1-1闭合后，直流接触器KM3的线圈得电

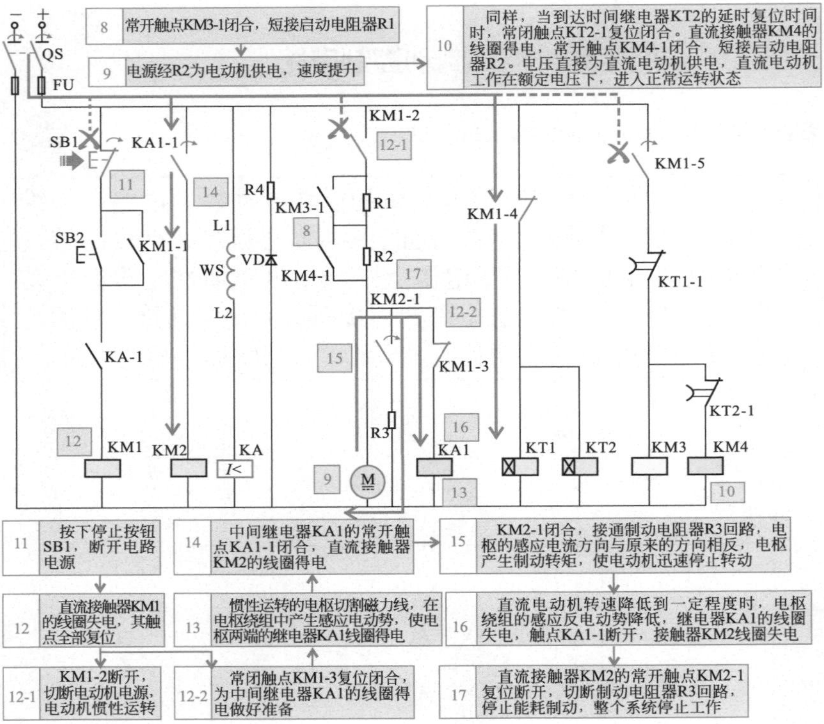

8 常开触点KM3-1闭合，短接启动电阻器R1

9 电源经R2为电动机供电，速度提升

10 同样，当到达时间继电器KT2的延时复位时间时，常闭触点KT2-1复位闭合。直流接触器KM4的线圈得电，常开触点KM4-1闭合，短接启动电阻器R2。电压直接为直流电动机供电，直流电动机工作在额定电压下，进入正常运转状态

11 按下停止按钮SB1，断开电路电源

12 直流接触器KM1的线圈失电，其触点全部复位

12-1 KM1-2断开，切断电动机电源，电动机惯性运转

12-2 常闭触点KM1-3复位闭合，为中间继电器KA1的线圈得电做好准备

13 惯性运转的电枢切割磁力线，在电枢绕组中产生感应电动势，使电枢两端的继电器KA1线圈得电

14 中间继电器KA1的常开触点KA1-1闭合，直流接触器KM2的线圈得电

15 KM2-1闭合，接通制动电阻器R3回路，电枢的感应电流方向与原来的方向相反，电枢产生制动转矩，使电动机迅速停止转动

16 直流电动机转速降低到一定程度时，电枢绕组的感应反电动势降低，继电器KA1的线圈失电，触点KA1-1断开，接触器KM2线圈失电

17 直流接触器KM2的常开触点KM2-1复位断开，切断制动电阻器R3回路，停止能耗制动，整个系统停止工作

图 2-14 能耗制动的控制过程

如图 2–14 所示，直流电动机的能耗制动过程，是将电动机的动能转化为电能并以热能形式消耗在电枢电路的电阻器上。直流电动机制动时，励磁绕组 L1、L2 两端电压极性不变，因而励磁的大小和方向不变。由于直流电动机存在惯性，仍会按照原来的方向继续旋转，所以电枢反电动势的方向也不变，并且成为电枢回路的电源，这就使得制动电流的方向同原来供电的方向相反，电磁转矩的方向也随之改变，成为制动转矩，从而促使直流电动机迅速减速以至停止。

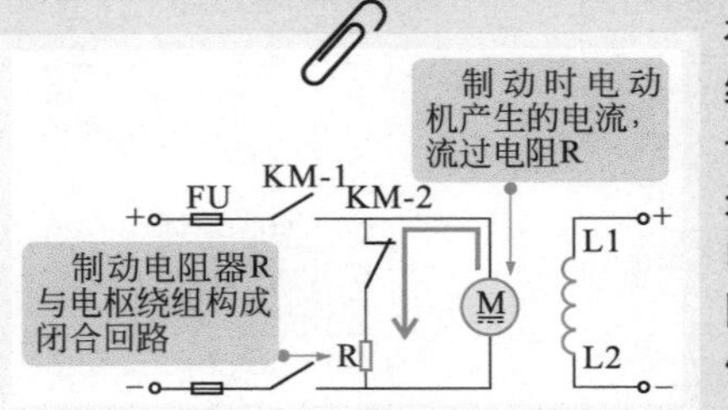
制动时电动机产生的电流，流过电阻R
FU
KM-1
KM-2
M
L1
L2
制动电阻器R与电枢绕组构成闭合回路
R

2.3 交流电动机控制电路

2.3.1 单相交流电动机正/反转控制电路

图 2-15 单相交流电动机正 / 反转控制电路的工作过程分析

如图 2-15 所示，该电路为由限位开关控制的单相交流电动机正 / 反转控制电路，通过限位开关对电动机驱动对应位置的测定来自动控制单相交流电动机绕组的相序，从而实现电动机正 / 反转自动控制。

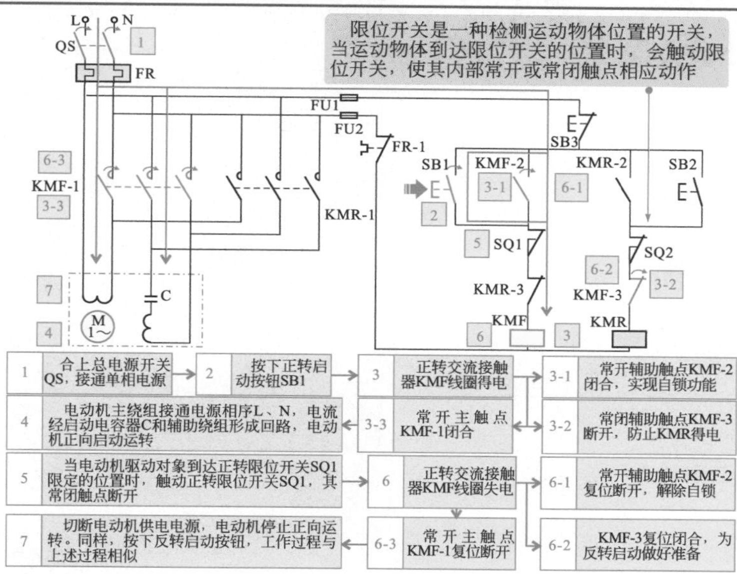

限位开关是一种检测运动物体位置的开关，当运动物体到达限位开关的位置时，会触动限位开关，使其内部常开或常闭触点相应动作
L
N
QS
FR
FU1
FU2
FR-1
SB3
SB1
KMF-2
KMR-2
SB2
KMF-1
KMR-1
SQ1
SQ2
KMR-3
KMF-3
KMF
KMR
C
M 1~
1 合上总电源开关QS，接通单相电源
2 按下正转启动按钮SB1
3 正转交流接触器KMF线圈得电
3-1 常开辅助触点KMF-2闭合，实现自锁功能
3-3 常开主触点KMF-1闭合
3-2 常闭辅助触点KMF-3断开，防止KMR得电
4 电动机主绕组接通电源相序L、N，电流经启动电容器C和辅助绕组形成回路，电动机正向启动运转
5 当电动机驱动对象到达正转限位开关SQ1限定的位置时，触动正转限位开关SQ1，其常闭触点断开
6 正转交流接触器KMF线圈失电
6-1 常开辅助触点KMF-2复位断开，解除自锁
6-3 常开主触点KMF-1复位断开
6-2 KMF-3复位闭合，为反转启动做好准备
7 切断电动机供电电源，电动机停止正向运转。同样，按下反转启动按钮，工作过程与上述过程相似

图 2-16 单相交流电动机正、反转状态下绕组中的电流方向

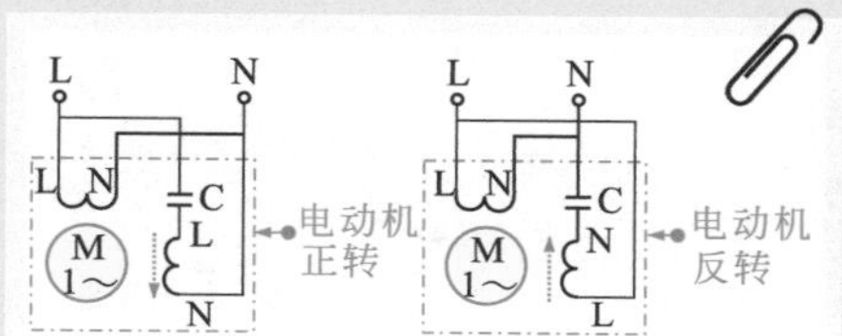

L
N
C
M 1~
电动机正转
电动机反转

如图 2–16 所示，在上述电动机控制电路中，单相交流电动机在控制电路作用下，流经辅助绕组的电流方向发生变化，从而引起电动机转动方向的改变。

2.3.2 三相交流电动机联锁控制电路

图 2-17 三相交流电动机联锁控制电路的工作过程分析

如图 2-17 所示，三相交流电动机联锁控制电路是指电路中两台或两台以上的电动机顺序启动、反顺序停机的控制电路。电路中，电动机的启动顺序、停机顺序由控制按钮进行控制。

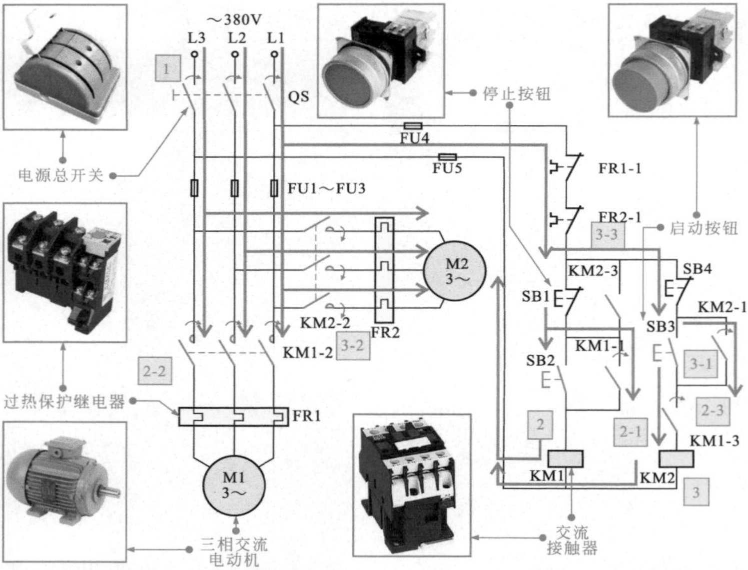

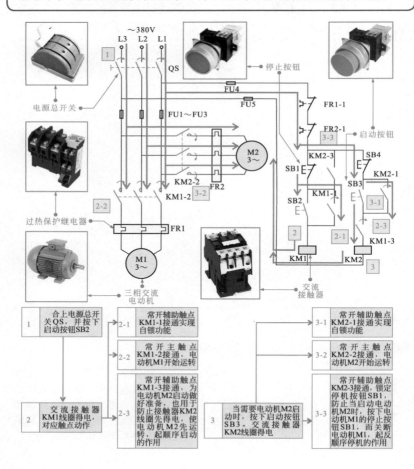

1	合上电源总开关QS，并按下启动按钮SB2
2	交流接触器KM1线圈得电，对应触点动作
2-1	常开辅助触点KM1-1接通实现自锁功能
2-2	常开主触点KM1-2接通，电动机M1开始运转
2-3	常开辅助触点KM1-3接通，为电动机M2启动做好准备，也用于防止接触器KM2线圈先得电，使电动机M2先运转，起顺序启动的作用
3	当需要电动机M2启动时，按下启动按钮SB3。交流接触器KM2线圈得电
3-1	常开辅助触点KM2-1接通实现自锁功能
3-2	常开主触点KM2-2接通，电动机M2开始运转
3-3	常开辅助触点KM2-3接通，锁定停机按钮SB1，防止当启动电动机M2时，按下电动机M1的停止按钮SB1，而关断电动机M1，起反顺序停机的作用

2.3.3　三相交流电动机串电阻减压启动控制电路

图 2-18　三相交流电动机串电阻减压启动控制电路的工作过程分析

如图 2-18 所示，由时间继电器控制的电动机串电阻减压启动控制电路，包括减压启动、全压运行和停机三个过程。在电路中，从减压启动到全压运行的转换由时间继电器自动控制，无需手动控制按钮操作。

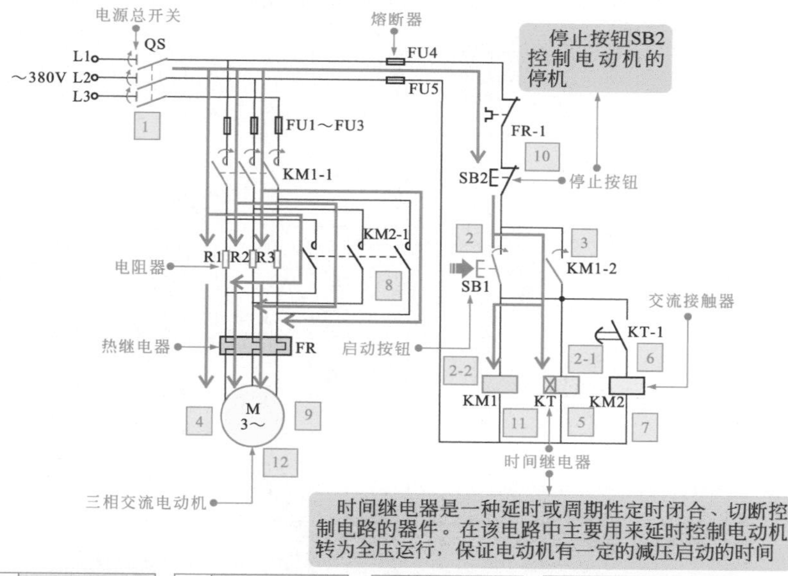
电源总开关
QS
L1
~380V L2
L3
1
熔断器
FU4
FU5
FU1～FU3
KM1-1
KM2-1
R1 R2 R3
电阻器
8
热继电器
FR
4
M
3～
9
12
三相交流电动机
停止按钮SB2控制电动机的停机
FR-1
10
SB2
停止按钮
2
3
SB1
KM1-2
交流接触器
KT-1
6
启动按钮
2-2
2-1
KM1
KT
KM2
11
5
7
时间继电器
时间继电器是一种延时或周期性定时闭合、切断控制电路的器件。在该电路中主要用来延时控制电动机转为全压运行，保证电动机有一定的减压启动的时间

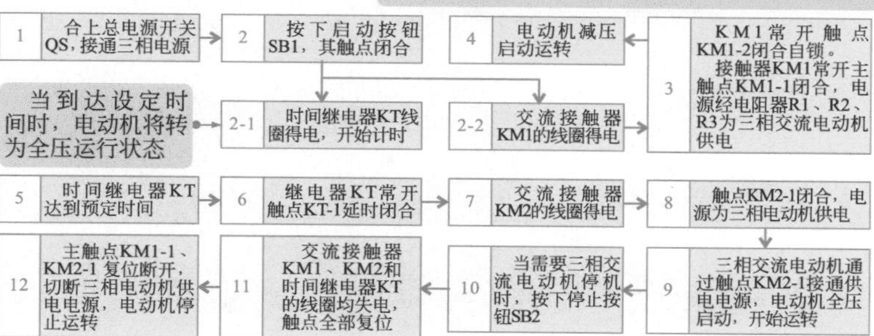
1 合上总电源开关QS，接通三相电源
2 按下启动按钮SB1，其触点闭合
4 电动机减压启动运转
3 KM1常开触点KM1-2闭合自锁。接触器KM1常开主触点KM1-1闭合，电源经电阻器R1、R2、R3为三相交流电动机供电
当到达设定时间时，电动机将转为全压运行状态
2-1 时间继电器KT线圈得电，开始计时
2-2 交流接触器KM1的线圈得电
5 时间继电器KT达到预定时间
6 继电器KT常开触点KT-1延时闭合
7 交流接触器KM2的线圈得电
8 触点KM2-1闭合，电源为三相电动机供电
12 主触点KM1-1、KM2-1 复位断开，切断三相电动机供电电源，电动机停止运转
11 交流接触器KM1、KM2和时间继电器KT的线圈均失电，触点全部复位
10 当需要三相交流电动机停机时，按下停止按钮SB2
9 三相交流电动机通过触点KM2-1接通供电电源，电动机全压启动，开始运转

2.3.4 三相交流电动机Y-△减压启动控制电路

图 2-19 三相交流电动机 Y- △减压启动控制电路的工作过程分析

如图 2-19 所示，电动机 Y- △减压启动控制电路是指三相交流电动机启动时，先将三相交流电动机定子绕组连接成 Y 连接进入减压启动状态，待转速达到一定值后，再将三相交流电动机定子绕组换接成△ 连接，进入全压正常运行状态。

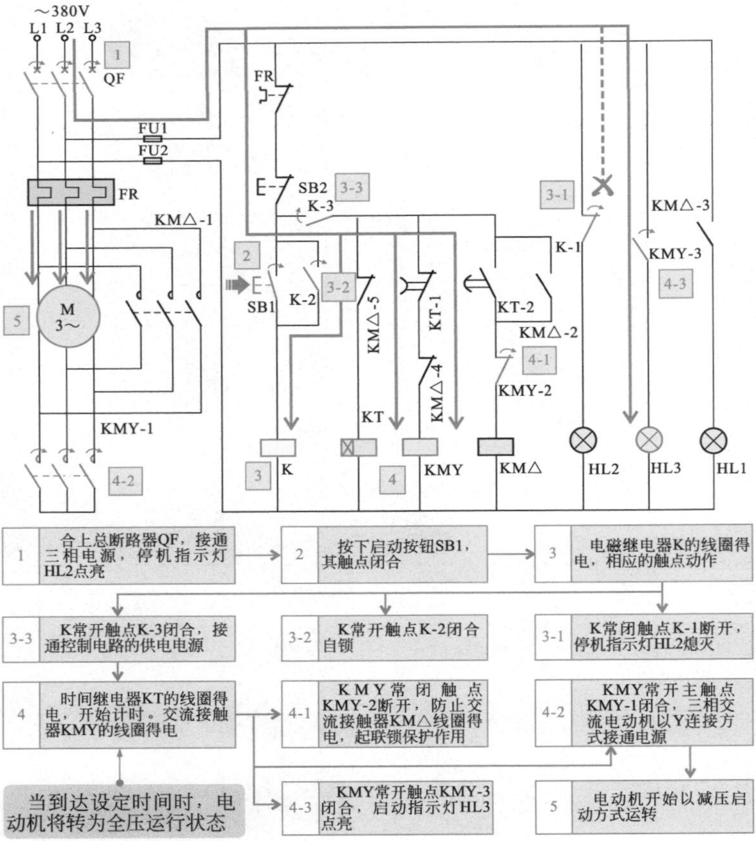

1 合上总断路器QF，接通三相电源，停机指示灯HL2点亮

2 按下启动按钮SB1，其触点闭合

3 电磁继电器K的线圈得电，相应的触点动作

3-1 K常闭触点K-1断开，停机指示灯HL2熄灭

3-2 K常开触点K-2闭合自锁

3-3 K常开触点K-3闭合，接通控制电路的供电电源

4 时间继电器KT的线圈得电，开始计时。交流接触器KMY的线圈得电

4-1 KMY常闭触点KMY-2断开，防止交流接触器KM△线圈得电，起联锁保护作用

4-2 KMY常开主触点KMY-1闭合，三相交流电动机以Y连接方式接通电源

4-3 KMY常开触点KMY-3闭合，启动指示灯HL3点亮

5 电动机开始以减压启动方式运转

当到达设定时间时，电动机将转为全压运行状态

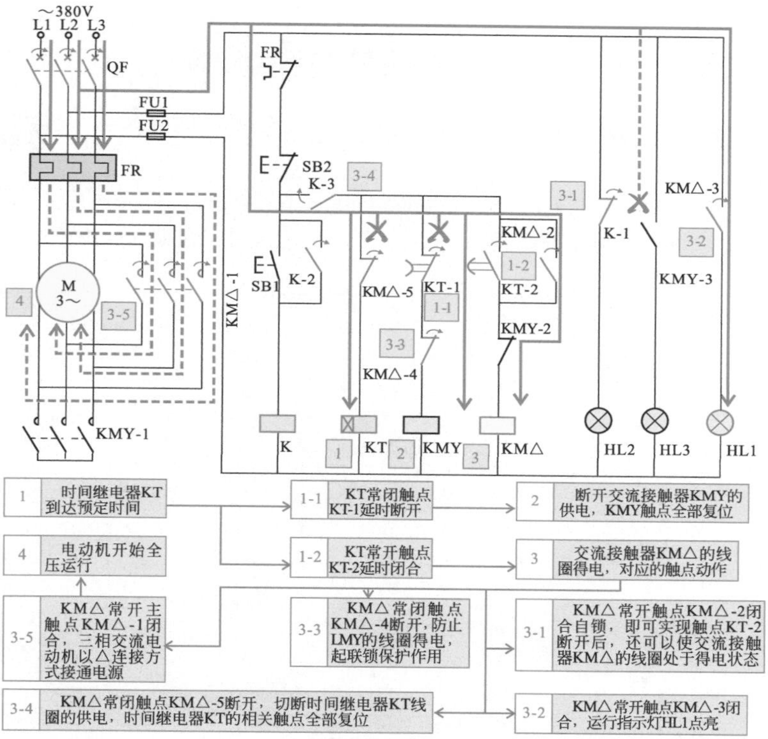

1 时间继电器KT到达预定时间

1-1 KT常闭触点KT-1延时断开

2 断开交流接触器KMY的供电，KMY触点全部复位

1-2 KT常开触点KT-2延时闭合

3 交流接触器KM△的线圈得电，对应的触点动作

3-1 KM△常开触点KM△-2闭合自锁，即可实现触点KT-2断开后，还可以使交流接触器KM△的线圈处于得电状态

3-2 KM△常开触点KM△-3闭合，运行指示灯HL1点亮

3-3 KM△常闭触点KM△-4断开，防止LMY的线圈得电，起联锁保护作用

3-4 KM△常闭触点KM△-5断开，切断时间继电器KT线圈的供电，时间继电器KT的相关触点全部复位

3-5 KM△常开主触点KM△-1闭合，三相交流电动机以△连接方式接通电源

4 电动机开始全压运行

图 2-20 三相交流电动机绕组 Y 形和△形连接方式

如图 2-20 所示，当需要电动机停机时，按下停止按钮 SB2，电磁继电器 K、交流接触器 KM △等失电，触点全部复位，切断三相交流电动机的供电电源，电动机便会停止运转。

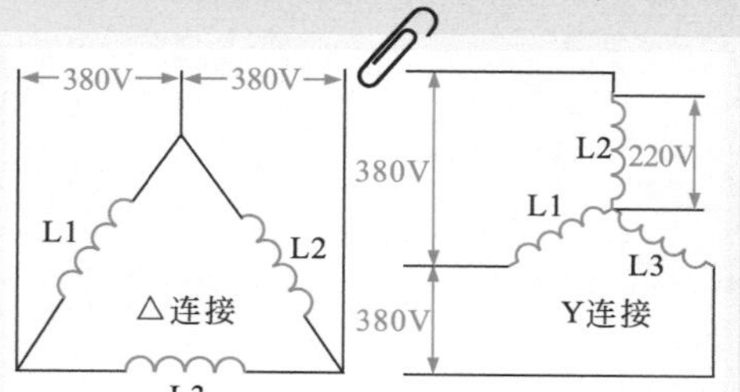
380V
380V
L1
L2
L3
△连接
380V
380V
L2
220V
L1
L3
Y连接

当三相交流电动机采用 Y 连接时（减压启动），电动机每相承受的电压均为 220V; 当三相交流电动机采用△连接时（全压运行），三相交流电动机每相绕组承受的电压为 380V。

2.3.5 三相交流电动机反接制动控制电路

图 2-21 三相交流电动机反接制动控制电路的工作过程分析  

如图 2-21 所示，在反接制动控制电路中，控制按钮控制三相交流电动机绕组相序的改变。可在电路需要制动时，手动操作实现。

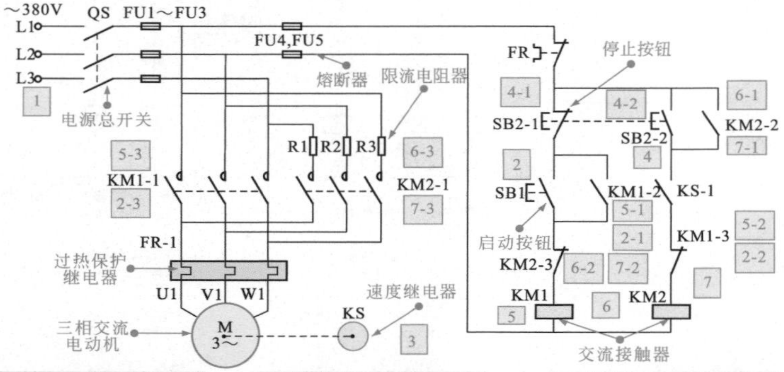

- 1 合上电源总开关QS，接通三相交流电源
- 2 按下启动按钮SB1，交流接触器KM1线圈得电
- 2-1 常开辅助触点KM1-2接通，实现自锁功能
- 2-2 常闭辅助触点KM1-3断开，防止接触器KM2线圈得电，实现联锁功能
- 2-3 常开主触点KM1-1接通，电动机接通交流380V电源开始运转
- 3 速度继电器KS与电动机连轴同速度运转，带动其触点KS-1接通
- 4 当电动机需要停机时，按下停止按钮SB2
- 4-1 SB2内部的常闭触点SB2-1断开
- 4-2 SB2内部的常开触点SB2-2接通
- 5 接触器KM1线圈失电，各触点均复位
- 5-1 常开辅助触点KM1-2断开，解除自锁功能
- 5-2 闭辅助触点KM1-3接通，解除联锁功能
- 5-3 常开主触点KM1-1断开，电动机断电作惯性运转
- 6 [步骤3]+[步骤4-2]的结果：交流接触器KM2线圈得电
- 6-1 常开触点KM2-2接通，实现自锁功能
- 6-2 KM2-3断开，防止接触器KM1线圈得电，实现联锁功能
- 6-3 常开主触点KM2-1接通，电动机串联限流电阻器R1～R3反接制动
- 7 按下停止按钮SB2后，由于制动作用使电动机和速度继电器转速减小到零，速度继电器KS常开触点KS-1断开，切断电源，KM2线圈失电
- 7-1 常开辅助触点KM2-2断开，解除自锁功能
- 7-2 常开辅助触点KM2-3接通复位
- 7-3 KM2-1断开，电动机切断电源，制动结束，电动机停止运转

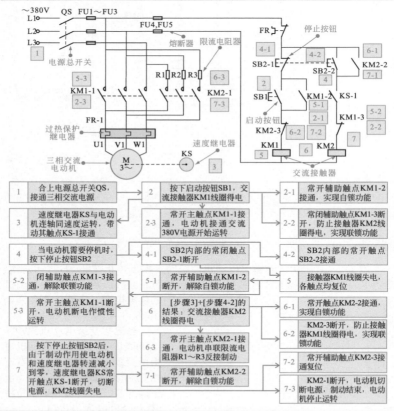

当电动机在反接制动力矩的作用下转速急速下降到零后，若反接电源不及时断开，电动机将从零开始反向运转，电路的目标是制动，因此电路必须具备及时切断反接电源的能力。

2.3.6　三相交流电动机调速控制电路

图 2-22　三相交流电动机调速控制电路的工作过程分析

如图 2-22 所示，该三相交流电动机的调速控制电路由时间继电器控制，该电路是指利用时间继电器来控制电动机的低速或高速运转，用户可以通过控制按钮，实现对电动机低速和高速运转的切换控制。

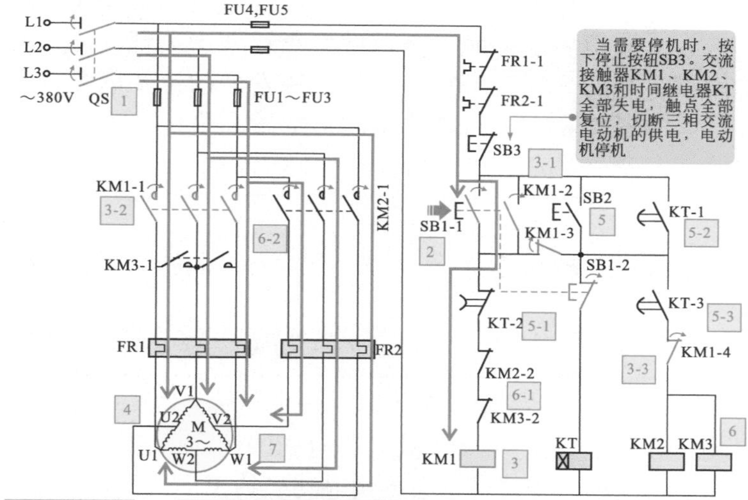

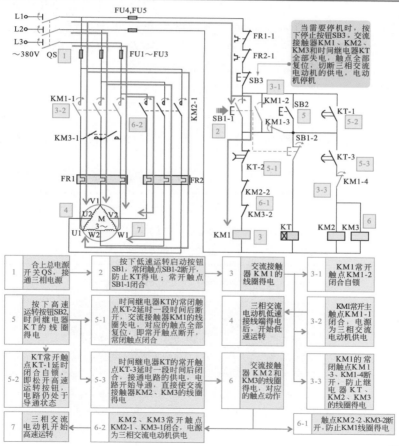

当需要停机时，按下停止按钮SB3。交流接触器KM1、KM2、KM3和时间继电器KT全部失电，触点全部复位，切断三相交流电动机的供电，电动机停机

1　合上总电源开关QS，接通三相电源

2　按下低速运转启动按钮SB1，常闭触点SB1-2断开，防止KT得电；常开触点SB1-1闭合

3　交流接触器KM1的线圈得电

3-1　KM1常开触点KM1-2闭合自锁

3-2　KM1常开主触点KM1-1闭合，电源为三相交流电动机供电

3-3　KM1的常闭触点KM1-3、KM1-4断开，防止继电器KT、KM2、KM3的线圈得电

4　三相交流电动机低速接线端得电后，开始低速运转

5　按下高速运转按钮SB2，时间继电器KT的线圈得电

5-1　时间继电器KT的常闭触点KT-2延时一段时间后断开，交流接触器KM1的线圈失电，对应的触点全部复位，即常开触点断开，常闭触点闭合

5-2　KT常开触点KT-1延时闭合自锁，即松开高速运转按钮，电路仍处于导通状态

5-3　时间继电器KT的常开触点KT-3延时一段时间后闭合，接通电路的供电，电路开始导通，直接使交流接触器KM2、KM3的线圈得电

6　交流接触器KM2和KM3的线圈得电，对应的触点动作

6-1　触点KM2-2、KM3-2断开，防止KM1线圈得电

6-2　KM2、KM3常开触点KM2-1、KM3-1闭合，电源为三相交流电动机供电

7　三相交流电动机开始高速运转

第3章
电动机的维护与检修

3.1 电动机的日常保养

在检修实践中发现，电动机出现的故障大多是由于缺相、超载、人为或环境因素和电动机本身原因造成的。缺相、超载、人为或环境因素都能够在日常检查过程中发现，特别是环境因素，它的好坏是决定电动机使用寿命的重要因素，以此，日常的保养和维护对减少电动机故障和事故、提高电动机的使用效率十分关键。

3.1.1 电动机机壳的养护

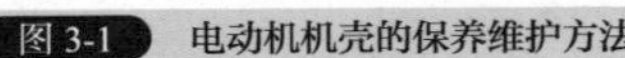
图 3-1 电动机机壳的保养维护方法

如图 3-1 所示，电动机在使用一段时间后，由于工作环境的影响，在其表面上可能会积上灰尘和油污，所以会影响电动机的通风散热，严重时还会影响电动机的正常工作。

毛刷

用软毛刷清扫电动机表面堆积的灰尘

蘸有汽油的毛巾

用毛巾蘸少许汽油擦拭电动机表面的油污、杂质等

3.1.2 电动机转轴的养护

图 3-2 电动机转轴的保养维护方法

如图 3-2 所示，由于转轴的工作特点，可能会出现锈蚀、脏污等情况，若情况严重，将直接导致电动机不启动、堵转或无法转动等故障。对转轴进行保养时，应先用软毛刷清扫表面的污物，然后用细砂纸包住转轴，用手均匀转动细砂纸或直接用砂纸擦拭，即可除去转轴表面的铁锈和杂质。

砂纸

去锈渍后，要注意最后的清扫环节，避免有杂质留在转轴表面上

检查电动机转轴表面有无锈蚀、杂质等脏污，用砂纸打磨电动机转轴表面的锈渍、脏污、杂质等，恢复其金属特性

3.1.3 电动机电刷的养护

电刷是有刷类电动机的关键部件。若电刷异常，将直接影响电动机的运行状态和工作效率。根据电刷的工作特点，在一般情况下，电刷出现异常主要是由电刷或电刷架上炭粉堆积过多、电刷长时间使用后严重磨损、电刷在电刷架中活动受阻等原因引起的。

❶ 定期清理电刷和电刷架上的炭粉

图 3-3 清理电刷炭粉

如图 3-3 所示，有刷电动机运行工作中，电刷需要与换向器靠压力弹簧压力接触，因此，在电动机转子带动整流子转动过程中，电刷会存在一定程度的磨损，电刷上磨损下来的炭粉很容易堆积在电刷与电刷架上，这就要求电动机保养维护人员对电刷和电刷架进行定期清理，确保电动机正常工作。

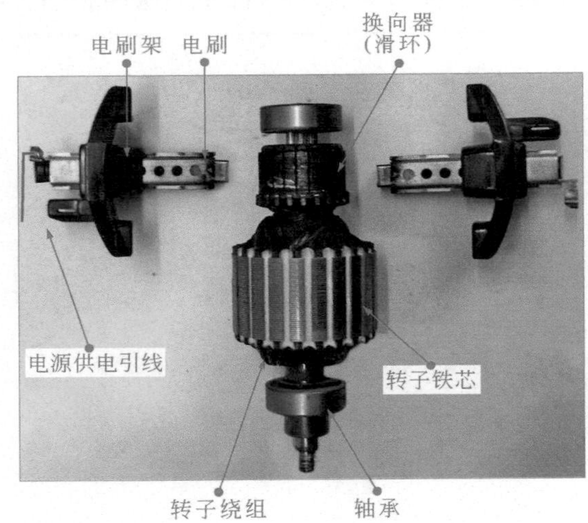
换向器
(滑环)
电刷架
电刷
电源供电引线
转子铁芯
转子绕组
轴承

❷ 检查电刷磨损情况

图 3-4 检查电刷的磨损程度

如图 3-4 所示，在正常情况下，电动机电刷允许一定程度的正常磨损，但如果电刷磨损过快，也说明存在异常故障，特别是同一组电刷中，一侧电刷磨损明显大于另一侧电刷磨损的情况，多为电刷及相关的换向器等部件存在异常。

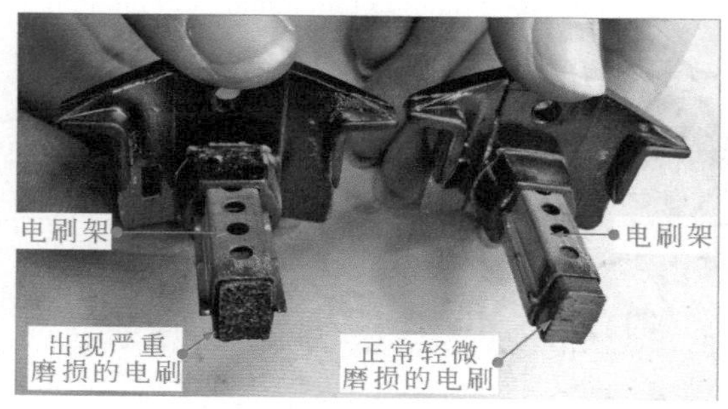
电刷架
电刷架
出现严重磨损的电刷
正常轻微磨损的电刷

根据维修经验，造成电刷磨损过快的原因主要有以下几点：

- ◆ 电刷承受压力过大。
- ◆ 电刷含碳量过多，即材料成分不合格或更换错误型号的电刷。
- ◆ 电动机长期处于温度过高或湿度过高的环境下工作。
- ◆ 滑环表面粗糙，电刷在运行过程中，磨损过大或产生火花，引起烧蚀现象。

检修时，应根据具体情况，找出电刷磨损的具体原因，观察电刷的磨损情况，当电刷磨损高度占电刷原高度的一半以上时，需更换电刷。

3.1.4　电动机换向器的养护

图 3-5　有刷电动机中的换向器

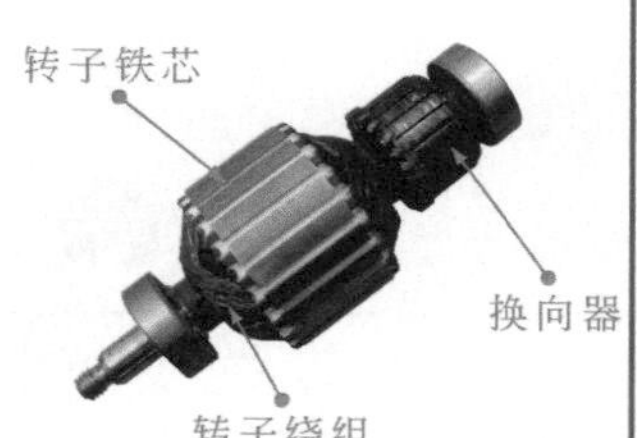
转子铁芯
换向器
转子绕组

如图 3-5 所示，在有刷电动机中，换向器与电刷（或集电环）是一组配套工作的部件，因此换向器也需要相应的保养和维护，如清洁换向器表面的炭粉、打磨换向器表面的毛刺或麻点、检查换向器表面有无明显不一致的灼痕等，以便及时发现故障隐患，并排除故障。

图 3-6 换向器的日常维护

如图 3-6 所示，换向器在长期的使用过程中，由于长期磨损、磕碰或频繁拆卸等，经常会引起滑环导体表面、壳体等部位出现氧化、磨损、裂痕、烧伤等故障。

日常养护时，可采用打磨的方法消除隐患。

换向器
换向器表明有明显的氧化层(附着有黑色炭粉)和磨损情况

在正常情况下，换向器应明亮，有一定的金属光泽

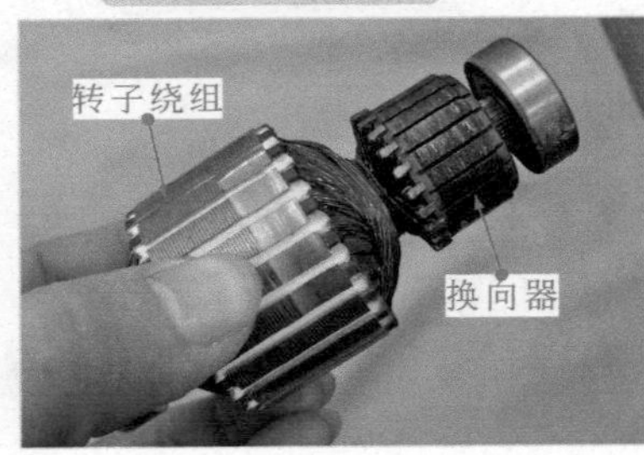
转子绕组
换向器

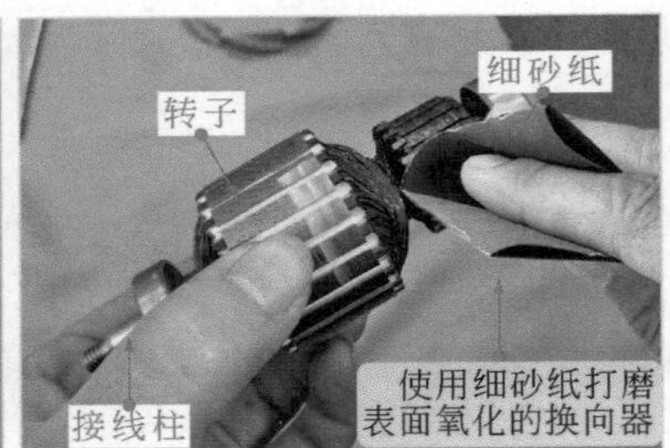
细砂纸
转子
接线柱
使用细砂纸打磨表面氧化的换向器

3.1.5 电动机铁芯的养护

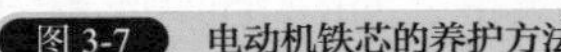

图 3-7 电动机铁芯的养护方法

如图 3-7 所示，电动机中的铁芯可以分为静止的定子铁芯和转动的转子铁芯。为了确保其能够安全使用，并延长使用寿命，在保养时，可用毛刷或铁钩等定期清理，去除铁芯表面的脏污、油渍等。

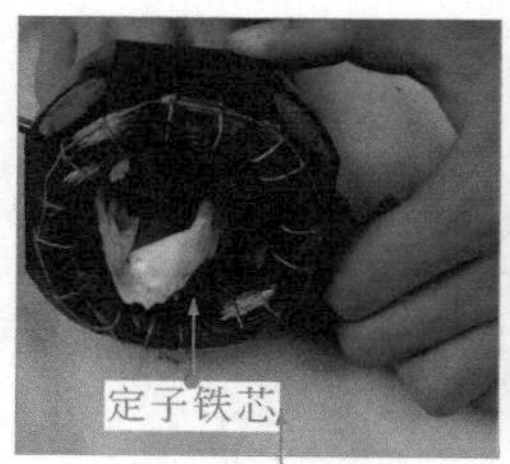
定子铁芯
可用湿巾擦拭清理定子铁芯

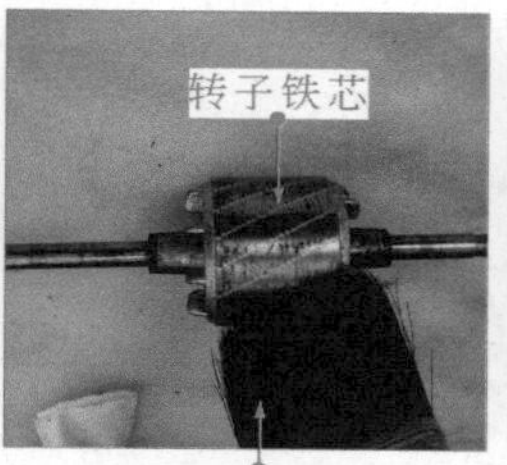
转子铁芯
用毛刷扫除转子铁芯表面的杂屑

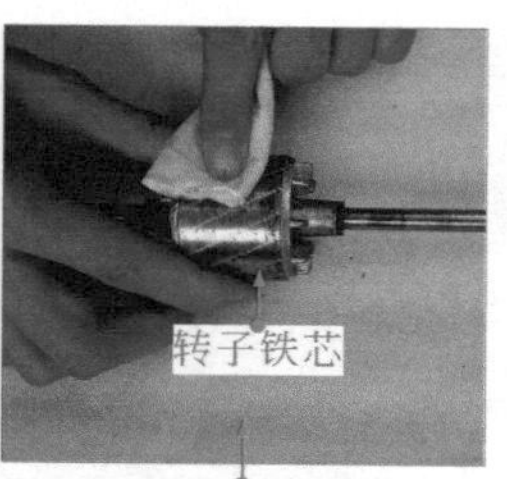
转子铁芯
用潮湿的毛巾擦拭和清理转子铁芯

3.1.6　电动机轴承的养护

图 3-8　电动机中的轴承

如图 3-8 所示，电动机轴承是支撑转轴旋转的关键部件，由于其长期工作在转动、支撑状态，出现磨损或损伤的概率相对较高，因此，电动机的轴承是日常保养工作中的重点部分。

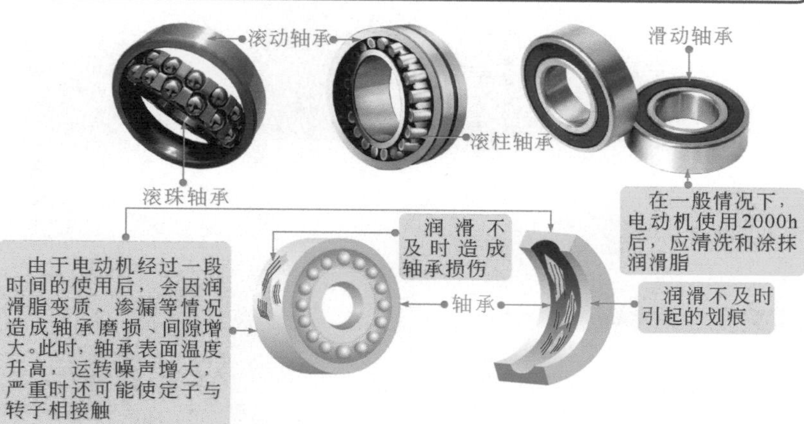
滚动轴承
滑动轴承
滚柱轴承
滚珠轴承
在一般情况下，电动机使用2000h后，应清洗和涂抹润滑脂
由于电动机经过一段时间的使用后，会因润滑脂变质、渗漏等情况造成轴承磨损、间隙增大。此时，轴承表面温度升高，运转噪声增大，严重时还可能使定子与转子相接触
润滑不及时造成轴承损伤
轴承
润滑不及时引起的划痕

电动机轴承的日常养护操作包括轴承的检查、轴承的清洗和轴承的润滑三个环节。

❶ 轴承的检查

图 3-9　检查轴承的磨损或损伤情况

如图 3-9 所示，在日常对电动机轴承进行养护时，需要首先检查轴承有无异常情况，即检查外观、检查游隙是否过大，初步判断轴承能否继续使用。

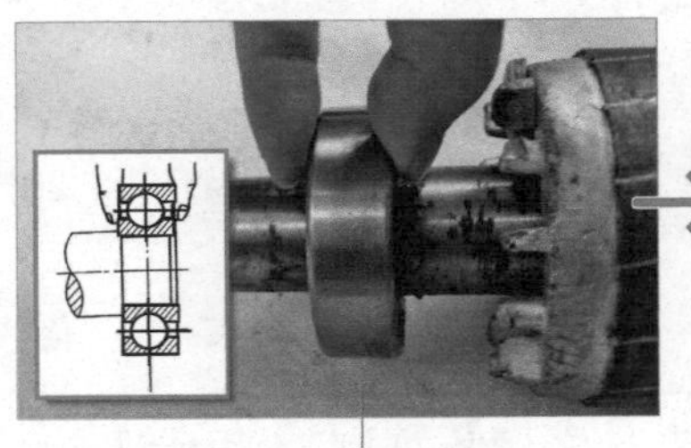
用手用力上下提拉轴承的外圈，如有明显的松动感，则说明轴承的游隙可能过大

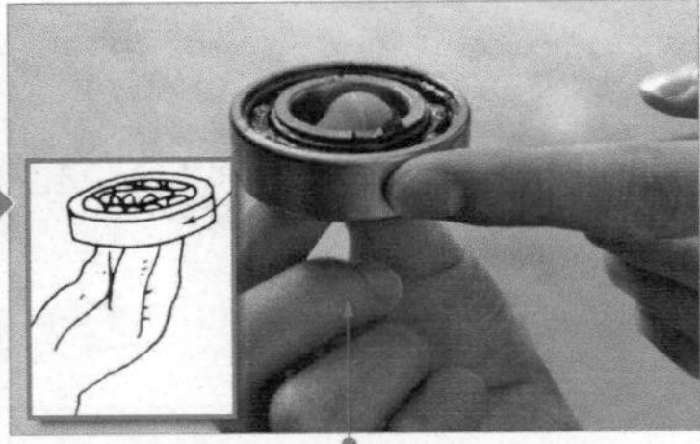
用一只手捏住轴承内圈，另一只手推动外钢圈使其旋转，若轴承良好，则旋转平稳无停滞，若转动中有杂声或突然停止，则表明轴承已损坏

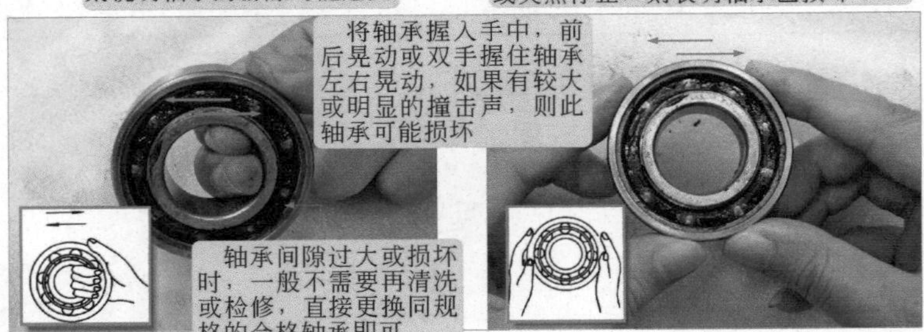
将轴承握入手中，前后晃动或双手握住轴承左右晃动，如果有较大或明显的撞击声，则此轴承可能损坏
轴承间隙过大或损坏时，一般不需要再清洗或检修，直接更换同规格的合格轴承即可

图 3-10　电动机轴承的检查和游隙

如图 3–10 所示，轴承外观的检查主要是通过观察法，观察轴承的内圈或外圈配合面磨损是否严重、滚珠或滚柱是否破裂、有锈蚀或出现麻点、保持架是否碎裂等现象。若外观检查发现轴承损坏较严重，则需要直接更换轴承，否则即使重新润滑也无法恢复轴承的力学性能。轴承的游隙是指轴承的滚珠或滚柱与外环内沟道之间的最大距离。当该值超出了允许的范围时，则应进行更换。

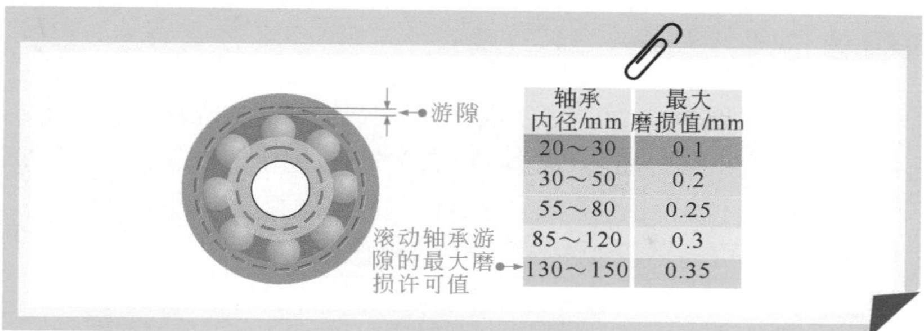
游隙
滚动轴承游隙的最大磨损许可值

轴承内径/mm	最大磨损值/mm
20～30	0.1
30～50	0.2
55～80	0.25
85～120	0.3
130～150	0.35

❷ 轴承的清洗

图 3-11 采用直接清洗法清洗轴承

如图 3-11 所示，在电动机的轴承锈蚀或油污不严重时，一般可采用煤油浸泡的方法进行清洗，该方法操作简单，安全性好。

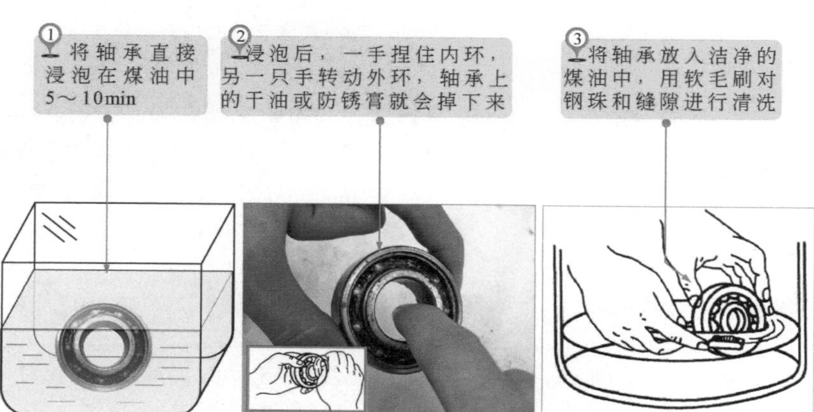
① 将轴承直接浸泡在煤油中5～10min
② 浸泡后，一手捏住内环，另一只手转动外环，轴承上的干油或防锈膏就会掉下来
③ 将轴承放入洁净的煤油中，用软毛刷对钢珠和缝隙进行清洗

图 3-12 采用淋油法清洗轴承

如图 3-12 所示，淋油法清洗轴承是指将清洗用的煤油淋在需要清洗的轴承上，对其进行清洗，适用于对安装在转轴上的轴承进行清洗，一般可在日常保养操作中进行，无需将轴承卸下，可有效降低拆卸轴承的损伤概率。

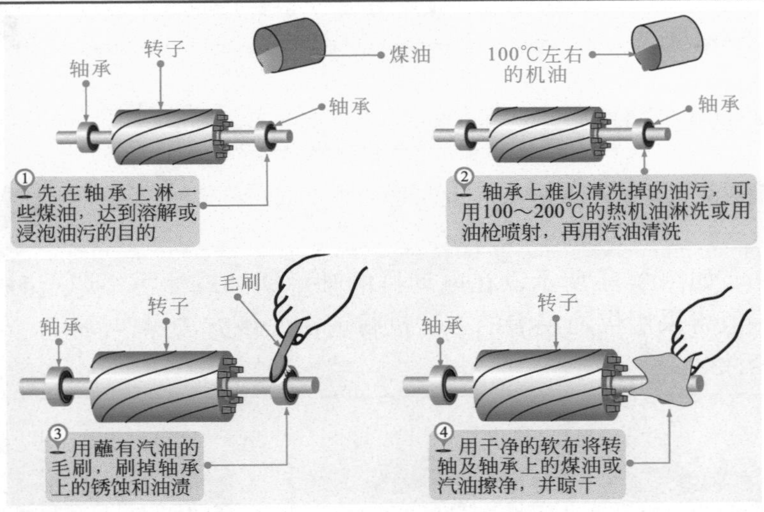
轴承
转子
煤油
轴承
①先在轴承上淋一些煤油，达到溶解或浸泡油污的目的
100℃左右的机油
轴承
②轴承上难以清洗掉的油污，可用100～200℃的热机油淋洗或用油枪喷射，再用汽油清洗
毛刷
转子
轴承
③用蘸有汽油的毛刷，刷掉轴承上的锈蚀和油渍
转子
轴承
④用干净的软布将转轴及轴承上的煤油或汽油擦净，并晾干

清洗轴承还常用一种热油法，该方法是指将轴承放在 100℃左右的热机油中进行清洗的方法，适用于使用时间过久，轴承上防锈膏及润滑脂硬化的轴承的清洗。

3 轴承的润滑

图 3-13 轴承的润滑方法

如图 3-13 所示，轴承经清洗、检查后，若仍满足基本力学性能，能够继续使用时，则接下来需要对其进行润滑。这个环节也是轴承养护操作中的重要环节，能够确保轴承正常工作，有效的润滑维护还可增加轴承的使用寿命。

① 将润滑脂与润滑油按照（6∶1）～（5∶1）的比例搅拌均匀，为补充润滑做好准备

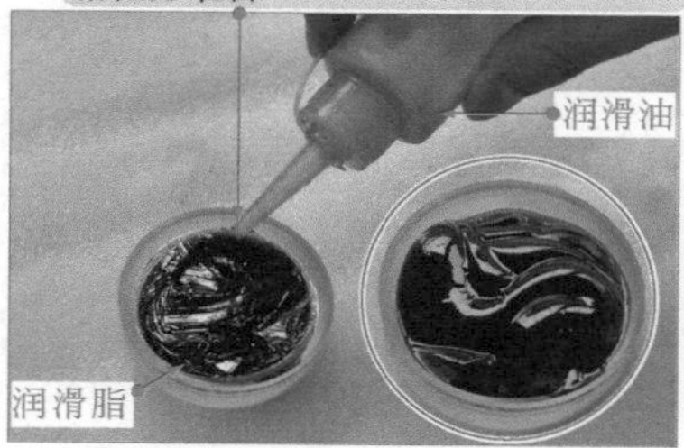
润滑油
润滑脂

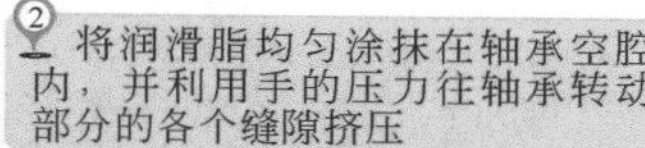
② 将润滑脂均匀涂抹在轴承空腔内，并利用手的压力往轴承转动部分的各个缝隙挤压

③ 在涂抹润滑脂的同时，不时转动轴承，让润滑脂均匀地进入内部

④ 清洗修复完成的轴承，重新装入电动机端盖中即可

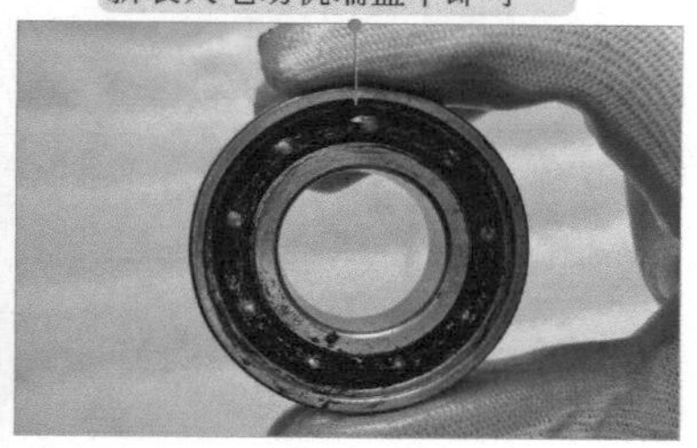

在轴承润滑操作中需注意，使用润滑脂过多或过少都会引起轴承的发热，使用过多时会加大滚动的阻力，产生高热，润滑脂熔化会流入绕组；使用过少时，则会加快轴承的磨损。

不同种类的润滑脂根据其特点，适用于不同应用环境中的电动机，因此在对电动机进行润滑操作时应根据实际环境选用。另外，还应注意以下几点：

① 轴承润滑脂应定期补充和更换；

② 补充润滑脂时要用同型号的润滑脂；

③ 补充和更换润滑脂应为轴承空腔容积的 1/3 ~ 1/2；

④ 润滑脂应新鲜、清洁且无杂物。

不论使用哪种润滑脂，在使用前均应拌入一定比例 [(6∶1)~(5∶1)] 的润滑油，对转速较高、工作环境温度高的轴承，润滑油的比例应少些。

在电动机的保养维护环节，除日常对电动机进行一定的养护操作外，还必须根据电动机使用的环境和使用频率，对其进行定期的维护检查，以便能够尽早发现设备的异常状态，及时进行处理，防患于未然，确保运行中设备的安全，有利于整个动力传动系统的良好运行，有效防止事故发生造成的人员和经济损失。

电动机的定期维护检查包括每日检查、每月或定期巡查及每年年检等内容，根据维护时间和周期的不同，所维护和检查的项目也有所不同，见表 3-1 所列。

表3-1　直流和交流电动机的定期维护检查项目

<table>
<tr><th colspan="3">直流电动机</th></tr>
<tr><td colspan="2">日常维护</td><td>◆ 直流电动机电刷与滑环间刷火的检查
一般通过刷火的颜色可以综合判断电动机的各种故障前兆。正常状态下刷火为淡黄色、蓝色或白色的火花，若刷火中存在绿色火花，表明电刷和换向器表面铜片有严重烧伤，应及时停机进行检查和修理。
◆ 换向器的检查(可通过观察其表面颜色判断电动机当前状态)
若换向器出现有规律的隔片烧伤，则多为出现刷粉将换向片局部短路，应及时清理刷粉；
若换向器局部区域烧黑，则多为换向器表面不圆，电刷运行时产生弧光，引起换向器局部烧黑；
若换向器沿圆周不均匀烧黑，则多为电动机转子不平衡等引起电动机运行不稳定，电刷与换向器之间刷火引起换向器烧黑。
◆电刷的检查(检查电刷是否过热、磨损是否过快、电刷振动且噪声大等)
若电刷过热，多为其机械磨损严重发热，应及时停机更换电刷；
若电刷磨损过快，多为电刷与换向器接触不良、粉尘过多等；
若电刷振动且伴有噪声，则多为电刷与换向器距离过大，电刷弹簧失效、电刷架脱落等，应及时停机检查修理电刷装置或更换电刷。
◆电动机散热及润滑系统的检查
由通风散热及润滑不当引起电动机故障率较高，因此应引起重视。</td></tr>
<tr><td rowspan="3">定期维护及年检</td><td>初级</td><td>◇电动机外壳清洁、电动机内部绕组、换向器表面灰尘清洁及刷粉、磁粉清洁；
◇检查和更换电刷、弹簧和电刷架等；◇测量各绕组的绝缘电阻并记录；
◇清理换向器表面、输出引线端子，重新对引线连接端进行绝缘处理；
◇对轴承进行清洗和润滑；　◇对电动机零部件、螺钉、螺栓等进行紧固处理。</td></tr>
<tr><td>中级</td><td>◇包含初级维护全部项目；
◇拆解，清洁、浸漆、干燥处理电动机；　◇更换轴承、电刷、电刷架及有严重磨损的机械部件；
◇输出引线和控制线路重新连接、绝缘处理等　◇测试绕组直流电阻、片间电阻、对地耐压等参数。</td></tr>
<tr><td>高级</td><td>◇包含中级维护全部项目；
◇电动机进行拆解、清洗和干燥处理；
◇必要时更换全部线圈，并进行浸漆、干燥处理；
◇校正转子平衡性，检修和处理常见故障等。</td></tr>
<tr><th colspan="3">交流电动机</th></tr>
<tr><td colspan="2">日常维护</td><td>三相异步电动机的保养与维护也是其应用与运行中的必要操作，一般可重点从以下几个方面入手：
◆电动机外壳及应用环境的检查
检查三相异步电动机外壳是否有严重灰尘、油渍、破损、漏电等现象，并进行清洁和修理；
测试电动机日常运行中的环境温度，不应出现过高和过低情况，注意冷却、散热、通风。
◆电动机轴承润滑的检查
三相异步电动机带动负载运行时，轴承的工作频率较高，轴承的清洁、润滑和补充润滑脂的操作非常重要。另外，其带动负载运行时，应特别注意检查电动机与负载的联动装置，如带轮、联轴器、皮带等运行是否良好。
◆排除电动机较易出现故障隐患
根据前述的日常维护方法，用看、听、闻、摸等方法对电动机的运行状态进行初步诊断，对可能存在的故障隐患进行及时恰当的处理，防患于未然。
◆电动机基本工作条件的检查
电动机的实际工作电压等也是日常维护中不可缺少的检查内容，正常情况下，电动机应在不超额定电压的-5%～10%、相间电压不平衡不超过5%范围内运行，否则极易损坏电动机</td></tr>
</table>

续表

定期维护及年检	初级	◇对电动机内外进行清扫； ◇清洗轴承，并进行检查和润滑操作； ◇对绕组绝缘电阻进行检查，并适当进行绕组绑扎、加固、浸漆、干燥等处理； ◇处理定子内部松动的槽楔和绝缘层； ◇紧固所有的螺钉、螺栓，清理风扇尘埃；
	中级	◇包含初级检修全部项目； ◇对电动机线圈绕组绝缘进行测试，并更换局部松动的线圈； ◇更换定子铁芯内部槽楔，加强绕组端部绝缘； ◇拆卸电动机后，各关键部件检查和处理； ◇对电动机轴承、带轮、皮带或联轴器进行更换； ◇对电动机转轴做平衡测试； ◇对电动机整机性能做实验分析和调试。
	高级	◇包含中级检修全部项目； ◇对电动机进行拆解，并拆除绕组，重新进行绕制； ◇对电动机转子转轴进行校正平衡； ◇测量定子、转子线圈及电缆线路的绝缘电阻，并进行调整和处理； ◇对电动机主要机械零部件进行更换和调整； ◇对转子部分进行全面检查，如清扫转子，检查笼条、平衡块及风扇，检修转子线圈，检修电刷与滑环，更换转子和修理铁芯； ◇对电动机各项性能指标做严密测试，并进行调试，注意：一般情况下，初级检修的周期为0.5～1年、中级检修的周期为2～5年、高级检修为3～20年，应根据实际情况指定

3.2 电动机的常用检测方法

3.2.1 电动机绕组阻值的检测

电动机绕组阻值的测量主要是用来检查电动机绕组接头的焊接质量是否良好，绕组层、匝间有无短路以及绕组或引出线有无折断等情况。

检测电动机绕组阻值可采用万用表粗略检测和万用电桥精确检测两种方法。

1 用万用表粗略检测直流电动机绕组的阻值

图3-14　用万用表粗略检测直流电动机绕组的阻值

如图3-14所示，用万用表检测电动机绕组阻值是一种比

较常用、简单易操作的测试方法。该方法可粗略检测出电动机内各相绕组的阻值，根据检测结果可大致判断出电动机绕组有无短路或断路故障。

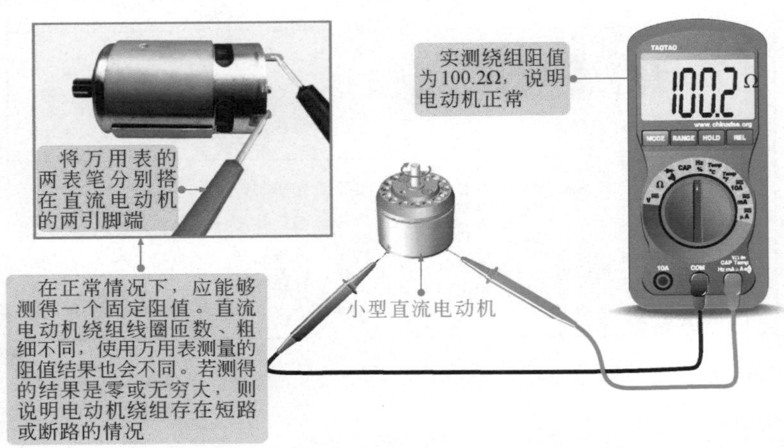
实测绕组阻值为100.2Ω，说明电动机正常
100.2Ω
将万用表的两表笔分别搭在直流电动机的两引脚端
小型直流电动机
在正常情况下，应能够测得一个固定阻值。直流电动机绕组线圈匝数、粗细不同，使用万用表测量的阻值结果也会不同。若测得的结果是零或无穷大，则说明电动机绕组存在短路或断路的情况

图 3-15　直流电动机绕组阻值检测示意图

如图 3-15 所示，检测直流电动机绕组的电阻值相当于检测一个电感线圈的电阻值，因此应能检测到一个固定的数值，当检测一些小功率直流电动机时，其因受万用表内电流的驱动而会旋转。

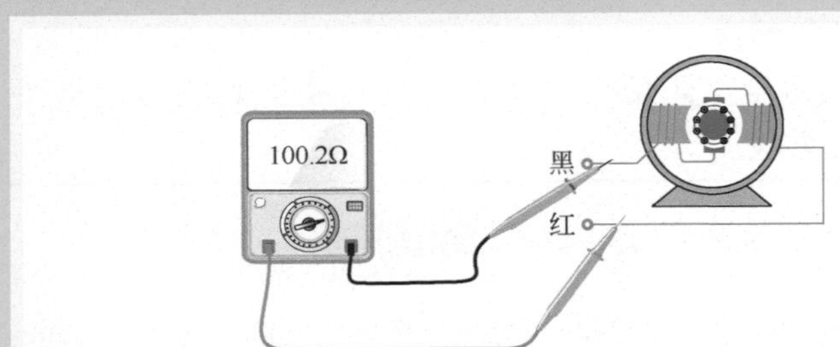
100.2Ω
黑
红

图 3-16　用万用表粗略检测单相交流电动机绕组的阻值

如图 3-16 所示，单相交流电动机有三个接线端子，用万用表分别检测任意两个接线端子之间的阻值，然后对测量值进行比对，根据对照结果判断绕组情况。

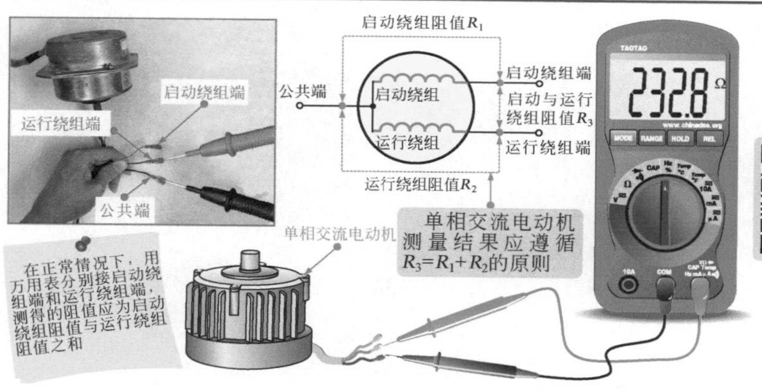
启动绕组端
运行绕组端
公共端
启动绕组阻值R_1
公共端
启动绕组
运行绕组
启动绕组端
启动与运行绕组阻值R_3
运行绕组端
运行绕组阻值R_2
232.8 Ω
单相交流电动机
单相交流电动机测量结果应遵循$R_3=R_1+R_2$的原则
在正常情况下，用万用表分别接启动绕组端和运行绕组端，测得的阻值应为启动绕组阻值与运行绕组阻值之和

图 3-17　用万用表检测三相交流电动机绕组的阻值

如图 3–17 所示，用万用表检测三相交流电动机绕组阻值的操作与检测单相交流电动机的方法类似。三相交流电动机每两个引线端子的阻值测量结果应基本相同。若 R_1、R_2、R_3 任意一阻值为无穷大或零，则说明绕组内部存在断路或短路故障。

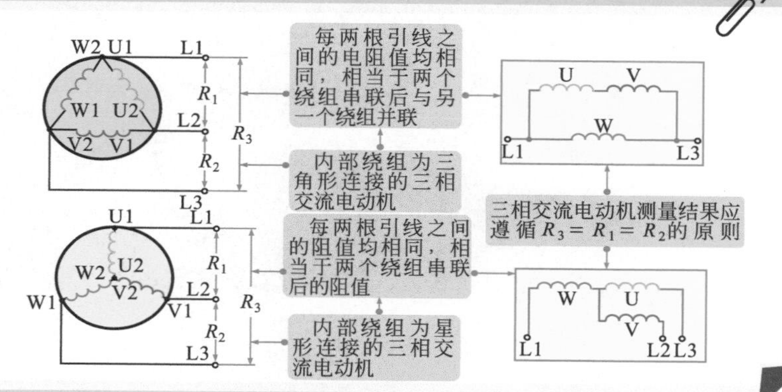
W2 U1 L1
W1 U2
V2 V1
L2
L3
R_1
R_2
R_3
每两根引线之间的电阻值均相同，相当于两个绕组串联后与另一个绕组并联
内部绕组为三角形连接的三相交流电动机
U V W
L1 L3
三相交流电动机测量结果应遵循$R_3=R_1=R_2$的原则
U1 L1
W2 U2
W1 V2
L2 V1
L3
每两根引线之间的阻值均相同，相当于两个绕组串联后的阻值
内部绕组为星形连接的三相交流电动机
W U V
L1 L2 L3

② 用万用电桥精确检测电动机绕组的阻值

图 3-18 用万用电桥精确测量电动机绕组的阻值

如图 3-18 所示，用万用电桥检测电动机绕组的直流电阻，可以精确测量出每组绕组的直流电阻值，即使有微小偏差也能够被发现，是判断电动机制造工艺和性能是否良好的有效测试方法。

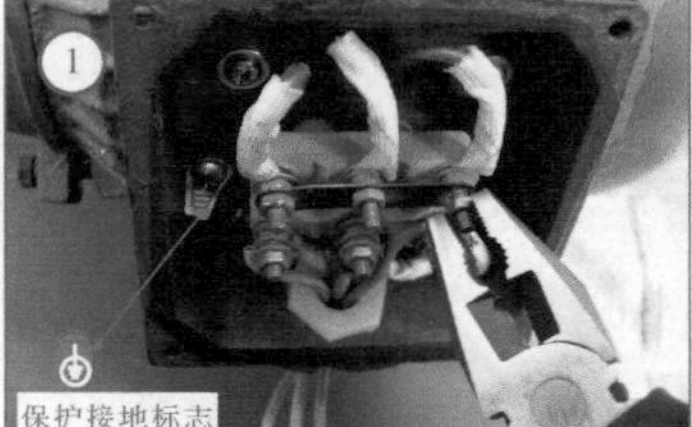
①
保护接地标志

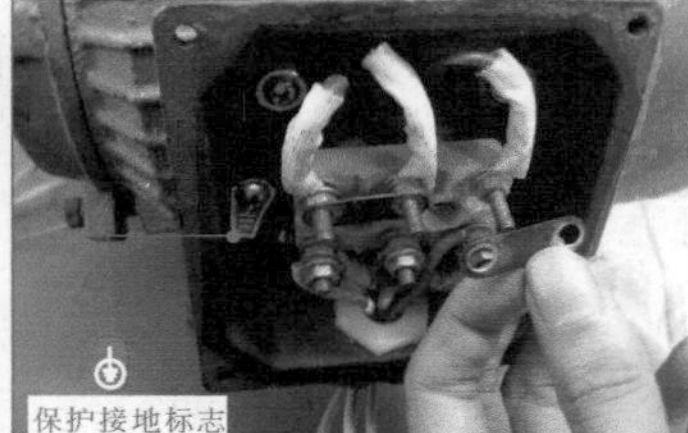
保护接地标志

将连接端子的连接金属片拆下，使交流电动机的三组绕组互相分离(断开)，以保证测量结果的准确性。

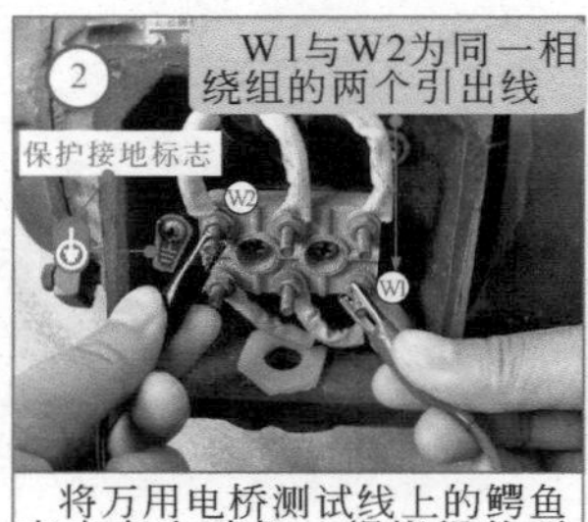
②
W1与W2为同一相绕组的两个引出线
保护接地标志
W2
W1

将万用电桥测试线上的鳄鱼夹夹在电动机一相绕组的两端引出线上，检测电阻值。

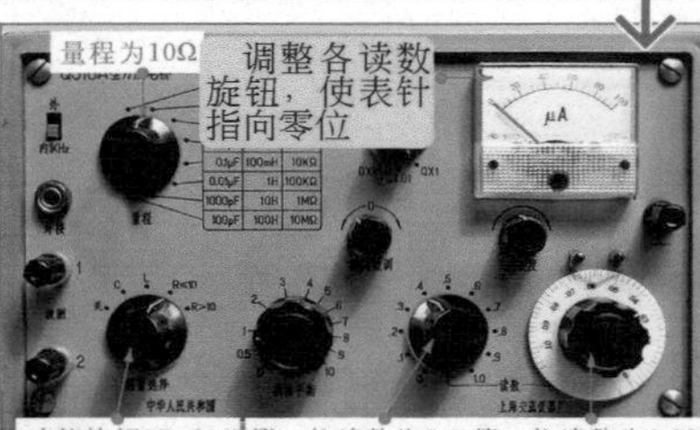
量程为10Ω
调整各读数旋钮，使表针指向零位
功能旋钮“R≤10”
第一位读数为0.4
第二位读数为0.033

本例中，万用电桥实测数值为0.433×10Ω=4.33Ω，属于正常范围。

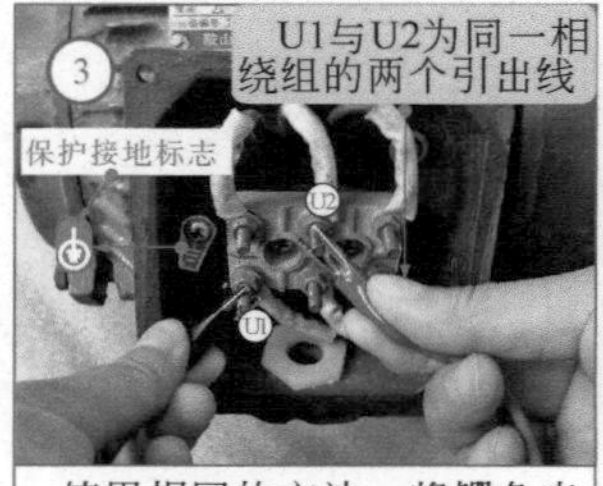
③
U1与U2为同一相绕组的两个引出线
保护接地标志
U2
U1

使用相同的方法，将鳄鱼夹夹在电动机第二相绕组的两端引出线上，检测电阻值。

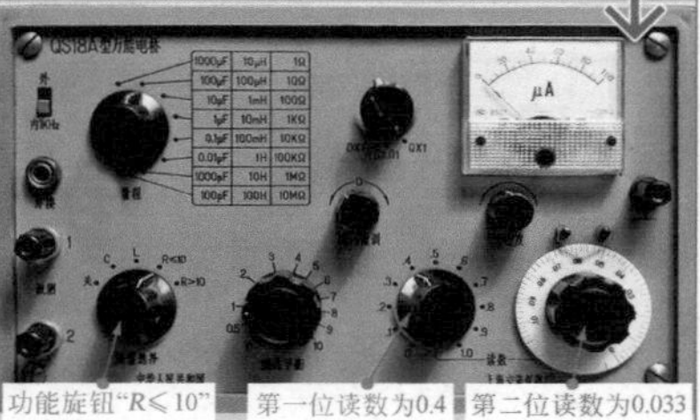
QS18A型万能电桥
功能旋钮“R≤10”
第一位读数为0.4
第二位读数为0.033

本例中，万用电桥实测数值为0.433×10Ω=4.33Ω，属于正常范围。

V1与V2为同一相绕组的两个引出线

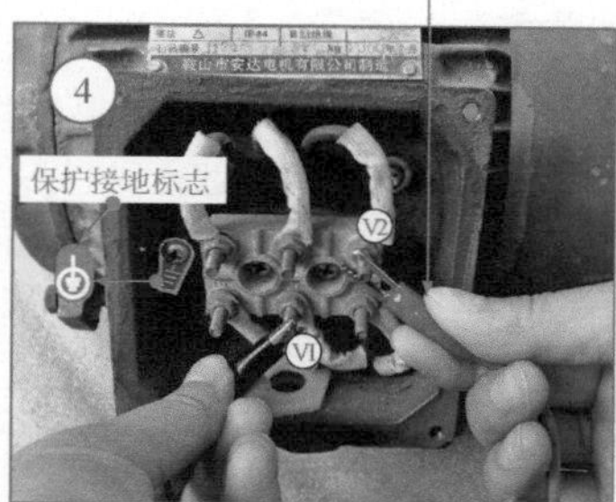
4
保护接地标志
V2
V1

将万用电桥测试线上的鳄鱼夹夹在电动机第三相绕组的两端引出线上，检测电阻值。

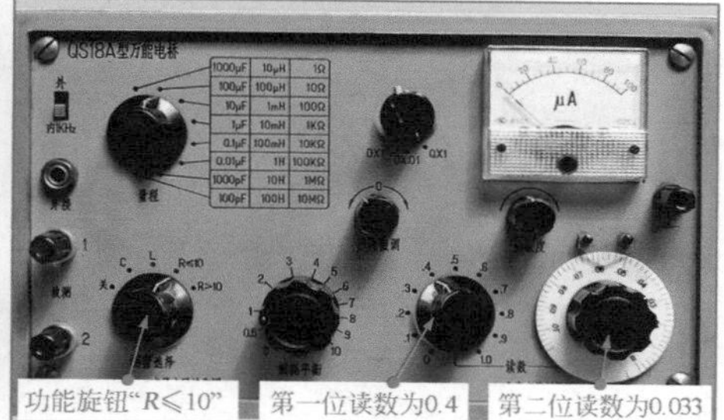
QS18A型万能电桥
μA
功能旋钮"R≤10"
第一位读数为0.4
第二位读数为0.033

本例中，万用电桥实测数值为0.433×10Ω=4.33Ω，属于正常范围。

通过以上检测可知，在正常情况下，三相交流电动机每相绕组的电阻值约为 4.33Ω，若测得三组绕组的电阻值不同，则绕组内可能有短路或断路情况。

若通过检测发现电阻值出现较大的偏差，则表明电动机的绕组已损坏。

图 3-19　关于万能电桥的简单介绍

如图 3–19 所示，万能电桥是一种精密的测量仪表，可用于精确测量电容量、电感量和电阻值等电气参数。在电动机检修操作中，主要用于检测电动机绕组的直流电阻，可以精确测量出每组绕组的直流电阻值，即使微小偏差也能够发现，是判断电动机的制造工艺和性能是否良好的专用检测仪表。

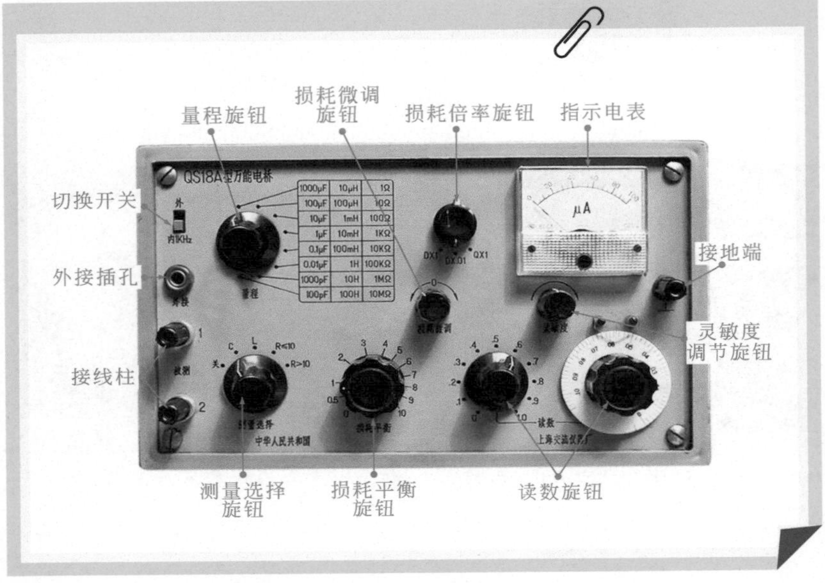
量程旋钮
损耗微调
旋钮
损耗倍率旋钮
指示电表
切换开关
外接插孔
接线柱
接地端
灵敏度
调节旋钮
测量选择
旋钮
损耗平衡
旋钮
读数旋钮
QS18A型万能电桥

3.2.2 电动机绝缘电阻的检测

检测电动机绝缘电阻一般借助兆欧表实现。使用兆欧表测量电动机的绝缘电阻是检测设备绝缘状态最基本的方法。这种测量手段能有效地发现设备受潮、部件局部脏污、绝缘击穿、引线接外壳以及老化等问题。

1 检测电动机绕组与外壳之间的绝缘阻值

图 3-20 三相交流电动机绕组与外壳之间绝缘阻值的检测方法

如图 3-20 所示，借助兆欧表检测三相交流电动机绕组与外壳之间的绝缘阻值。

将绝缘电阻表的黑色测试线接在交流电动机的接地端上，红色测试线接在其中一相绕组的出线端子上
黑色测试线
红色测试线

使用绝缘电阻表检测交流电动机外壳与绕组间的绝缘电阻。

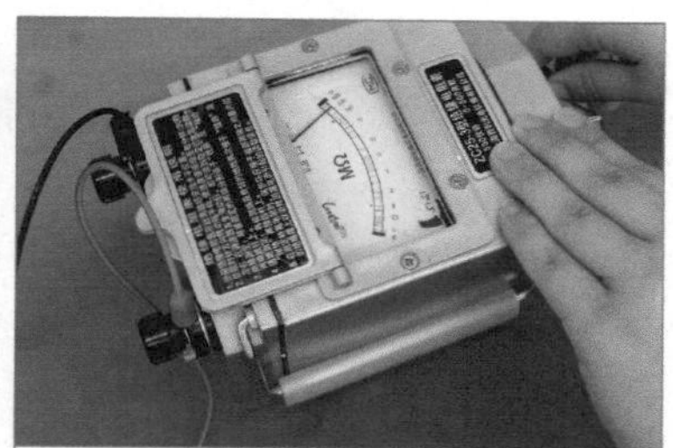

本例中，绝缘电阻表实测绝缘电阻值大于1MΩ，正常。

使用绝缘电阻表检测交流电动机绕组与外壳间的绝缘电阻值时，应匀速转动绝缘电阻表的手柄，并观察指针的摆动情况，本例中，实测绝缘电阻值均大于 1MΩ。

为确保测量值的准确度，需要待绝缘电阻表的指针慢慢回到初始位置，然后再顺时针摇动绝缘电阻表的手柄，检测其他绕组与外壳的绝缘电阻值是否正常，若检测结果远小于 1MΩ，则说明电动机绝缘性能不良或内部导电部分与外壳之间有漏电情况。

❷ 检测电动机绕组与绕组之间的绝缘阻值

图 3-21 三相交流电动机绕组与绕组之间绝缘阻值的检测方法

如图 3-21 所示，借助兆欧表检测三相交流电动机绕组与绕组之间的绝缘阻值。

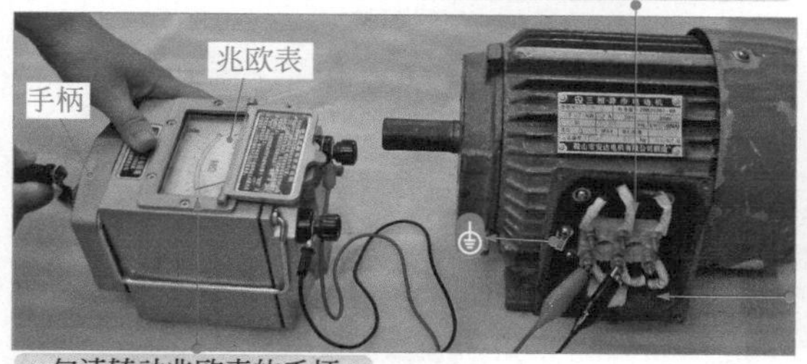
将鳄鱼夹分别夹在电动机不相连的两相绕组引线上
兆欧表
手柄
检测绕组间绝缘电阻时，需取下绕组间的接线片，即确保电动机绕组之间没有任何连接关系。若测得电动机的绕组与绕组之间的绝缘电阻值为零或阻值较小，则说明电动机绕组与绕组之间存在短路现象
匀速转动兆欧表的手柄，不相连的任意两相绕组之间的阻值应大于1MΩ

3.2.3 电动机空载电流的检测

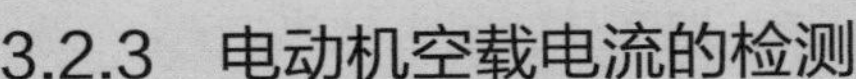

图 3-22 电动机空载电流的检测方法

如图 3-22 所示，检测三相交流电动机的空载电流，是指在电动机未带任何负载的运行状态下，借助钳形表检测绕组中的运行电流。

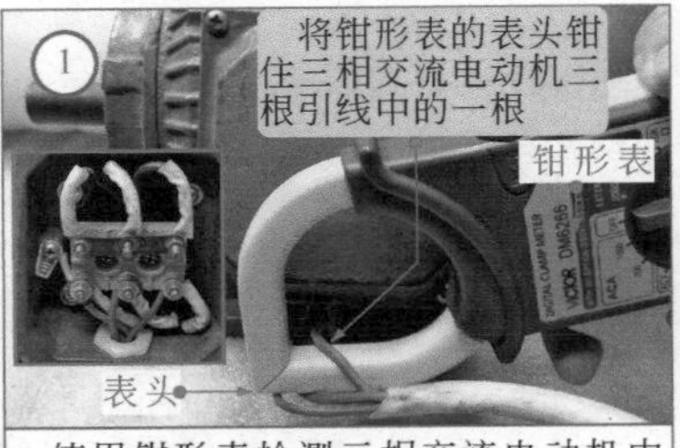
①
将钳形表的表头钳住三相交流电动机三根引线中的一根
钳形表
表头

使用钳形表检测三相交流电动机中一根引线的空载电流值。

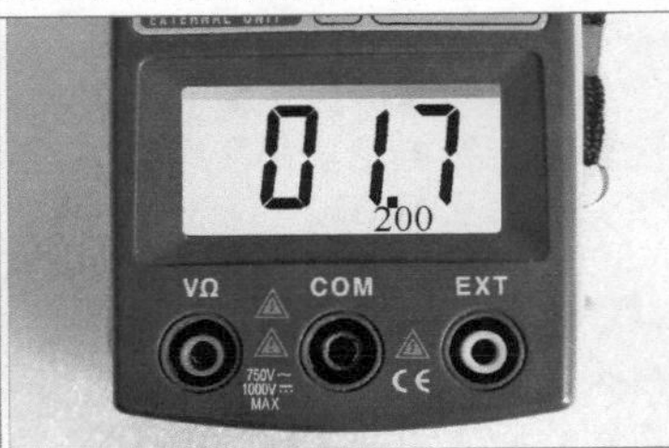
01.7
200
VΩ
COM
EXT

本例中，钳形表实际测得稳定后的空载电流为1.7A。

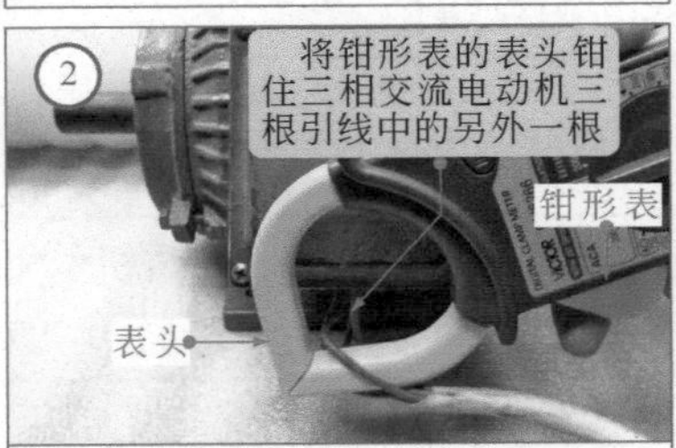
②
将钳形表的表头钳住三相交流电动机三根引线中的另外一根
钳形表
表头

使用钳形表检测三相交流电动机另外一根引线的空载电流值。

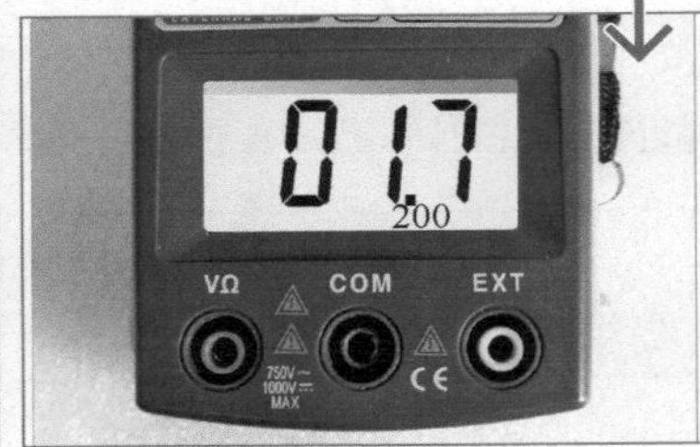
01.7
200
VΩ
COM
EXT

本例中，钳形表实际测得稳定后的空载电流为1.7A。

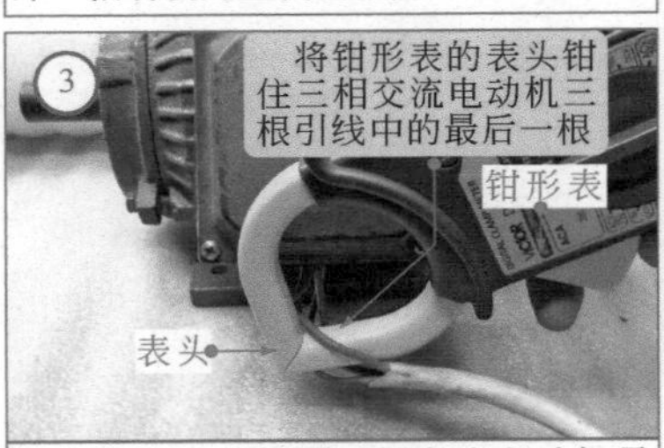
③
将钳形表的表头钳住三相交流电动机三根引线中的最后一根
钳形表
表头

使用钳形表检测三相交流电动机最后一根引线的空载电流值。

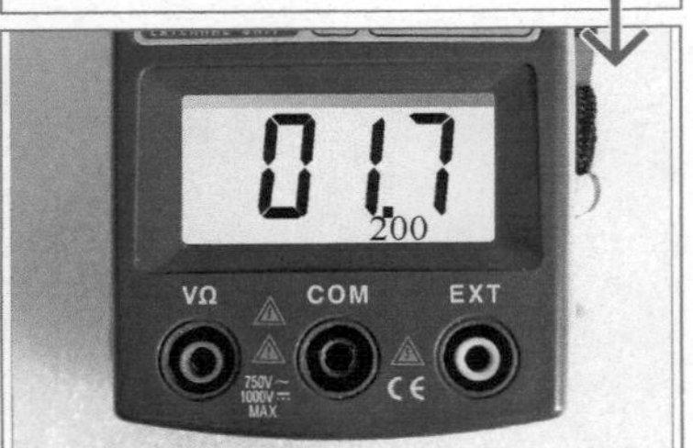
01.7
200
VΩ
COM
EXT

本例中，钳形表实际测得稳定后的空载电流为1.7A。

若测得的空载电流过大或三相空载电流不均衡，则说明电动机存在异常。一般情况下，空载电流过大的原因主要是电动机内部铁芯不良、电动机转子与定子之间的间隙过大、电动机线圈的匝数过少、电动机绕组连接错误。所测电动机为 2 极 1.5kW 容量的电动机，其空载电流约为额定电流的 40% ~ 55%。

3.2.4 电动机转速的检测

图 3-23 电动机转速的检测方法

如图 3-23 所示，电动机的转速是指电动机运行时每分钟旋转的次数，测试电动机的实际转速并与铭牌上的额定转速对照比较，可判断出电动机是否存在超速或堵转现象。检测电动机的转速一般使用专用的电动机转速表。

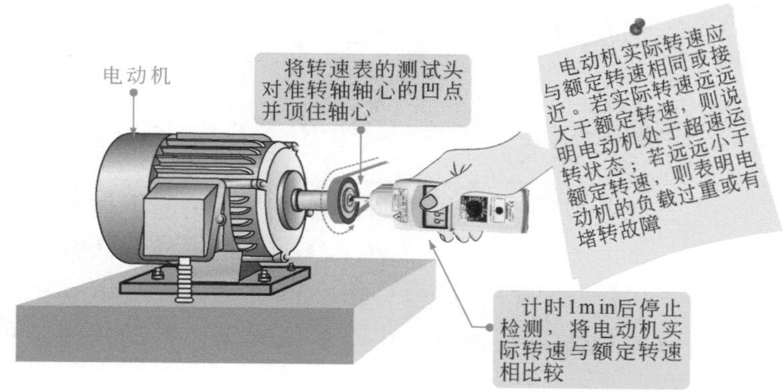
电动机
将转速表的测试头对准转轴轴心的凹点并顶住轴心
电动机实际转速应与额定转速相同或接近。若实际转速远远大于额定转速，则说明电动机处于超速运转状态；若远远小于额定转速，则表明电动机的负载过重或有堵转故障
计时1min后停止检测，将电动机实际转速与额定转速相比较

图 3-24 用万用表简单判断电动机绕组极数示意图

如图 3–24 所示，对于没有铭牌的电动机，要先确定其额定转速。通常可借助指针万用表简单判断。

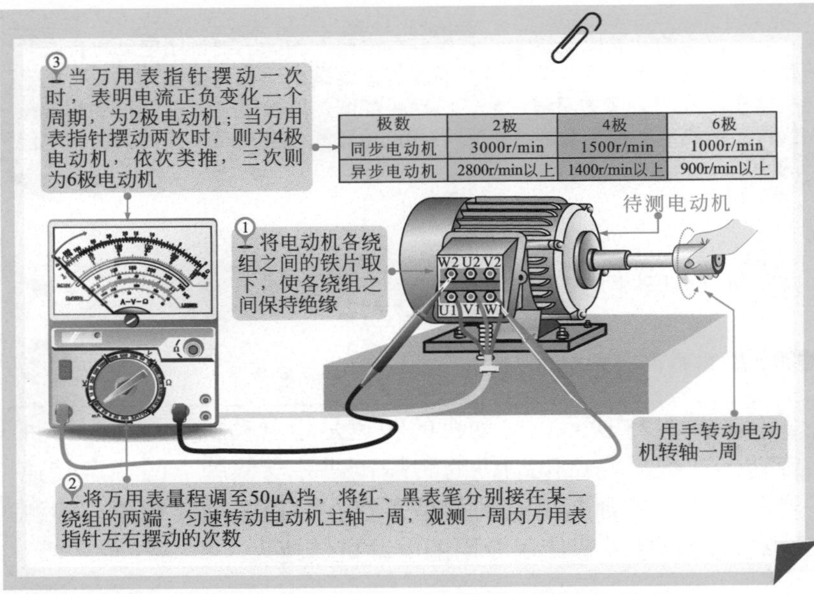

③当万用表指针摆动一次时，表明电流正负变化一个周期，为2极电动机；当万用表指针摆动两次时，则为4极电动机，依次类推，三次则为6极电动机
极数
2极
4极
6极
同步电动机
3000r/min
1500r/min
1000r/min
异步电动机
2800r/min以上
1400r/min以上
900r/min以上
待测电动机
①将电动机各绕组之间的铁片取下，使各绕组之间保持绝缘
W2 U2 V2
U1 V1 W1
用手转动电动机转轴一周
②将万用表量程调至50μA挡，将红、黑表笔分别接在某一绕组的两端；匀速转动电动机主轴一周，观测一周内万用表指针左右摆动的次数

3.3 电动机常见故障的检修方法

3.3.1 直流电动机不启动故障的检修

故障表现：采用直流电动机的电动产品接通电源后，电动机不启动，也无任何反应。故障分析：根据故障表现，结合直流电动机的工作特点进行分析，可了解到直流电动机不能启动的故障原因主要是由于供电引线异常、电动机绕组异常或换向器表面脏污等引起的。

图 3-25 故障排查 1——检测直流电动机绕组或绕组回路的阻值

如图 3-25 所示，怀疑电源供电线路异常，在排除外接供电引线异常的情况下，可先用万用表粗略测量电动机绕组间的阻值，检查绕组及回路有无短路或断路情况。

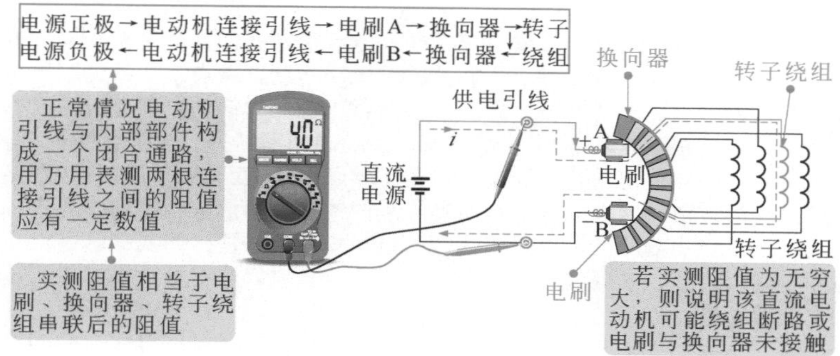
电源正极→电动机连接引线→电刷A→换向器→转子
电源负极←电动机连接引线←电刷B←换向器←绕组
换向器
转子绕组
供电引线
正常情况电动机引线与内部部件构成一个闭合通路，用万用表测两根连接引线之间的阻值应有一定数值
4.0
直流电源
电刷
转子绕组
电刷
实测阻值相当于电刷、换向器、转子绕组串联后的阻值
若实测阻值为无穷大，则说明该直流电动机可能绕组断路或电刷与换向器未接触

若在改变引线状态时，发现万用表测量其阻值有明显的变化，则一般说明引线中可能存在短路或断路故障，应更换引线或将引线重新连接好。

图 3-26　**故障排查 2——检测回路中的电气部件**

如图 3-26 所示，经检测，直流电动机绕组回路阻值异常，则接下来逐一检查回路中的电气部件，如检查电动机供电引线的连接情况。若连接正常，则需要拆卸直流电动机，清洁内部换向器的表面，以排除绕组回路接触不良的故障。

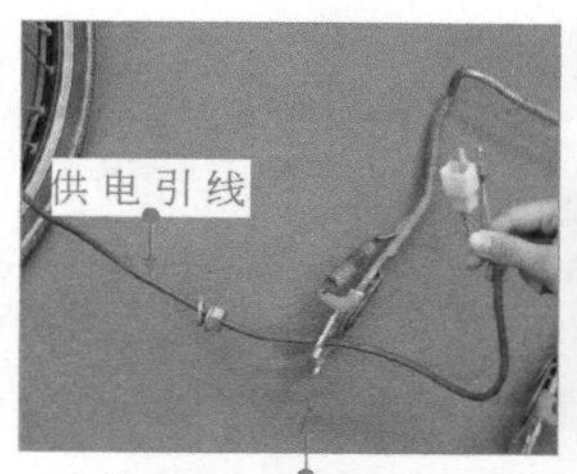
供电引线

检查直流电动机的供电引线连接情况是否良好，经检查正常

直流电动机转子部分
换向器

清理换向器表面的电刷粉，将电动机装好后，调试，直流电动机能正常启动，故障被排除

电动机不启动故障大多是由其供电及电动机本身部件异常引起的。当排查故障后，将电动机装好后，调试，若电动机能正常启动，则说明故障被排除，若检查完上述部分，电动机仍然还不能正常启动，则此时需要检查直流电动机的其他可能的故障原因，如励磁回路断开，电刷回路断开，因电路发生故障使电动机未通电，电枢（转子）绕组断路，励磁绕组回路断路或接错，电刷与换向器接触不良或换向器表面不清洁，换向极或串励绕组接反，启动器故障，电动机过载，负载机械被卡住，使负载转矩大于电动机堵转转矩，负载过重，启动电流太小，直流电源容量太小，电刷不在中性线上等。

上述情况均可能引起直流电动机不能启动的故障，可在排除故障的过程中根据实际环境情况，具体分析，逐步排查，直到找到故障点，排除故障。

3.3.2 单相交流电动机不启动故障的检修

故障表现：典型单相交流电动机接通电源后，电动机不工作，无任何反应。

根据故障表现，结合交流电动机的结构和工作特点，造成单相电动机不启动的原因主要有：

◇ 单相交流电动机的启动电路故障；

◇ 单相交流电动机供电线路断路、插座或插头接触不良；

◇ 单相交流电动机绕组断路。

图 3-27 故障排查 1——检测单相交流电动机的启动电路部分

如图 3-27 所示，首先排查单相交流电动机以外可能的故障原因，即检查单相交流电动机的启动电路部分。根据单相交流电动机所在电路关系，了解到该单相交流电动机由启动电容器控制启动，这里重点检查启动电容器是否正常。

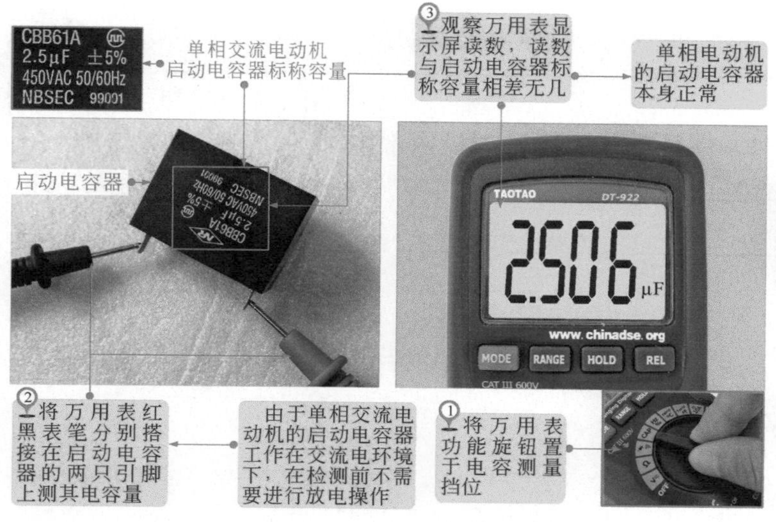
CBB61A
2.5μF ±5%
450VAC 50/60Hz
NBSEC 99001
单相交流电动机启动电容器标称容量
③观察万用表显示屏读数，读数与启动电容器标称容量相差无几
单相电动机的启动电容器本身正常
启动电容器
TAOTAO
DT-922
2.506μF
www.chinadse.org
MODE
RANGE
HOLD
REL
②将万用表红黑表笔分别搭接在启动电容器的两只引脚上测其电容量
由于单相交流电动机的启动电容器工作在交流电环境下，在检测前不需要进行放电操作
①将万用表功能旋钮置于电容测量挡位

图 3-28　故障排查 2——检测单相交流电动机的供电条件

如图 3-28 所示，启动电容器正常，继续对其他可能的故障原因进行排查。检查该单相交流电动机的供电线路有无断路、插座或插头是否接触不良。

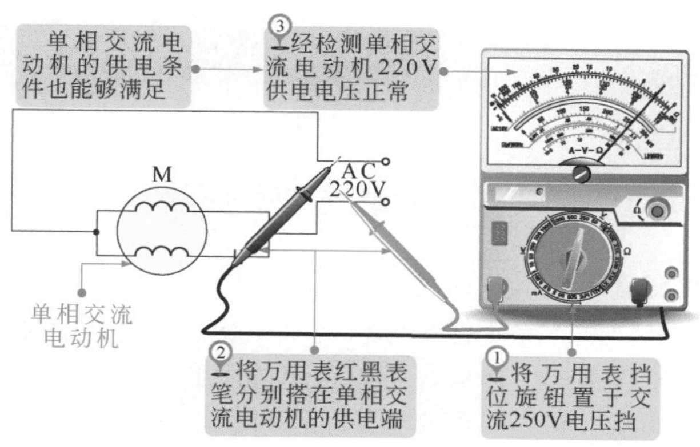
单相交流电动机的供电条件也能够满足
③经检测单相交流电动机220V供电电压正常
M
AC
220V
单相交流电动机
②将万用表红黑表笔分别搭在单相交流电动机的供电端
①将万用表挡位旋钮置于交流250V电压挡

图 3-29 故障排查 3——检测单相交流电动机内部绕组

如图 3-29 所示，经检查发现，单相交流电动机供电正常。此时，怀疑单相交流电动机内部损坏。断开电动机电源后，检查其内部绕组的阻值情况，判断绕组及绕组之间有无断路故障。

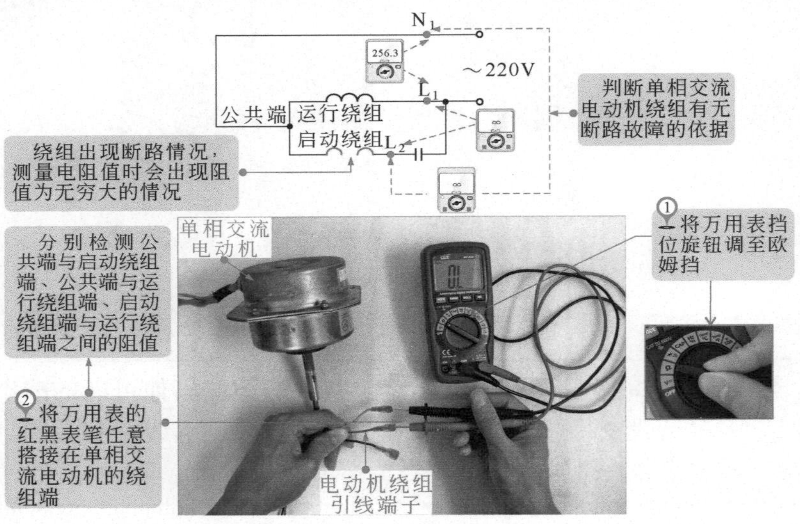
N1
256.3
～220V
L1
公共端
运行绕组
启动绕组
L2
判断单相交流电动机绕组有无断路故障的依据
绕组出现断路情况，测量电阻值时会出现阻值为无穷大的情况
单相交流电动机
分别检测公共端与启动绕组端、公共端与运行绕组端、启动绕组端与运行绕组端之间的阻值
①将万用表挡位旋钮调至欧姆挡
②将万用表的红黑表笔任意搭接在单相交流电动机的绕组端
电动机绕组引线端子

经实测发现，该单相电动机检测中有两组数值为无穷大，怀疑内部绕组存在断路故障，用同规格单相交流电动机进行代换后，故障排除。

3.3.3 单相交流电动机启动慢故障的检修

单相交流电动机“启动慢”是很多维修人员都常遇到的问题，对该类问题，除了仔细分析与单相交流电动机启动相关的功能部件或线路外，还应仔细检查可能阻碍电动机启动的一些零部件，并逐一修复或更换损坏的部件，直到排除故障。

例如，带有离心开关的单相交流电动机在空载或借助外力的情况下可以启动，但启动比较慢，而且转向也不稳定。故障分析：根据故障表现，造成单相交流电动机启动不正常的故障可能是启动绕组开路、离心开关触点接触不良或启动电容损坏。

图 3-30　故障排查 1——检测单相交流电动机启动绕组有无异常

如图 3-30 所示，检修时可以对怀疑损坏的功能部件采用排除法进行逐一检测。首先，检查单相交流电动机的启动绕组是否开路。

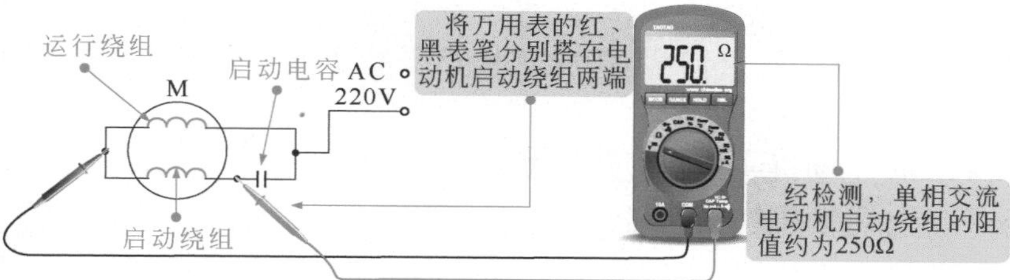
运行绕组
M
启动电容
AC
220V
启动绕组
将万用表的红、黑表笔分别搭在电动机启动绕组两端
250.
Ω
经检测，单相交流电动机启动绕组的阻值约为250Ω

图 3-31　故障排查 2——检测单相交流电动机离心开关有无异常

如图 3-31 所示，单相交流电动机启动绕组正常，接着检查单相交流电动机上的离心开关，重点检查触点的接触情况。

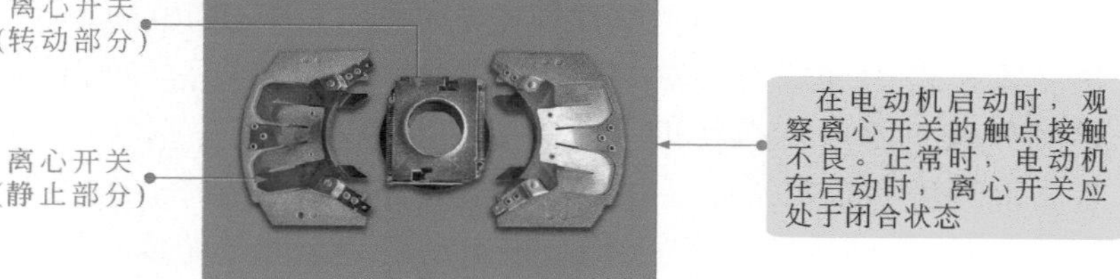
离心开关
(转动部分)
离心开关
(静止部分)
在电动机启动时，观察离心开关的触点接触不良。正常时，电动机在启动时，离心开关应处于闭合状态

经检查，发现离心开关在电动机启动时处于接触不良状态，更换离心开关后，通电试机，故障被排除。

若经检测并修理好绕组和离心开关后，电动机的启动仍然比较慢或还需要借助外力时，则可以查看电动机的其他特殊附件，如启动电容器或启动继电器等是否损坏。

3.3.4 三相交流电动机不工作故障的检修

"三相异步电动机不工作"是指电动机不转动或在工作中突然停止转动，这类故障通常比较棘手，引发故障的原因也多种多样，需要维修人员具备一定的维修技能水平，并细心、耐心排查，最终排除故障。

例如，三相异步电动机突然不工作。根据故障表现分析并结合检修经验可知，造成三相异步电动机突然不工作的原因主要有以下几种：

◇ 电动机绕组间短路故障；

◇ 电动机绕组断路；

◇ 电动机绕组烧毁。

图 3-32 故障排查方法

如图 3-32 所示，打开电动机接线盒，检查电动机三相绕组接线都良好。接着，试着为电动机通电，仔细查看通电时电动机的状态。检查发现，电动机可以启动，但启动时电流会增大，启动转矩减小，电动机运行中会出现三相电流不平衡、噪声增大和局部发热等现象，运行一段时间后会闻到烧焦的气味，严重时会冒烟，此时立即断电检查。根据这一过程中电动机的状态，怀疑电动机绕组间存在短路故障。

此时，可以借助兆欧表检测该电动机绕组间的绝缘性能。

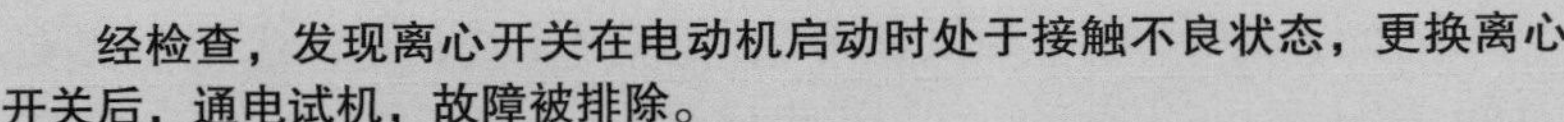

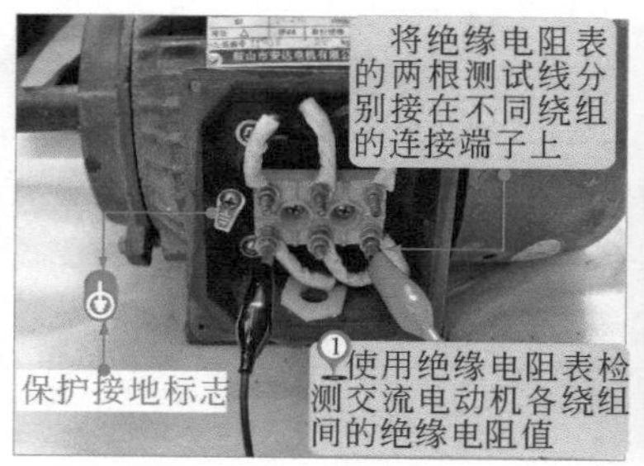
将绝缘电阻表的两根测试线分别接在不同绕组的连接端子上
保护接地标志
①使用绝缘电阻表检测交流电动机各绕组间的绝缘电阻值

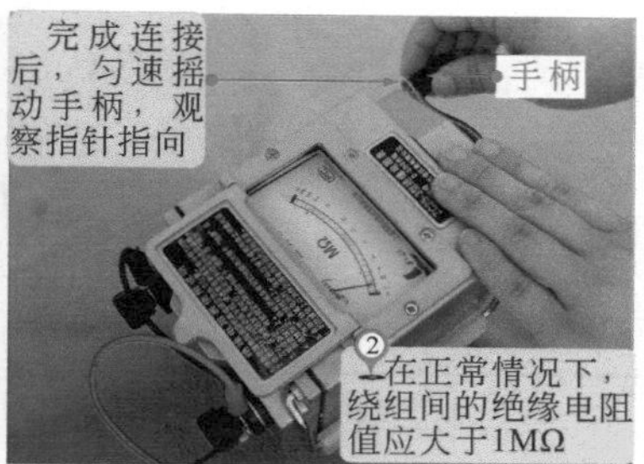
完成连接后，匀速摇动手柄，观察指针指向
手柄
②在正常情况下，绕组间的绝缘电阻值应大于1MΩ

经检测发现，该电动机绕组间确实存在异常情况，怀疑其绕组引出线或焊接处有焊点脱落或熔化现象，对怀疑部位进行补焊，再次检查电动机绕组间的绝缘性能，均为无穷大，通电试机，故障被排除。

若电动机还是不能正常工作，则需要继续往下检查。若又发现绕组被烧毁的现象，则绕组被烧毁一般有三种情况：

1. 绕组全部烧成黑色，经常是由于电动机长时间过载、定子和转子相擦严重、轴承损坏造成的；

2. 绕组一相或两相变成黑色，一般是由于电动机缺相运行造成的；

3. 电动机绕组局部烧断，是由于匝间或对地短路造成的。

若绕组部分变色，则说明有短路情况，但不是很严重。需要将上述故障都依次检查后，再用万用表测量相间的绝缘电阻，若两相间的绝缘电阻无穷大，则说明故障被排除。

3.3.5　三相交流电动机扫膛故障的检修

故障表现：三相异步电动机在运行的过程中，并没有超载，但整机总是发热，拆开电动机后发现定子和转子都有一圈划痕，出现扫膛的现象。故障分析：根据故障表现，通常情况下，造成电动机扫膛的情况，可能有以下几点：

◇ 机座、端盖和转子三者没有在一个轴心线上（转子的转轴和轴颈异常）；

◇ 轴承有损坏或者安装的角度不正常；

◇ 端盖内孔有磨损；

◇ 定子的硅钢片变形。

图 3-33 检查转轴和轴颈

如图 3-33 所示，转子的转轴和轴颈出现弯曲、磨损等情况，可能导致电动机的机座、端盖和转子三者无法处于一个轴心线上，排查故障，可先检查转子转轴和轴颈。

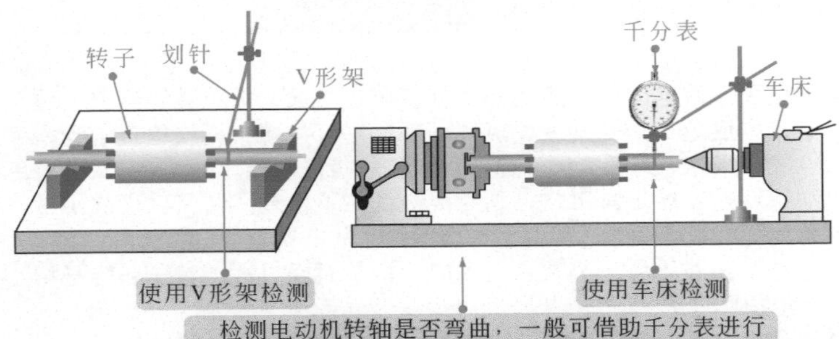
转子
划针
V形架
千分表
车床
使用V形架检测
使用车床检测

检测电动机转轴是否弯曲，一般可借助千分表进行检测，即将转轴用V形架或车床支撑，转动转轴，通过检测转轴不同部位的弯曲量判断转轴是否存在弯曲

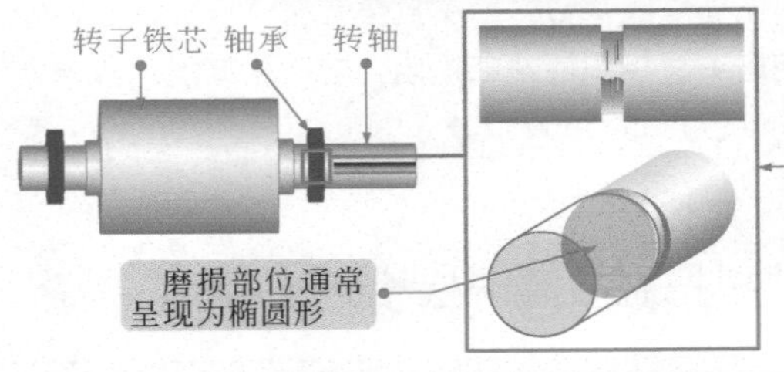
转子铁芯
轴承
转轴
磨损部位通常呈现为椭圆形

轴颈是电动机转轴与轴承连接的部位，是转轴最重要的部位，也是最容易损坏的部分。轴颈磨损后，通常横截面呈现为椭圆形，造成转子的偏移，严重时，将导致转子与定子扫膛

造成电动机轴颈磨损的原因主要有转轴本身制造的精度及硬度不够；电动机在运行过程中由于操作使用不当导致其出现磨损；在拆卸及装配过程中未采用合理的操作步骤，导致其受外力碰撞而产生磨损

图 3-34 修正转轴和轴颈

如图 3-34 所示，经检查电动机转子转轴和轴颈存在弯曲和磨损，需要借助相应设备进行校直。

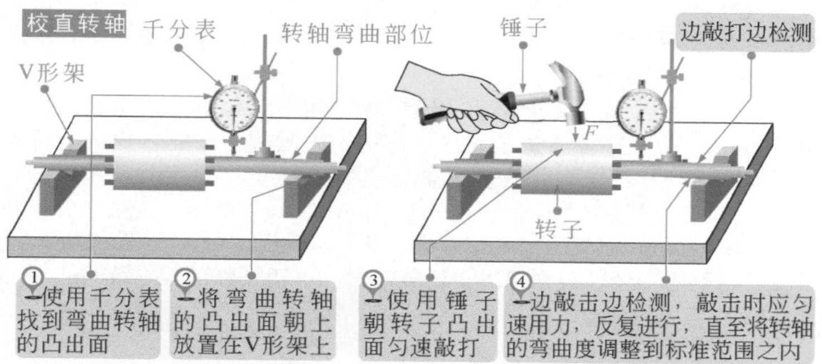
校直转轴
千分表
转轴弯曲部位
V形架
锤子
边敲打边检测
F
转子
①使用千分表找到弯曲转轴的凸出面
②将弯曲转轴的凸出面朝上放置在V形架上
③使用锤子朝转子凸出面匀速敲打
④边敲击边检测，敲击时应匀速用力，反复进行，直至将转轴的弯曲度调整到标准范围之内

通常对于弯曲程度较轻的转轴，其校正后的标准应不低于0.05mm/m。

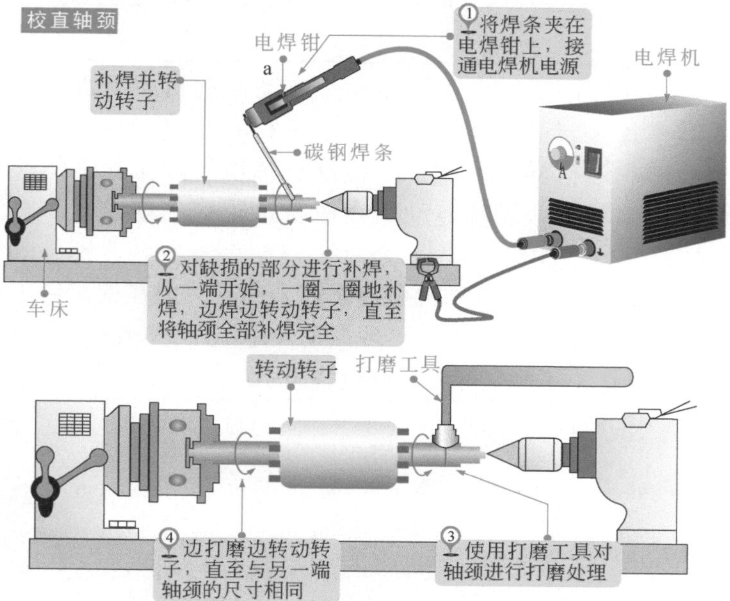
校直轴颈
电焊钳
a
①将焊条夹在电焊钳上，接通电焊机电源
电焊机
补焊并转动转子
碳钢焊条
A
②对缺损的部分进行补焊，从一端开始，一圈一圈地补焊，边焊边转动转子，直至将轴颈全部补焊完全
车床
转动转子
打磨工具
④边打磨边转动转子，直至与另一端轴颈的尺寸相同
③使用打磨工具对轴颈进行打磨处理

轴颈磨损比较严重时，通常采用修补法排除故障，即借助电焊设备、支撑用机床等对转轴轴颈的磨损部位进行补焊、磨削等来排除故障。

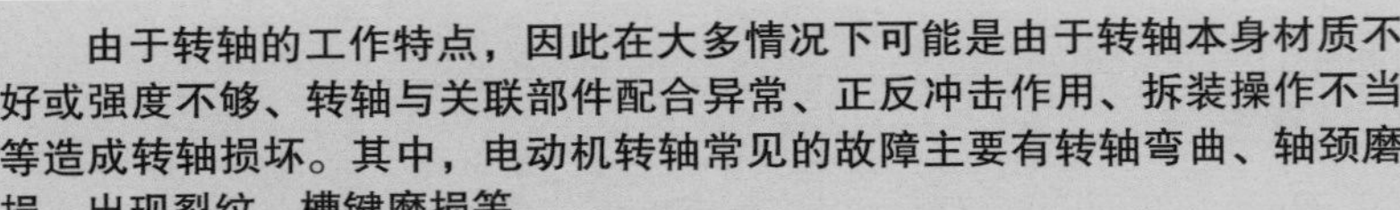

由于转轴的工作特点，因此在大多情况下可能是由于转轴本身材质不好或强度不够、转轴与关联部件配合异常、正反冲击作用、拆装操作不当等造成转轴损坏。其中，电动机转轴常见的故障主要有转轴弯曲、轴颈磨损、出现裂纹、槽键磨损等。

转轴在工作过程中由于外力碰撞或长时间超负荷运转，很容易导致轴向偏差弯曲。弯曲的转轴会导致定子与转子之间相互摩擦，使电动机在运行时出现摩擦音，严重时会使转子发生扫膛事故。

另外，电动机转轴上还有一条长条状的槽，称为键槽，用来与键配合传递扭矩。键槽最常见的损伤就是键槽边缘因承受压力过大，导致边缘压伤，多是由于电动机在运行过程中出现过载或正、反转频繁运行导致的。

3.3.6 三相交流电动机振动、电流不稳故障的检修

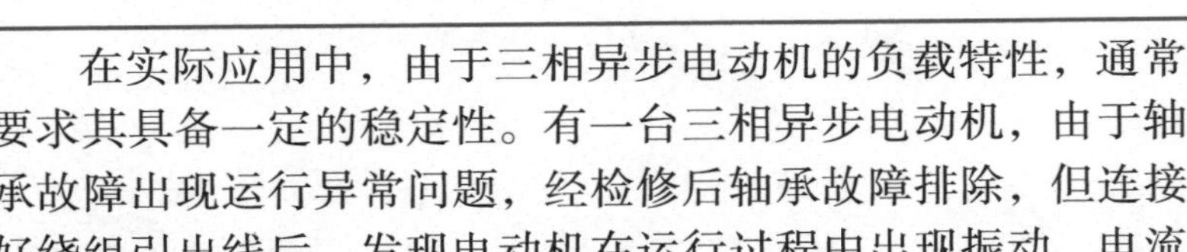

在实际应用中，由于三相异步电动机的负载特性，通常要求其具备一定的稳定性。有一台三相异步电动机，由于轴承故障出现运行异常问题，经检修后轴承故障排除，但连接好绕组引出线后，发现电动机在运行过程中出现振动、电流不稳故障。

根据故障表现，电动机在检修前未出现，但在检修后出现故障，这种情况下，电动机出现振动及电流不稳情况，多是由维修人员操作不正确，导致电动机绕组引出线接线错误引起的。

图 3-35 电动机绕组接线错误的几种情况

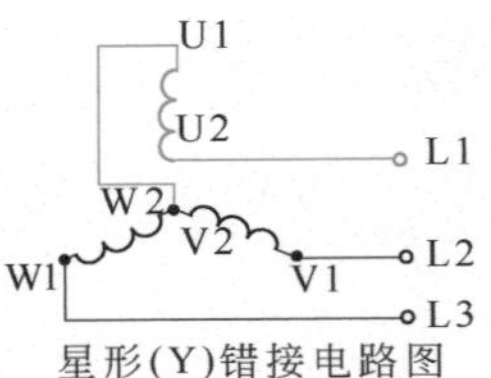
U1
U2
L1
W2
V2
L2
W1
V1
L3

星形(Y)错接电路图

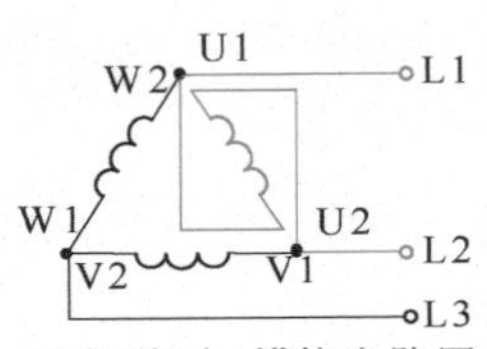
U1
W2
L1
W1
U2
L2
V2
V1
L3

三角形(△)错接电路图

图 3-35 为维修人员常因操作失误造成的绕组接线错误的情况。

图 3-36　**故障排查**

如图 3-36 所示，怀疑三相异步电动机绕组引线接错，可通过仔细检查接线盒中，绕组引出线接线方式进行判断。

W2
U2
V2
U1
V1
W1

电动机三相绕组未连接前，分别固定在接线盒内的连接端子上。根据连接端子上的名称标识可知，三相绕组的排列顺序

W1W2、U1U2、V1V2分别为三相异步电动机的三组绕组

W2　U2　V2

U1　V1　W1

W2　U2　V2

U1　V1　W1

U1　L1

W2　U2

V2

W1　V1　L2

L3

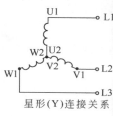

星形(Y)连接关系

若电动机绕组需要星形连接，则根据连接图，正确的连接方法为U2、V2、W2连接在一起，另外三端引出作为供电端

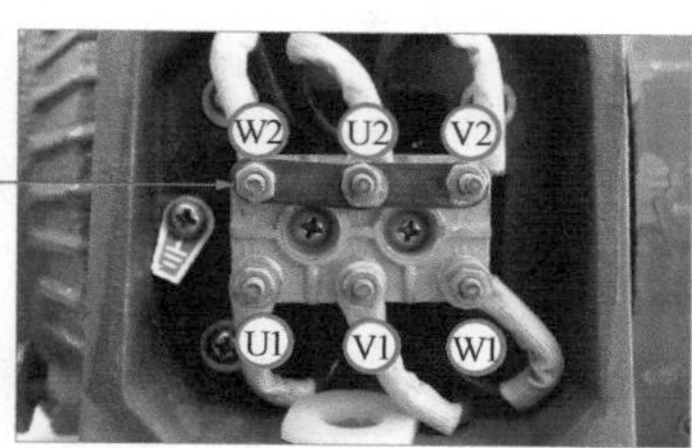
W2
U2
V2
U1
V1
W1

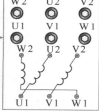

由此可知，在电动机接线盒中，除这两种连接方法外，其他应为错误连接方法

U1

W2　L1

W1　U2

V2　V1　L2

L3

三角形(△)连接关系

若电动机绕组需要三角形连接，则根据连接图，正确的连接方法为三相绕组首尾相连，即W1连接V2、U1连接W2、V1连接U2，另外三端引出作为供电端

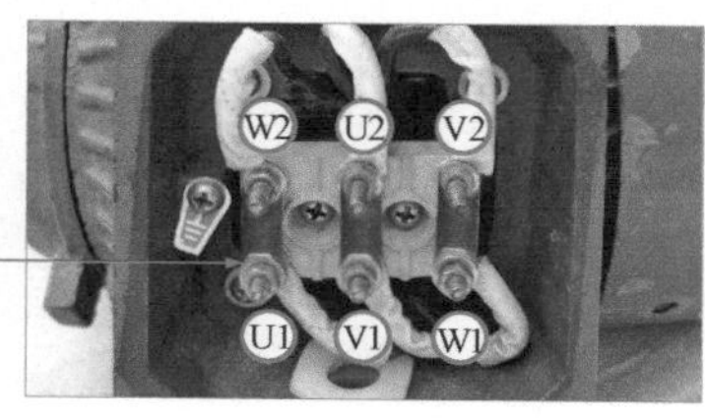
W2
U2
V2
U1
V1
W1

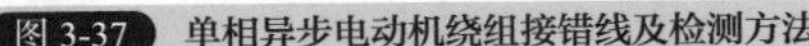

图 3-37 单相异步电动机绕组接错线及检测方法

如图 3–37 所示，单相异步电动机出现绕组接错线的故障时，电动机将不能正常运行。对于单相异步电动机绕组接错线的检查可借助指南针进行判断。

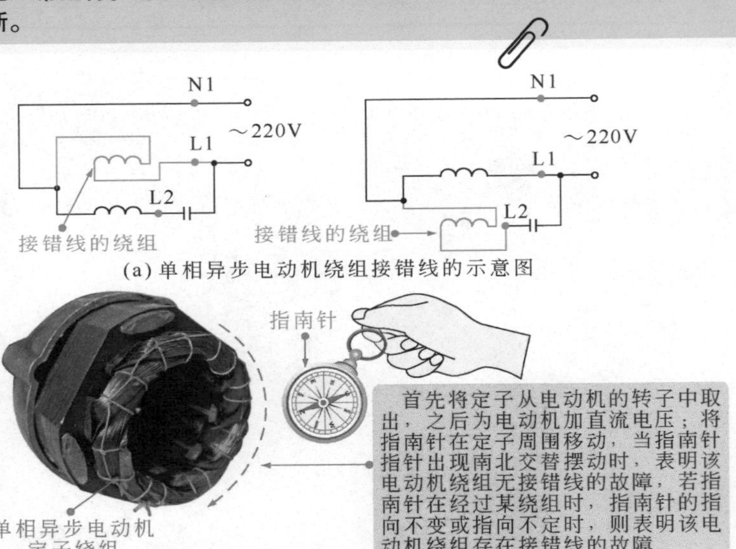
N1
~220V
L1
L2
接错线的绕组
N1
~220V
L1
L2
接错线的绕组
指南针
首先将定子从电动机的转子中取出，之后为电动机加直流电压；将指南针在定子周围移动，当指南针指针出现南北交替摆动时，表明该电动机绕组无接错线的故障，若指南针在经过某绕组时，指南针的指向不变或指向不定时，则表明该电动机绕组存在接错线的故障
单相异步电动机
定子绕组

(a) 单相异步电动机绕组接错线的示意图

(b) 单相异步电动机绕组接错线的检测方法

第4章 电动机的拆卸与安装

4.1 直流电动机的拆卸

4.1.1 直流电动机的拆卸步骤

由于直流电动机的安装精度很高，若拆卸操作不当，可能会给日后运行留下安全隐患。因此，从实际的可操作性，集合电动机内部件的装配特点，通常是先将电动机的两侧端盖进行拆卸，然后将电动机的定子与转子部分进行分离2个环节。

图4-1 直流电动机的拆卸步骤

如图4-1所示，将直流电动机的拆卸划分为两侧端盖的拆卸、定子与转子分离2个环节。

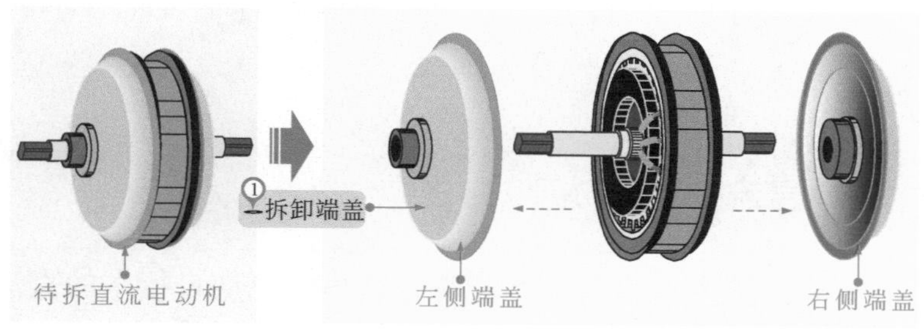

①拆卸端盖
待拆直流电动机
左侧端盖
右侧端盖

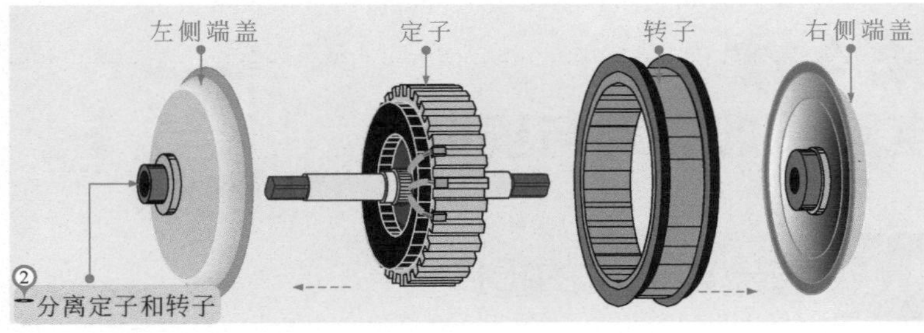
左侧端盖
定子
转子
右侧端盖
②分离定子和转子

图 4-2 不同类型直流电动机的拆卸步骤

如图 4–2 所示，根据直流电动机类型和内部结构的不同，拆卸的顺序也略有区别。例如，在有刷直流电动机中，因其内部典型的电刷和换向器结构，拆卸时，还可根据维修需要拆卸电刷和换向器。

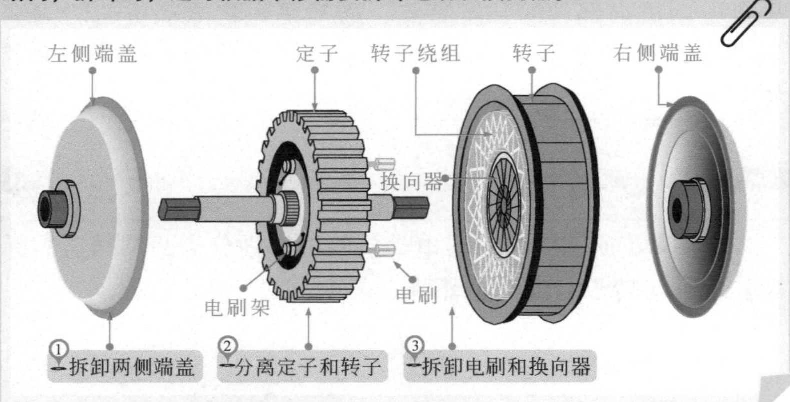
左侧端盖
定子
转子绕组
转子
右侧端盖
换向器
电刷架
电刷
①拆卸两侧端盖
②分离定子和转子
③拆卸电刷和换向器

4.1.2 直流电动机的拆卸方法

根据直流电动机的拆卸步骤，这里以电动自行车的直流电动机为例，将直流电动机的整个拆卸操作过程划分为 2 个环节，即拆卸端盖和分离定子与转子。

❶ 拆卸端盖

图 4-3　直流电动机端盖的拆卸方法

如图 4-3 所示，在对直流电动机进行拆卸前首先应清洁操作场地，防止杂物吸附到电动机内的磁钢上，影响电动机性能，然后按操作规范分离出端盖部分。

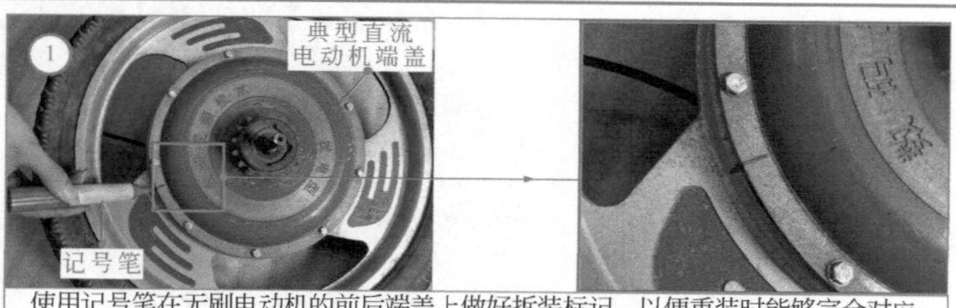

1
典型直流
电动机端盖
记号笔

使用记号笔在无刷电动机的前后端盖上做好拆装标记，以便重装时能够完全对应。

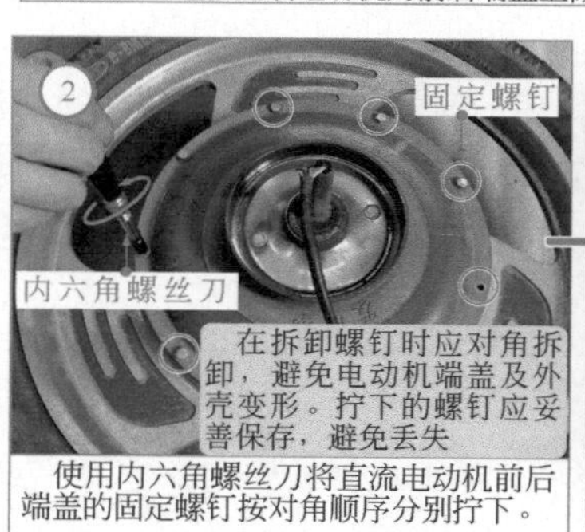

2
固定螺钉
内六角螺丝刀
在拆卸螺钉时应对角拆卸，避免电动机端盖及外壳变形。拧下的螺钉应妥善保存，避免丢失

使用内六角螺丝刀将直流电动机前后端盖的固定螺钉按对角顺序分别拧下。

3
润滑油

端盖部分装配紧密，拆卸时在端盖与轴承的衔接处滴加适量润滑油，使端盖较容易拆下。

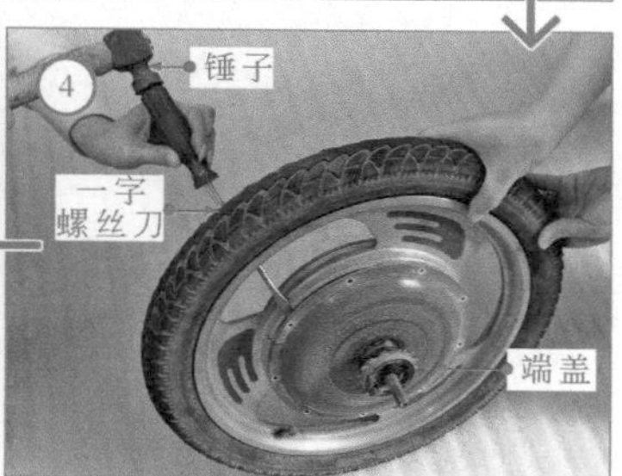

4
锤子
一字
螺丝刀
端盖

将一字螺丝刀放在后端盖与直流电动机连接处，使用锤子敲打螺丝刀刀把，使其后端盖与电动机之间出现缝隙。

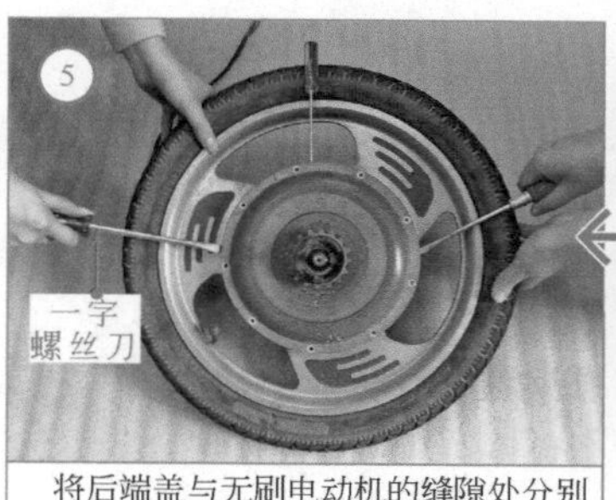

5
一字
螺丝刀

将后端盖与无刷电动机的缝隙处分别插入一字螺丝刀，轻轻向外侧撬动。

6
端盖

从直流电动机上取下松动的后端盖。

7
另一侧端盖

此时，另外一侧的端盖也可以与电动机分离了，将其取下即可完成端盖部分的拆卸。

❷ 分离直流电动机的定子与转子

图 4-4 分离直流电动机的定子和转子

如图 4-4 所示，打开端盖后即可看到直流电动机的定子和转子部分，由于直流电动机的定子与转子之间是通过磁场相互作用，因此可将其直接分离，适当用力向下按压电动机转子部分即可将其分离。

1
2
定子
转子

向下用力按压直流电动机转子部分。

将电动机的定子和转子部分分离。

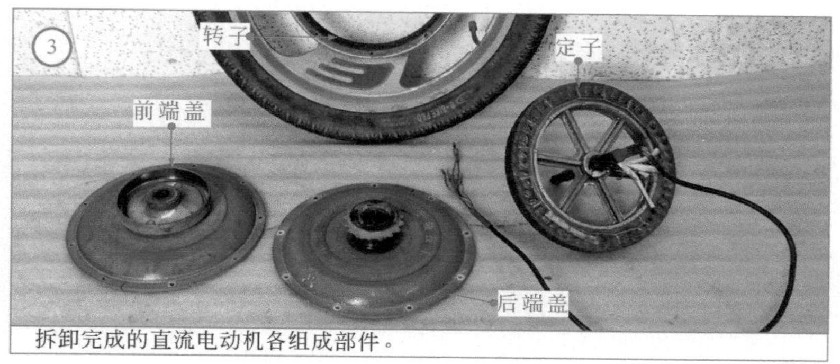
3
转子
定子
前端盖
后端盖
拆卸完成的直流电动机各组成部件。

图 4-5　有刷直流电动机的拆卸

如图 4–5 所示，拆卸有刷直流电动机时，除了上述端盖的拆卸、定子与转子的分离外，还需要根据维修的程度拆卸电刷、电刷架和换向器部分。

拆电刷架

拆电刷

4.2　交流电动机的拆卸

4.2.1　交流电动机的拆卸步骤

三相交流电动机的结构也是多种多样，但其基本的拆卸方法大致相同。下面以典型三相交流电动机为例介绍一下这种类型电动机的具体拆卸方法。

图 4-6　交流电动机的拆卸步骤

如图 4-6 所示，一般可将交流电动机的拆卸划分为接线盒的拆卸、散热风扇的拆卸、端盖的拆卸、定子与转子分离、轴承的拆卸 5 个环节。

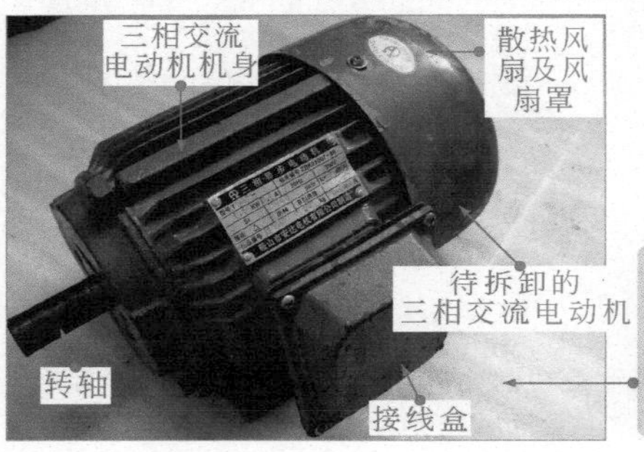
三相交流
电动机机身
散热风
扇及风
扇罩
待拆卸的
三相交流电动机
转轴
接线盒

值得注意的是，根据三相交流电动机类型和内部结构的不同，拆卸的顺序也略有区别。

在实际拆卸之前，要充分了解电动机的构造，制定拆卸方案，确保拆卸的顺利进行

4.2.2　交流电动机的拆卸方法

❶ 拆卸交流电动机的接线盒

图 4-7　交流电动机接线盒的拆卸方法

如图 4-7 所示，三相交流电动机的接线盒安装在电动机的侧端，由四个固定螺钉固定，拆卸时，将固定螺钉拧下即可将接线盒外壳取下。

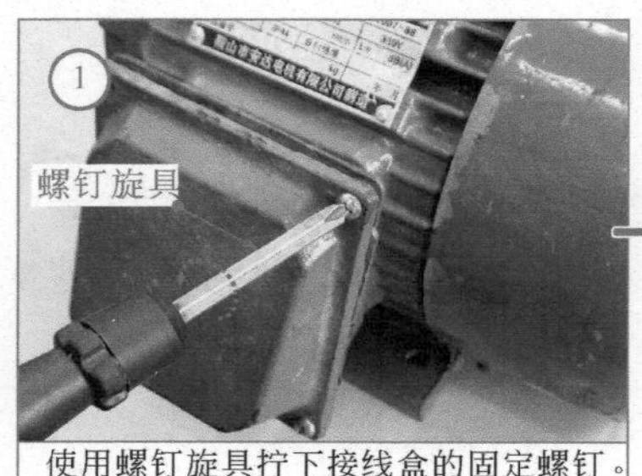
①
螺钉旋具

使用螺钉旋具拧下接线盒的固定螺钉。

②
垫圈
接线盒外壳

电动机与外部控制电路的连接引线由该线盒引出，若需要拆卸电动机的控制电路时，应注意记录引线的连接方式和连接位置

取下电动机的接线盒外壳及垫圈。

❷ 拆卸交流电动机的散热风扇

图 4-8　典型交流电动机散热风扇的拆卸方法

如图 4-8 所示，典型交流电动机的散热叶片安装在电动机的后端叶片护罩中，拆卸时，需先将叶片护罩取下，再拆下散热叶片。

1
叶片护罩
使用螺丝刀拧下叶片护罩的固定螺钉。
2
叶片护罩
散热叶片
将叶片护罩从电动机上取下。
3
散热叶片
弹簧卡圈
用螺丝刀撬动弹簧卡圈。
4
轴伸端卡槽
环绕弹簧卡圈卡紧的方向撬动，将其撬下。
5
一字螺丝刀
将螺丝刀插入散热叶片与电动机后端盖的缝隙中，撬动散热叶片。
6
后端盖
前端盖
散热叶片
散热风扇被松动后，将从其电动机的转轴上取下。

❸ 拆卸交流电动机的端盖

图 4-9　交流电动机端盖的拆卸方法

如图 4-9 所示，典型交流电动机端盖由前端盖和后端盖构成，由固定螺钉固定在电动机外壳上的。拆卸时，拧下固定螺钉，然后撬开端盖，注意不要损伤配合部分。

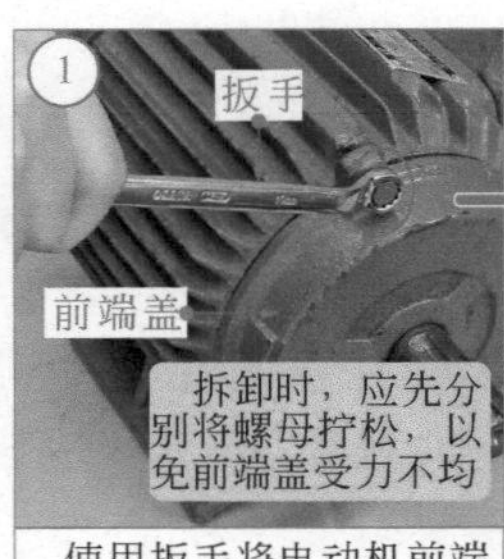
1
扳手
前端盖
拆卸时，应先分别将螺母拧松，以免前端盖受力不均
使用扳手将电动机前端盖的固定螺母拧下。

2
锤子
凿子
将凿子插入前端盖和定子的缝隙处，从多个方位均匀的撬开端盖，使端盖与机身分离。

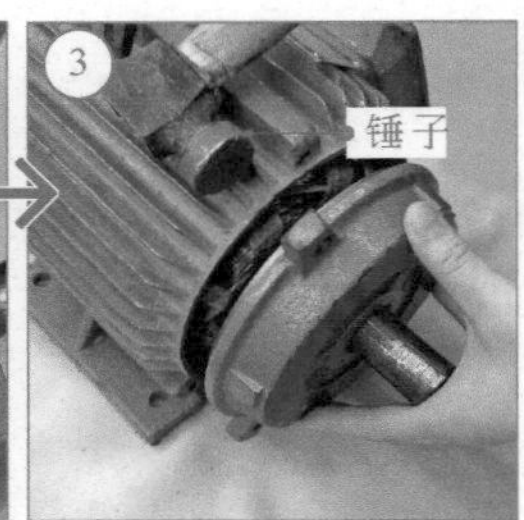
3
锤子
待前端盖松动后，用锤子轻轻敲打，将前端盖取下。

4
轴承
前端盖
取下前端盖后，即可看到电动机绕组和轴承部分。

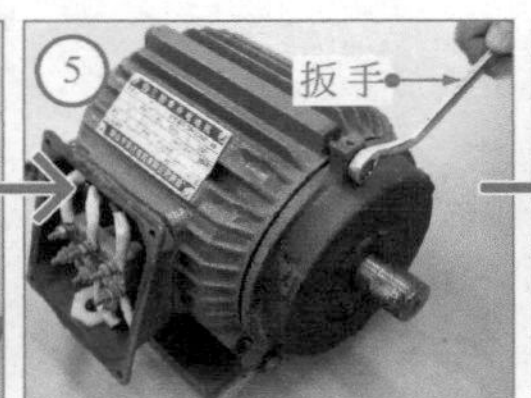
5
扳手
用扳手拧动另一个端盖上的固定螺母，并撬动使其松动。

6
后端盖
由于前端盖已经被拆下，因此该端盖没有紧固力，后端盖无法与轴承分离，这里先连同转子一同取下。

典型交流电动机后端盖通过轴承与电动机转子紧固在一起，拆卸时，需要先将转子从定子中分离出来后再拆卸，将其与轴承分离，因此将这部分融入轴承的拆卸操作中。

❹ 分离交流电动机的定子与转子

图 4-10 典型交流电动机定子与转子的分离方法

如图 4-10 所示，典型交流电动机的转子部分插装在定子中心部分，从一侧稍用力，即可将转子抽出，完成三相交流电动机定子和转子部分的分离操作。

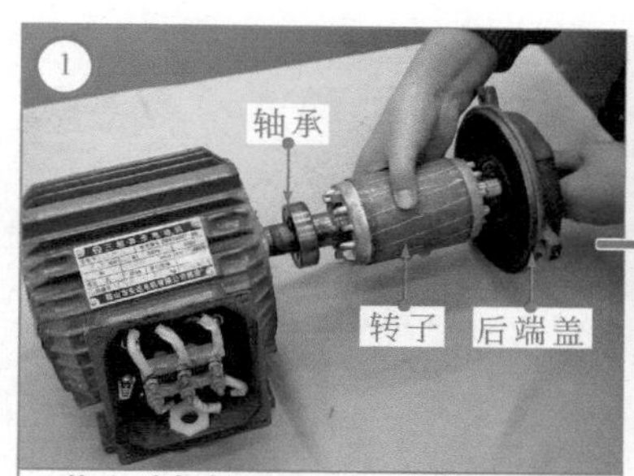
轴承
转子
后端盖
将电动机转子连同后端盖、轴承部分从定子中抽出。

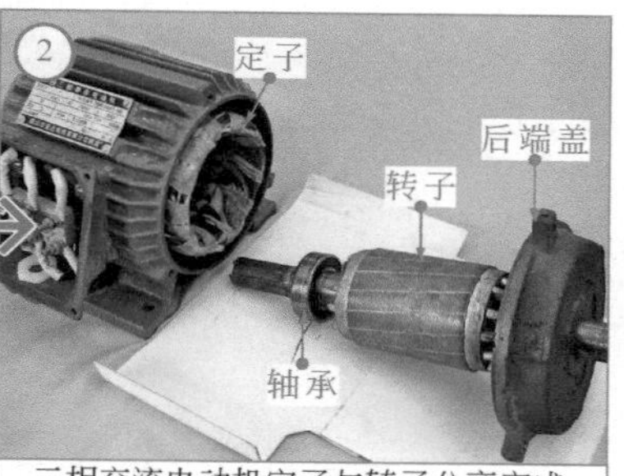
定子
后端盖
转子
轴承
三相交流电动机定子与转子分离完成。

5 拆卸交流电动机的轴承

交流电动机的轴承也是在检修操作中的重要部件，因此这里特别介绍一下轴承部分的拆卸操作。

具体拆卸典型交流电动机轴承时，应先将后端盖从轴承上取下，然后再分别对转轴两端的轴承进行拆卸。在拆卸前首先记录轴承在转轴上的位置，为安装时做好准备。

图 4-11　典型交流电动机轴承的拆卸方法

图 4-11 为典型交流电动机轴承的拆卸方法。

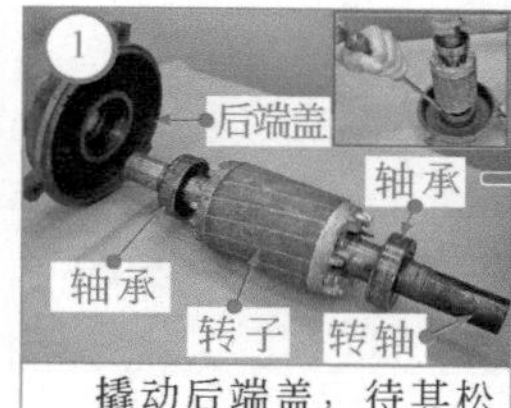
后端盖
轴承
轴承
转子
转轴
撬动后端盖，待其松动后，慢慢旋转，将其取下。

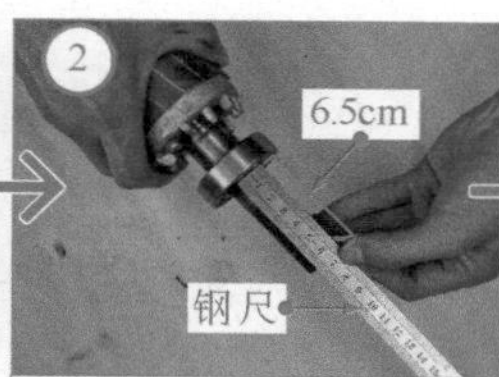
6.5cm
钢尺
使用钢尺测量两侧轴承外端到转轴端头的距离，记录轴承在转轴上的位置。

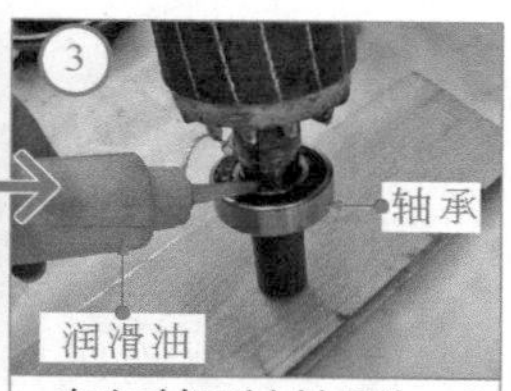
轴承
润滑油
在电动机两个轴承处，分别滴加适量的润滑油，使润滑油浸入轴承与转轴衔紧的缝隙中，对其进行润滑。

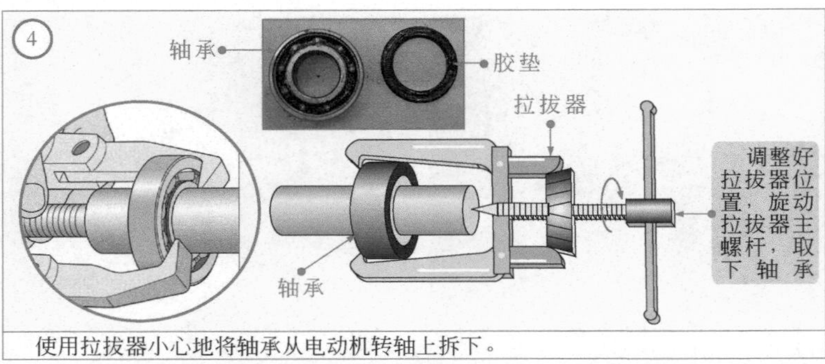
4
轴承
胶垫
拉拔器
调整好拉拔器位置，旋动拉拔器主螺杆，取下轴承
轴承

使用拉拔器小心地将轴承从电动机转轴上拆下。

5
定子
风扇
轴承
轴承
转子铁芯
前端盖
接线盒
电源相线
后端盖
风扇罩

至此，完成了三相交流电动机各部件的拆卸。

4.3 电动机的安装

4.3.1 电动机的机械安装

电动机的机械安装实际是指电动机在指定位置的安装固定以及与被驱动机构的连接操作，下面以典型三相交流电动机的安装为例进行介绍。

1 电动机的安装固定

图 4-12　电动机的安装固定方法

如图 4-12 所示，三相交流电动机重量大，工作时会产生振动，因此不能将电动机直接放置在地面上，应安装固定在混凝土基座或木板上。

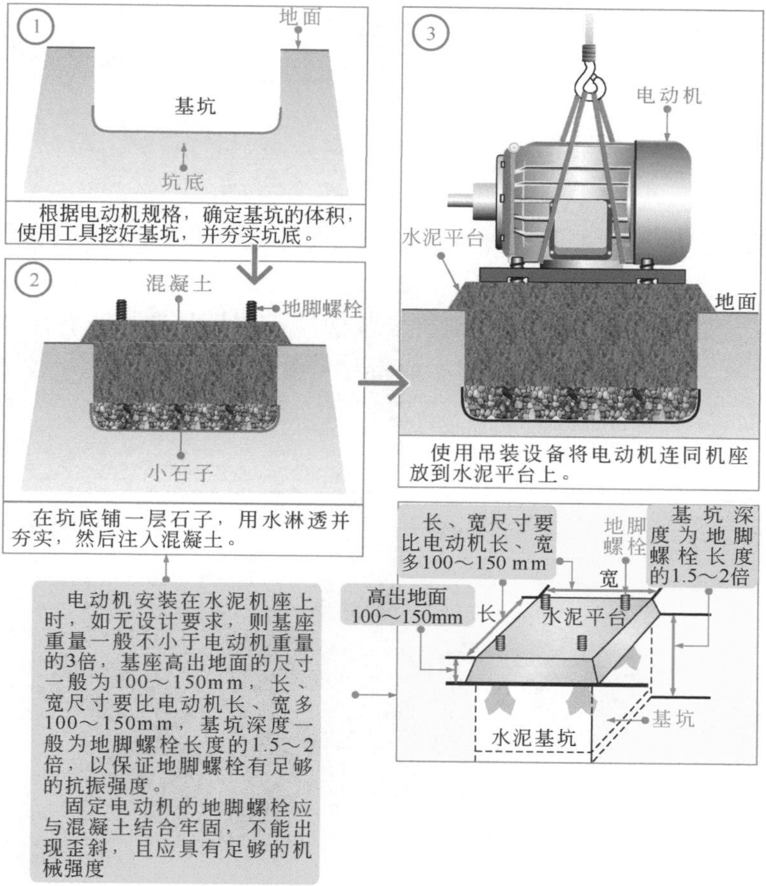

①
地面
基坑
坑底

根据电动机规格，确定基坑的体积，使用工具挖好基坑，并夯实坑底。

②
混凝土
地脚螺栓
小石子

在坑底铺一层石子，用水淋透并夯实，然后注入混凝土。

③
电动机
水泥平台
地面

使用吊装设备将电动机连同机座放到水泥平台上。

长、宽尺寸要比电动机长、宽多100～150 mm
地脚螺栓
基坑深度为地脚螺栓长度的1.5～2倍
高出地面100～150mm
宽
长
水泥平台
基坑
水泥基坑

电动机安装在水泥机座上时，如无设计要求，则基座重量一般不小于电动机重量的3倍，基座高出地面的尺寸一般为100～150mm，长、宽尺寸要比电动机长、宽多100～150mm，基坑深度一般为地脚螺栓长度的1.5～2倍，以保证地脚螺栓有足够的抗振强度。

固定电动机的地脚螺栓应与混凝土结合牢固，不能出现歪斜，且应具有足够的机械强度

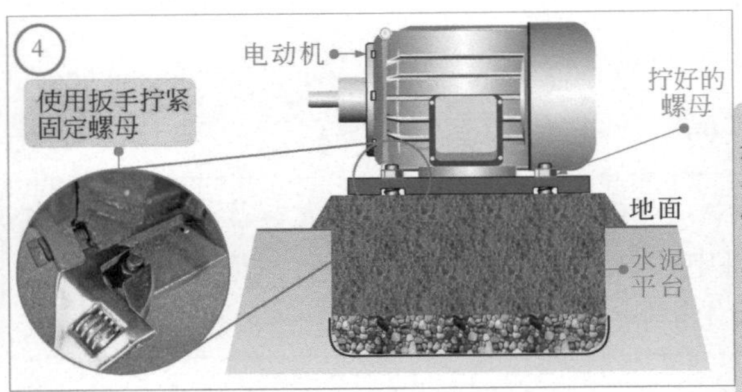
4
电动机
使用扳手拧紧固定螺母
拧好的螺母
地面
水泥平台

待灌入的混凝土干燥后，将电动机水平放置在机座上，并将与地脚螺栓配套的固定螺母拧紧。

电动机的重量较重，在搬运、提吊电动机时，一定要细致检查吊绳、吊链或撬板等设施，确保安全。在提吊电动机时，不要将绳索拴套在轴承、机盖等不承重的位置，否则极易造成电动机的损坏。

安装到位的电动机一定要确保牢固和平稳。电动机的机座应保证水平，偏差应小于0.10 mm/m

2 电动机与驱动机构的连接

图 4-13 电动机与驱动机构之间的传动方式

如图 4-13 所示，电动机安装前应按照设计要求选择传动方式，如使用联轴器、齿轮或带轮进行传动。

若电动机为功率在4kW以上的2极电动机或30kW以上的4极电动机时，不宜采用带轮传动，且电动机为双轴伸的电动机时只能采用联轴器传动

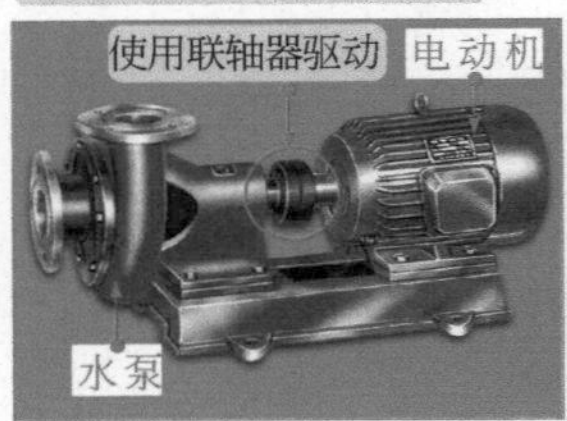
使用联轴器驱动
电动机
水泵

使用带轮驱动
升降机
电动机

使用齿轮驱动

图 4-14　皮带轮传动方式的安装要求

如图 4–14 所示，电动机采用带轮传动时，电动机的带轮与负载设备带轮的中心线必须在同一直线上，安装皮带时，带轮的宽度中心线也在同一直线上。若未在一条线上，则需及时校正，这样可以确保带轮在传动动力的过程中，不会跑偏。

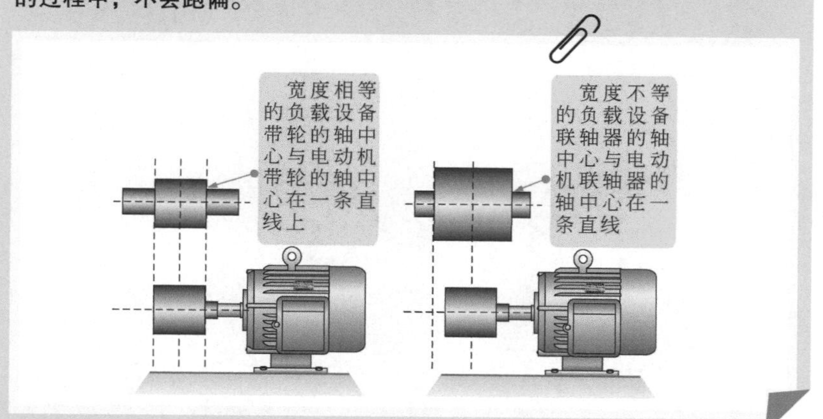
宽度相等的负载设备带轮的轴中心与电动机带轮的轴中心在一条直线上
宽度不等的负载设备联轴器的轴中心与电动机联轴器的轴中心在一条直线

联轴器是电动机与被驱动机构相连使其同步运转的部件，如水泵。电动机通过联轴器与水泵轴相连，电动机转动时带动水泵旋转。

图 4-15　电动机联轴器的安装方法

如图 4-15 所示，联轴器是由两个法兰盘构成的，一个法兰盘与电动机轴固定，另一个法兰盘与水泵轴固定，将电动机与水泵轴调整到轴线位于一条直线后，再将两个法兰盘用螺栓固定为一体实现动力的传动。

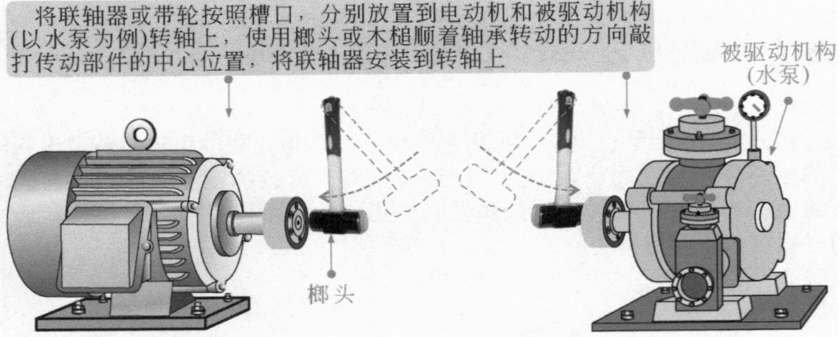
将联轴器或带轮按照槽口，分别放置到电动机和被驱动机构(以水泵为例)转轴上，使用榔头或木槌顺着轴承转动的方向敲打传动部件的中心位置，将联轴器安装到转轴上
被驱动机构
(水泵)
榔头

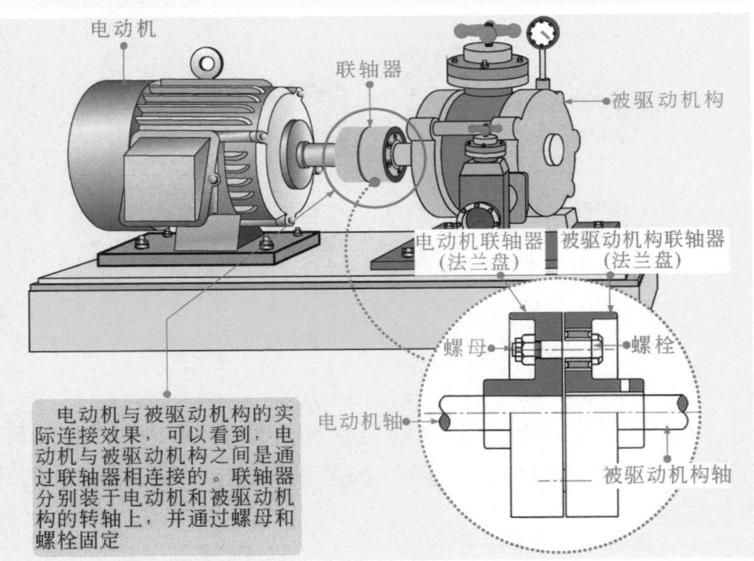
电动机
联轴器
被驱动机构
电动机联轴器
(法兰盘)
被驱动机构联轴器
(法兰盘)
螺母
螺栓
电动机轴
被驱动机构轴
电动机与被驱动机构的实际连接效果，可以看到，电动机与被驱动机构之间是通过联轴器相连接的。联轴器分别装于电动机和被驱动机构的转轴上，并通过螺母和螺栓固定

图 4-16 电动机联轴器的调整

如图 4-16 所示，联轴器是连接电动机和被驱动机构的关键机械部件。该结构中，必须要求电动机的轴心与被驱动机构（水泵）的转轴保持同心、同轴。如果偏心过大，则会对电动机或水泵机构有较大的损害，并会引起机械振动。因此，在安装联轴器时，必须同时调整电动机的位置，使偏心度和平行度符合设计要求。

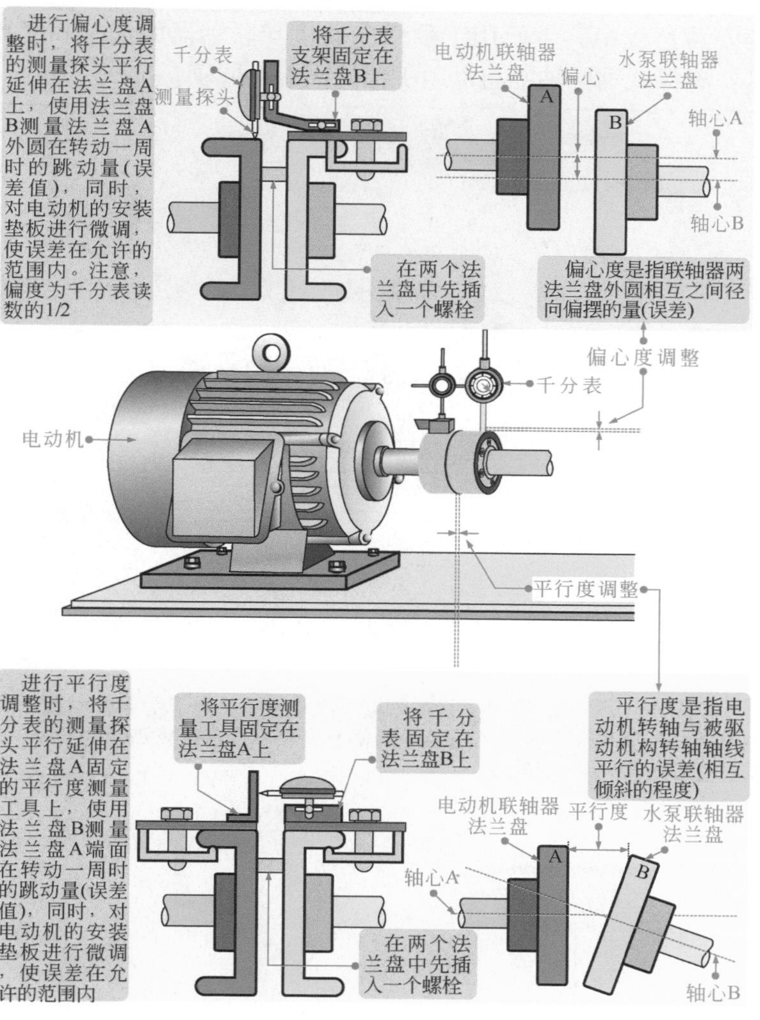
进行偏心度调整时，将千分表的测量探头平行延伸在法兰盘A上，使用法兰盘B测量法兰盘A外圆在转动一周时的跳动量(误差值)，同时，对电动机的安装垫板进行微调，使误差在允许的范围内。注意，偏度为千分表读数的1/2
千分表
测量探头
将千分表支架固定在法兰盘B上
电动机联轴器法兰盘
偏心
水泵联轴器法兰盘
A
B
轴心A
轴心B
在两个法兰盘中先插入一个螺栓
偏心度是指联轴器两法兰盘外圆相互之间径向偏摆的量(误差)
偏心度调整
千分表
电动机
平行度调整
进行平行度调整时，将千分表的测量探头平行延伸在法兰盘A固定的平行度测量工具上，使用法兰盘B测量法兰盘A端面在转动一周时的跳动量(误差值)，同时，对电动机的安装垫板进行微调，使误差在允许的范围内
将平行度测量工具固定在法兰盘A上
将千分表固定在法兰盘B上
平行度是指电动机转轴与被驱动机构转轴轴线平行的误差(相互倾斜的程度)
电动机联轴器法兰盘
平行度
水泵联轴器法兰盘
轴心A
轴心B
在两个法兰盘中先插入一个螺栓

图 4-17　电动机联轴器调整中的千分表

如图 4-17 所示，千分表是通过齿轮或杠杆将直线运动产生的位移通过指针或数字的方式显示出来，在电动机联轴器

的安装过程中，主要用于测量电动机与联轴器的偏心和平行度，确保联轴器轴心与电动机保持同心、同轴。

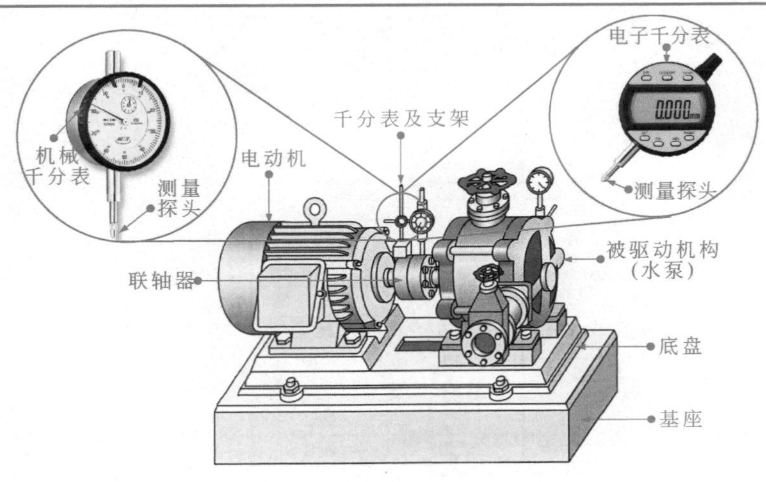
电子千分表
0.000mm
千分表及支架
机械
千分表
测量
探头
电动机
测量探头
被驱动机构
（水泵）
联轴器
底盘
基座

图 4-18 联轴器的简易调整方法

如图 4-18 所示，若在安装联轴器过程中没有千分表等精密测量工具，则可通过量规和测量板对两法兰盘的偏心度和平行度进行简易的调整，使其符合联轴器的安装要求。

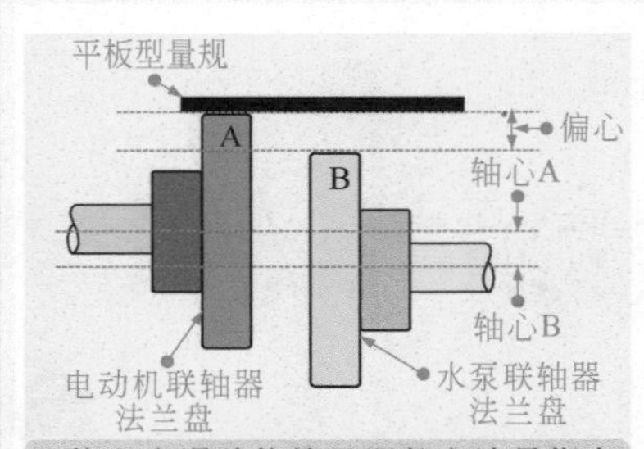
平板型量规
偏心
A
B
轴心A
轴心B
电动机联轴器
法兰盘
水泵联轴器
法兰盘

偏心度误差的简易调整方法是指在电动机静止状态，用平板型量规与法兰盘A外圆平贴，然后轻转法兰盘B，观察量规与B盘的空隙

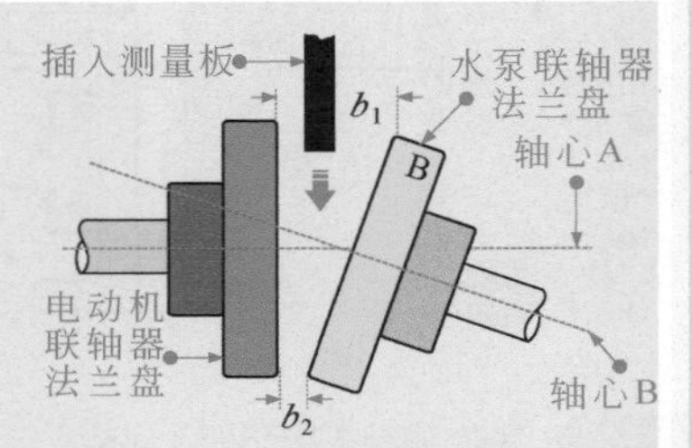
插入测量板
b_1
水泵联轴器
法兰盘
B
轴心A
电动机
联轴器
法兰盘
b_2
轴心B

平行度误差的简易调整方法是指用测量板测量两法兰盘端面之间最大缝隙与最小缝隙之差，即b_1-b_2的值

4.3.2　电动机的电气安装

电动机的电气安装实际是指电动机的接线操作。下面从电动机的铭牌标识入手，结合实际不同类型的电动机对其命名、标注及连接方式进行系统的介绍，然后以典型电动机的电气安装作为实训案例。

1 认识电动机的铭牌标识

图 4-19　电动机铭牌标识的位置

如图 4-19 所示，电动机的铭牌是电动机的主要标识，一般位于其外壳比较明显的位置，标识电动机的主要技术参数，为选择、安装、使用和维修提供重要依据。

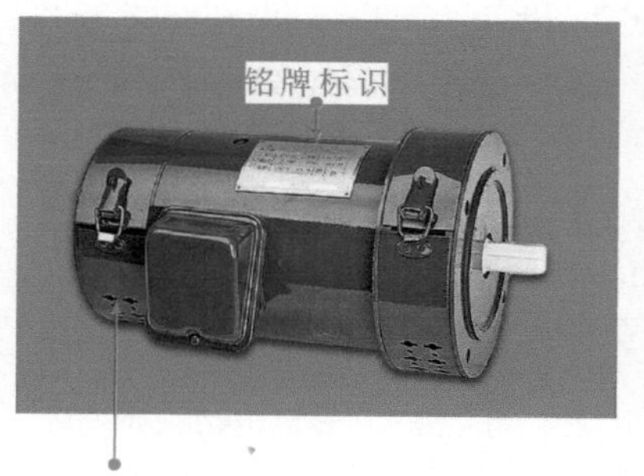
铭牌标识
直流电动机

交流电动机
铭牌标识

图 4-20　直流电动机的铭牌及识读方法

如图 4-20 所示，直流电动机的各种参数一般都标识在铭牌上，包括直流电动机的型号、额定电压、额定电流、额定转速等相关规格参数。

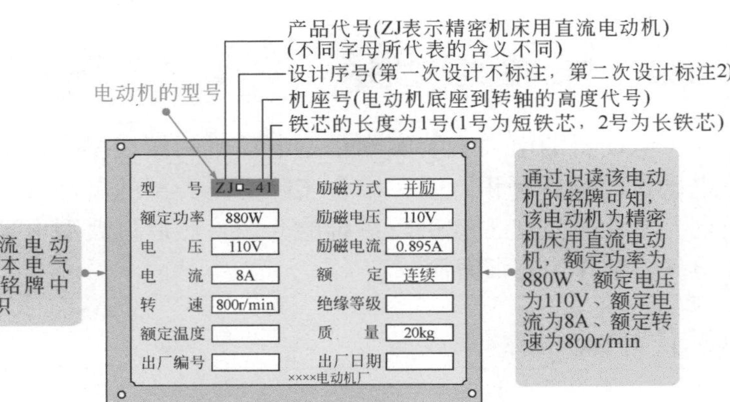
产品代号(ZJ表示精密机床用直流电动机)
(不同字母所代表的含义不同)
设计序号(第一次设计不标注，第二次设计标注2)
机座号(电动机底座到转轴的高度代号)
铁芯的长度为1号(1号为短铁芯，2号为长铁芯)
电动机的型号
型号 ZJ□- 41
励磁方式 并励
额定功率 880W
励磁电压 110V
电压 110V
励磁电流 0.895A
电流 8A
额定 连续
转速 800r/min
绝缘等级
额定温度
质量 20kg
出厂编号
出厂日期
××××电动机厂
该直流电动机的基本电气参数在铭牌中都有标识
通过识读该电动机的铭牌可知，该电动机为精密机床用直流电动机，额定功率为880W、额定电压为110V、额定电流为8A、额定转速为800r/min

电动机有多种类型，铭牌标识也是各式各样的。在实际应用中，会遇到各种各样的电动机，这些电动机除了型号标识外，其他的基本电气参数信息都直接标注，识读比较简单。如果型号不符合基本的命名规则，可以找到该电动机的生产厂家资料，根据不同生产厂家自身的一些命名方式进行识读。另外，如果知道电动机的应用场合，也可以从其功能入手，查阅相关资料来获取型号命名的规则。

例如，从一台很旧的录音机上拆下一只微型电动机，型号为“36L52”。经查阅资料可知，在一些录音机等电子产品中，其型号中包含如下四个部分。

第一部分为机座号，表示电动机外壳的直径，主要有 20mm、28mm、34mm、36mm 几种。

第二部分为产品名称，用字母标识，表示电动机适用的场合。

第三部分为电动机的性能参数，用数字标识。其中，01 ~ 49 表示机械稳速电动机；51 ~ 99 表示电子稳速电动机。

第四部分为电动机结构派生代号，用字母标识，可省略。

可知该电动机型号“36L52”表示的含义为：“36”表示电动机外壳直径为 36mm ；“L”表示录音机用直流电动机；“52”表示该电动机为电子稳速式直流电动机。

另外，从电动机的外观上一般无法直接判断属于哪种类型，但如果这种电动机工作时采用的是直流电源供电，则一定是直流电动机，这是从大范围内先确定它的主要类型，然后可以从电动机铭牌标识或应用场合进行进一步细分。

在通常情况下，在直流电动机外壳铭牌上会有些明显的标识，如直流电动机的型号、额定电压、额定电流、转速等相关规格参数。从直流电动机的型号中可以对其类型做进一步确认。

在直流电动机铭牌中常用字母代号的含义见表 4-1。

表4-1　在直流电动机铭牌中常用字母代号的含义

常用字母代号	含义	常用字母代号	含义	常用字母代号	含义
Z	直流电动机	ZHW	无换向器式	ZZF	轧机辅传动用
ZK	高速直流电动机	ZX	空心杯式	ZDC	电铲起重用
ZYF	幅压直流电动机	ZN	印刷绕组式	ZZJ	冶金起重用
ZY	永磁（铝镍钴）式	ZYJ	减速永磁式	ZZT	轴流式通风用
ZYT	永磁（铁氧体）式	ZYY	石油井下用永磁式	ZDZY	正压型
ZYW	稳速永磁（铝镍钴）式	ZJZ	静止整流电源供电用	ZA	增安型
ZTW	稳速永磁（铁氧体）式	ZJ	精密机床用	ZB	防爆型
ZW	无槽直流电动机	ZTD	电梯用	ZM	脉冲直流电动机
ZZ	轧机主传动直流电动机	ZU	龙门刨床用	ZS	试验用
ZLT	他励直流电动机	ZKY	空气压缩机用	ZL	录音机用永磁式
ZLB	并励直流电动机	ZWJ	挖掘机用	ZCL	电唱机永磁式
ZLC	串励直流电动机	ZKJ	矿场卷扬机用	ZW	玩具用
ZLF	复励直流电动机	ZG	辊道用	FZ	纺织用

图 4-21　单相交流电动机的铭牌及识读方法

如图 4-21 所示，不同的单相交流电动机的规格参数有所不同，各参数均标识在单相交流电动机的铭牌上，并贴在电动机较明显的部位，便于使用者了解该电动机的相关参数。

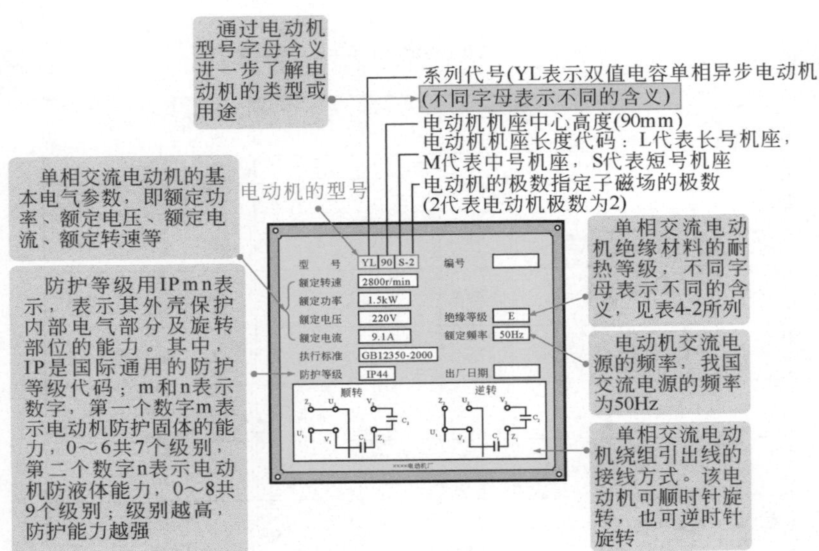
通过电动机型号字母含义进一步了解电动机的类型或用途
系列代号(YL表示双值电容单相异步电动机)
(不同字母表示不同的含义)
电动机机座中心高度(90mm)
电动机机座长度代码：L代表长号机座，M代表中号机座，S代表短号机座
电动机的极数指定子磁场的极数(2代表电动机极数为2)
单相交流电动机的基本电气参数，即额定功率、额定电压、额定电流、额定转速等
电动机的型号
单相交流电动机绝缘材料的耐热等级，不同字母表示不同的含义，见表4-2所列
防护等级用IPmn表示，表示其外壳保护内部电气部分及旋转部位的能力。其中，IP是国际通用的防护等级代码；m和n表示数字，第一个数字m表示电动机防护固体的能力，0～6共7个级别，第二个数字n表示电动机防液体能力，0～8共9个级别；级别越高，防护能力越强
电动机交流电源的频率，我国交流电源的频率为50Hz
单相交流电动机绕组引出线的接线方式。该电动机可顺时针旋转，也可逆时针旋转
型　号
YL
90
S-2
编号
额定转速
2800r/min
额定功率
1.5kW
额定电压
220V
额定电流
9.1A
绝缘等级
E
额定频率
50Hz
执行标准
GB12350-2000
防护等级
IP44
出厂日期
顺转
逆转
××××电动机厂

单相交流电动机铭牌标识信息中不同字母或数字不同的含义见表4-2所列。

表4-2　单相交流电动机铭牌标识信息中不同字母或数字不同的含义

系列代号含义		防护等级（IPmn）			
字母	含义	m值	防护固体能力	n值	防护液体能力
YL	双值电容单相异步电动机	0	没有防护措施	0	没有专门的防护措施
YY	单相电容运转异步电动机	1	防护物体直径为50mm	1	可防护滴水
YC	单相电容启动异步电动机	2	防护物体直径为12mm	2	水平方向夹角15°滴水
绝缘等级		3	防护物体直径为2.5mm	3	60°方向内的淋水
代码	耐热温度	4	防护物体直径为1mm	4	可任何方向溅水
E	120℃	5	防尘	5	可防护一定压力的喷水
B	130℃	6	严密防尘	6	可防护一定强度的喷水
F	155℃			7	可防护一定压力的浸水
H	180℃			8	可防护长期浸在水里

图 4-22　三相交流电动机的铭牌及识读方法

图 4-22 为三相交流电动机铭牌及识读方法。

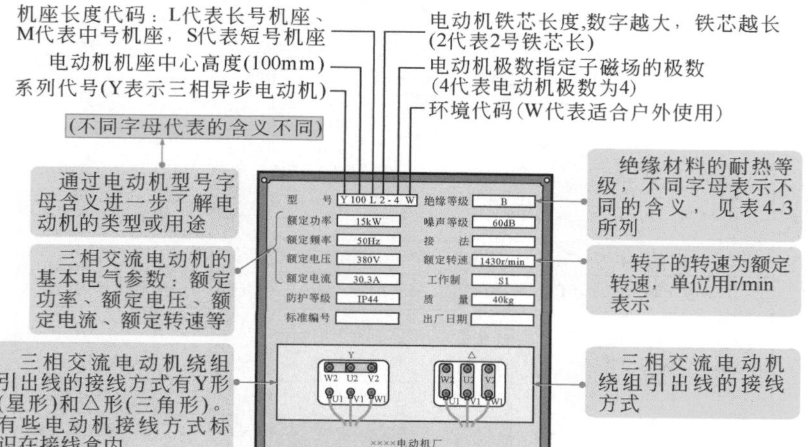
机座长度代码：L代表长号机座、M代表中号机座，S代表短号机座
电动机机座中心高度(100mm)
系列代号(Y表示三相异步电动机)
(不同字母代表的含义不同)
通过电动机型号字母含义进一步了解电动机的类型或用途
三相交流电动机的基本电气参数：额定功率、额定电压、额定电流、额定转速等
三相交流电动机绕组引出线的接线方式有Y形(星形)和△形(三角形)。有些电动机接线方式标识在接线盒内
电动机铁芯长度,数字越大，铁芯越长(2代表2号铁芯长)
电动机极数指定子磁场的极数(4代表电动机极数为4)
环境代码(W代表适合户外使用)
绝缘材料的耐热等级，不同字母表示不同的含义，见表4-3所列
转子的转速为额定转速，单位用r/min表示
三相交流电动机绕组引出线的接线方式
型　号　Y 100 L 2 - 4 W
绝缘等级　B
额定功率　15kW
噪声等级　60dB
额定频率　50Hz
接　法
额定电压　380V
额定转速　1430r/min
额定电流　30.3A
工作制　S1
防护等级　IP44
质　量　40kg
标准编号
出厂日期
Y
W2　U2　V2
U1　V1　W1
△
××××电动机厂

三相交流电动机铭牌标识中不同字母所代表的含义见表 4-3 所列。

表4-3　三相交流电动机铭牌标识中不同字母所代表的含义

字母	含义	字母	含义	字母	含义
Y	基本系列	YBS	隔爆型运输机用	YPC	基本系列
YA	增安型	YBT	隔爆型轴流局部扇风机	YPJ	增安型
YACG	增安型齿轮减速	YBTD	隔爆型电梯用	YPL	增安型齿轮减速
YACT	增安型电磁调整	YBY	隔爆型链式运输用	YPT	增安型电磁调整
YDA	增安型多速	YBZ	隔爆型起重用	YQ	高启动转矩
YADF	增安型电动阀门用	YBZD	隔爆型起重用多速	YQL	井用潜卤
YAH	增安型高滑差率	YBZS	隔爆型起重用双速	YQS	井用（充水式）潜水
YAQ	增安型高启动转矩	YBU	隔爆型掘进机用	YQSG	井用（充水式）高压潜水
YAR	增安型绕线转子	YBUS	隔爆型掘进机用冷水	YQSY	井用（充油式）高压潜水
YATD	增安型电梯用	YBXJ	隔爆型摆线针轮减速	YQY	井用潜油

续表

字母	含义	字母	含义	字母	含义
YB	隔爆型	YCJ	齿轮减速	YR	绕线转子
YBB	耙斗式装岩机用隔爆型	YCT	电磁调速	YRL	绕线转子立式
YBCJ	隔爆型齿轮减速	YD	多速	YS	分马力
YBCS	隔爆型采煤机用	YDF	电动阀门用	YSB	电泵（机床用）
YBCT	隔爆型电磁调速	YDT	通风机用多速	YSDL	冷却塔用多速
YBD	隔爆型多速	YEG	制动（杠杆式）	YSL	离合器用
YBDF	隔爆型电动阀门用	YEJ	制动（附加制动器式）	YSR	制冷机用耐氟
YBEG	隔爆型杠杆式制动	YEP	制动（旁磁式）	YTD	电梯用
YBEJ	隔爆型附加制动器式制动	YEZ	锥形转子制动	YTTD	电梯用多速
YBEP	隔爆型旁磁式制动	YG	辊道用	YUL	装入式
YBGB	隔爆型管道泵用	YGB	管道泵用	YX	高效率
YBH	隔爆型高转差率	YGT	滚筒用	YXJ	摆线针轮减速
YBHJ	隔爆型回柱绞车用	YH	高滑差	YZ	冶金及起重
YBI	隔爆型装岩机用	YHJ	行星齿轮减速	YZC	低振动、低噪声
YBJ	隔爆型绞车用	YI	装煤机用	YZD	冶金及起重用多速
YBK	隔爆型矿用	YJI	谐波齿轮减速	YZE	冶金及起重用制动
YBLB	隔爆型立交深井泵用	YK	大型高速	YZJ	冶金及起重减速
YBPG	隔爆型高压屏蔽式	YLB	立式深井泵用	YZR	冶金及起重用绕线转子
YBPJ	隔爆型泥浆屏蔽式	YLJ	力矩	YZRF	冶金及起重用绕线转子（自带风机式）
YBPL	隔爆型制冷屏蔽式	YLS	立式	YZRG	冶金及起重用绕线转子（管道通风式）
YBPT	隔爆型特殊屏蔽式	YM	木工用	YZRW	冶金及起重用涡流制动绕线转子
YBQ	隔爆型高启动转矩	YNZ	耐振用	YZS	低振动精密机床用
YBR	隔爆型绕线转子	YOJ	石油井下用	YZW	冶金及起重用涡流制动
		YP	屏蔽式		

三相交流电动机工作制代号的含义见表 4-4 所列。

表4-4　三相交流电动机工作制代号的含义

代号	含义	代号	含义
S1	长期工作制：在额定负载下连续动作	S9	非周期工作制
S2	短时工作制：短时间运行到标准时间	S10	离散恒定负载工作制
S3～S8	不同情况断续周期工作制		

❷ 电动机的电气安装

电动机的电气安装方法实际是指电动机绕组与电源线的连接。不同供电方式的电动机，其接线方法有所不同，接线时，可根据电动机说明书中所示的接线方法进行接线。下面以典型的三相交流电动机为例，介绍这类电动机的电气安装方法。

图 4-23　确定待连接电源的相序

如图 4-23 所示，电动机的旋转方向与电源相序有关，正确的旋转方向是按电源相序与电动机绕组相序相同的前提下提出的。因此在进行电动机电气安装时，需使用相序仪确定正确的电源相序并进行标记。

将相序仪的三条导线分别连接电源的三条相线，接通电源，查看相序仪指示灯，判断电源相序

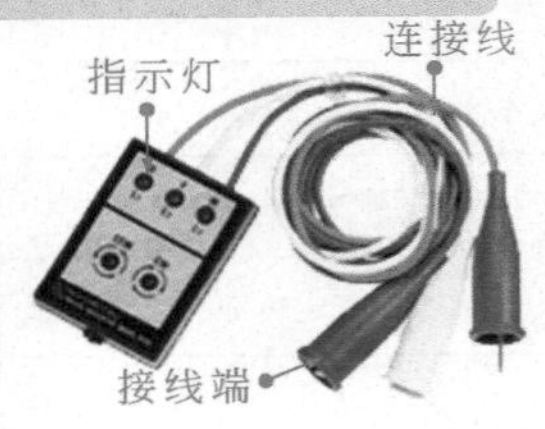
指示灯
连接线
接线端
较亮
正
反
相序测定仪
黄
绿
红
A
B
C

若电源相序与相序仪接线相反，则可任意调换一对电源线后，通电再测试，直至电源相序确定。用字母(U、V、W)、数字(1、2、3)或黄、绿、红三种不同颜色标记在电源线上

若相序仪“正”端的指示灯比“反”端的指示灯亮，则说明电源相序与相序仪接线相同。若相序仪“反”端的指示灯比“正”端的指示灯亮，则说明电源相序与相序仪接线相反

图 4-24　确定电动机绕组相序

如图 4-24 所示，电源相序确定完成并做好标记后，需使用直流毫安表或万用表确定电动机绕组的相序，以保证电动机与三相电源的正确接线。

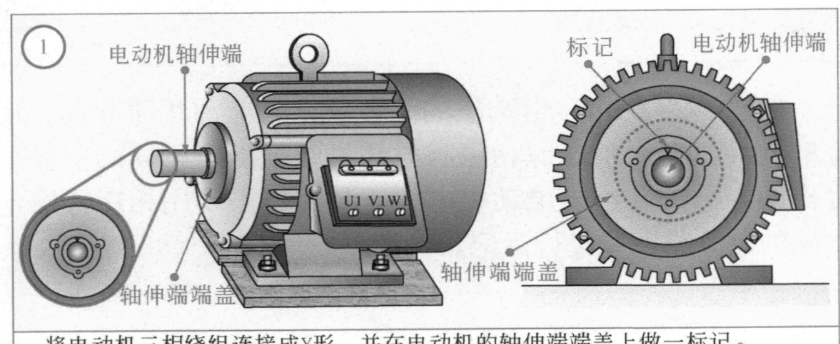
1
电动机轴伸端
轴伸端端盖
U1 V1 W1
标记
电动机轴伸端
轴伸端端盖

将电动机三相绕组连接成Y形，并在电动机的轴伸端端盖上做一标记。

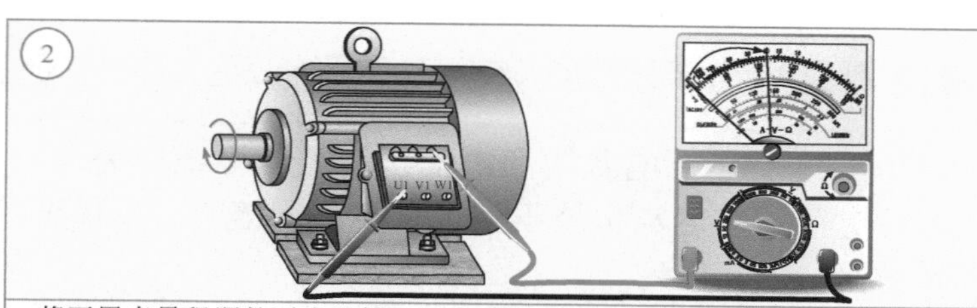
2
U1 V1 W1

将万用表量程调整至直流挡，用万用表表笔分别连接中性点和U1端，顺时针转动轴伸端。

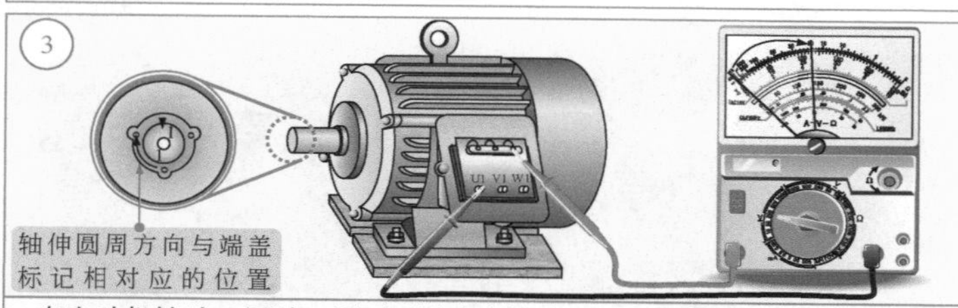
3
轴伸圆周方向与端盖标记相对应的位置
U1 V1 W1

在电动机转动一周时，记下万用表表针从0开始向正方向摆动时轴伸圆周方向与端盖标记相对应的位置，如标记数字“1”。

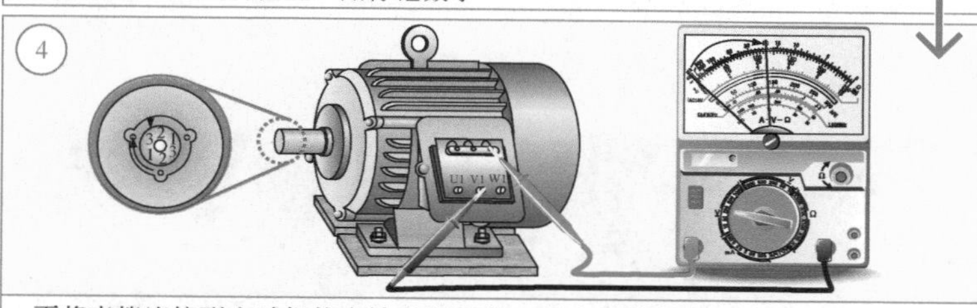
4
U1 V1 W1

再将表笔连接到电动机的中性点和V1端，用上述的方法标记数字“2”；将表笔连接电动机的中性点和W1端，重复上述的操作方法，并标记数字“3”。

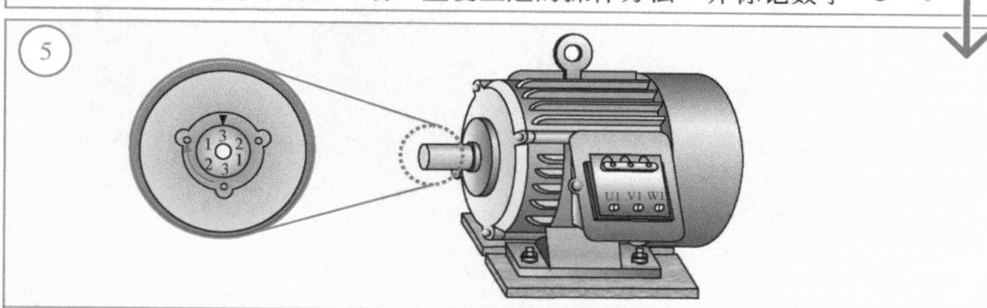
5
U1 V1 W1

轴伸端所做的标记“1、2、3”为逆时针顺序排列。电动机出线端U1、V1、W1分别与电源L1、L2、L3相线连接时，主轴旋转方向应为顺时针，反之则为逆时针。

图 4-25 电动机与电源线的连接

如图 4-25 所示，电源线和电动机绕组相序确定完成后，便可进行电源线与电动机绕组的连接了。连接时，应保证接线牢固。

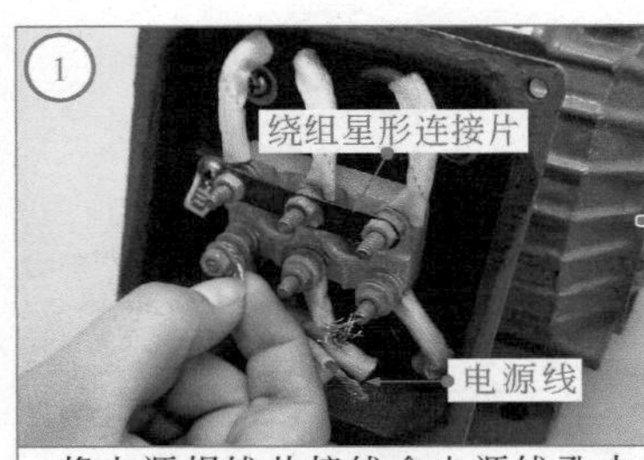

1
绕组星形连接片
电源线

将电源相线从接线盒电源线孔中穿出，拧松接线柱的螺钉，将电源相线L1连接到电动机接线柱U1端。

2
扳手

借助扳手，将电动机接线盒中电动机绕组接线端与电源线连接端子拧紧，确保安装牢固、可靠。

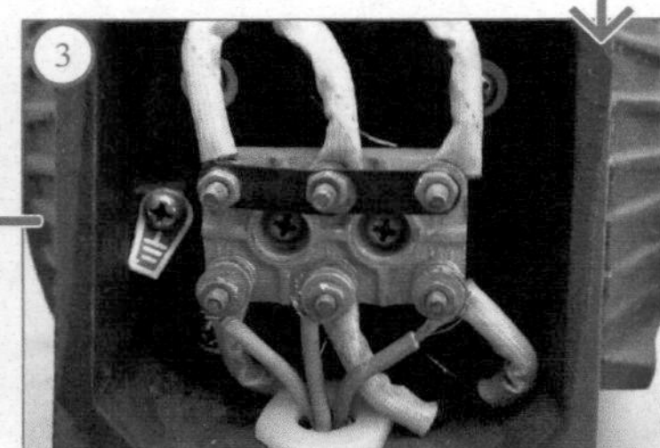

3

采用同样的方法，将电源相线L2、L3连接到电动机接线柱V1、W1端。

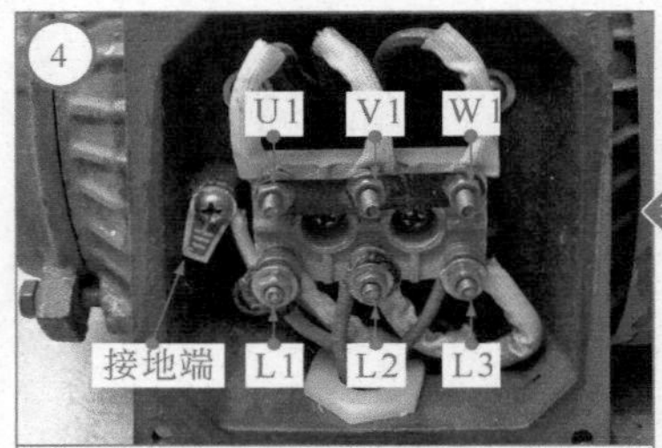

4
U1
V1
W1
接地端
L1
L2
L3

最后连接黄、绿接地线，注意在连接端子处，固定好接地标记牌。至此，电动机电气安装完成。

图 4-26 电气安装后的检查

如图 4-26 所示，在电动机电气安装完成后，往往还需要通电检查电动机的启动状态和旋转方向是否正常。

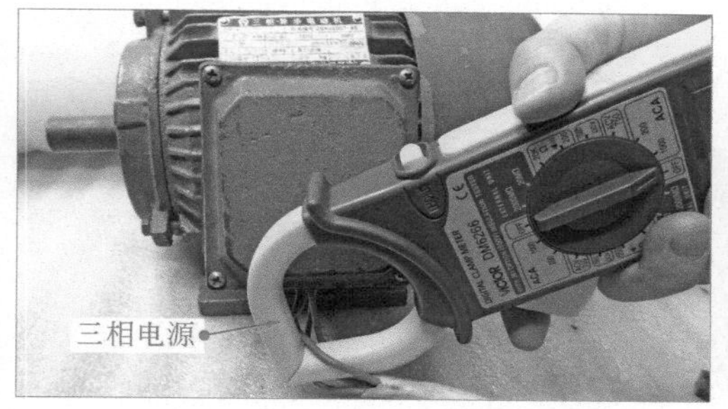
三相电源

电动机的电气安装完成后，需要通电检查启动和转向是否正常。按预先连接的电源线(Y形或△形)接通电源，用钳形电流表测量电源线的电流。通电后，查看电动机启动电流值和轴的旋转方向是否正常

第5章 电动机绕组的拆除与绕制

5.1 电动机绕组的拆除

5.1.1 记录电动机绕组的原始数据

拆除电动机绕组前及拆除过程中，应详细记录电动机有关的原始数据及标识，如铭牌数据、绕组数据和铁芯数据等，以作为选用电磁线、制作绕线模、重新绕制绕组和嵌线等操作的重要参考。

❶ 记录电动机铭牌数据

图 5-1 待拆电动机外壳上的铭牌标识及数据信息

如图 5-1 所示，电动机的铭牌上提供了电动机的基本电气参数和数据，如型号、额定功率、额定电压、电流、转速、绝缘等级、接法等。

电动机的铭牌
三相异步电动机
型号 Y
标准编号 ZBK22007-88
KW
A
50Hz
380V
SI
r/min
dB(A)
接法 △
IP44
B级绝缘
出品编号
kg
年 月

从电动机铭牌上可以看到，该电动机的型号为Y90S-2，磁极数为2，额定功率为1.5kW，额定频率为50Hz，额定电压为380V，额定电流为3.4A，额定转速为2840r/min，绝缘等级为B级，绕组接法为三角形连接

❷ 记录电动机绕组数据

拆除电动机定子绕组前，详细记录绕组的相关数据为接下来重新绕制绕组做好数据准备。

绕组主要数据包括：绕组的绕制形式，绕组伸出铁芯的长度，绕组两个有效边所跨的槽数（电动机的节距），绕组引出线的引出位置、槽号及定子铁芯槽号。另外，在绕组拆除后，还需要记录一个完整线圈的形式、测量线圈各部分尺寸、直径、绕组匝数（每槽线数）等。

（1）记录绕组的绕制形式　例如，三相电动机绕组绕制形式主要有单层链式、单层同心式、相单层交叉式、双层式叠绕式等几种。

图 5-2　待拆电动机绕组的绕制形式

如图 5-2 所示，根据绕组在电动机铁芯中的嵌线位置、槽数，结合铭牌标识的磁极数，记录绕组的绕制形式。

定子绕组

该电动机定子绕组槽数为18，根据铭牌得知其磁极数为2。根据绕组绕制的特点可知，其绕组形式为单层交叉链式

$2p$(定子绕组极数)=2；
Z_1(定子槽数)=18；
a(定子绕组并联支路数)=1；
y(节距)=7(1–8)，8(1–9)

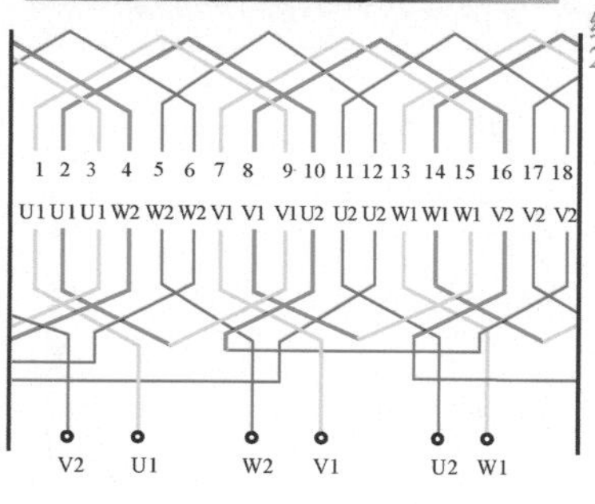
1 2 3 4 5 6 7 8 9 10 11 12 13 14 15 16 17 18
U1 U1 U1 W2 W2 W2 V1 V1 V1 U2 U2 U2 W1 W1 W1 V2 V2 V2
V2 U1 W2 V1 U2 W1

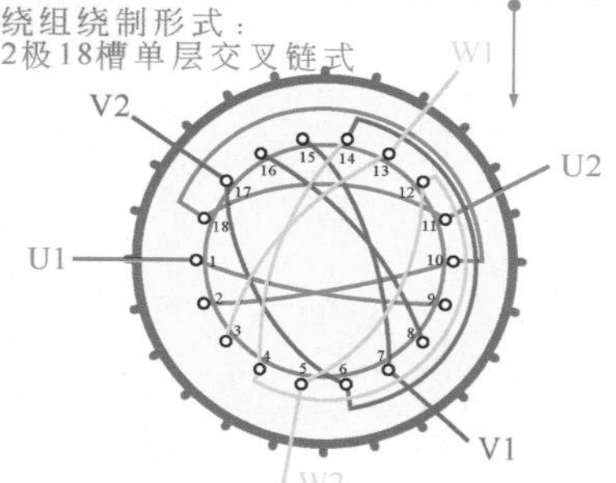
绕组绕制形式：
2极18槽单层交叉链式
W1
V2
U2
U1
V1
W2
1 2 3 4 5 6 7 8 9 10 11 12 13 14 15 16 17 18

（2）测量并记录定子绕组端部伸出铁芯的长度　在拆除绕组前，借助钢尺测量绕组端部伸出铁芯的长度，并记录，以备重绕时参考。

图 5-3　测量并记录定子绕组端部伸出铁芯的长度

如图 5-3 所示，绕组端部伸出铁芯的长度作为嵌线时的重要依据。

定子铁芯
定子绕组伸出电动机定子铁芯的部分
钢直尺
定子绕组
用钢直尺测量定子绕组伸出铁芯的长度，并记录实测数据的数值为39mm

（3）记录绕组两个有效边所跨的槽数　测量绕组两个有效边所跨的槽数，即电动机的节距。测量节距是为了能更准确地将绕组嵌入定子铁芯槽内。

图 5-4　电动机绕组节距示意图

图 5-4 为电动机绕组节距示意图。

同一组绕组的两个引出端

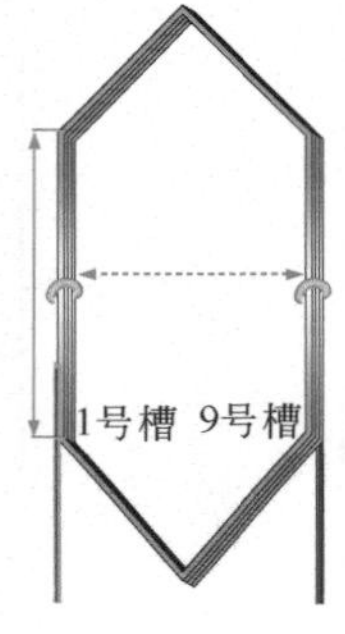
1号槽 9号槽

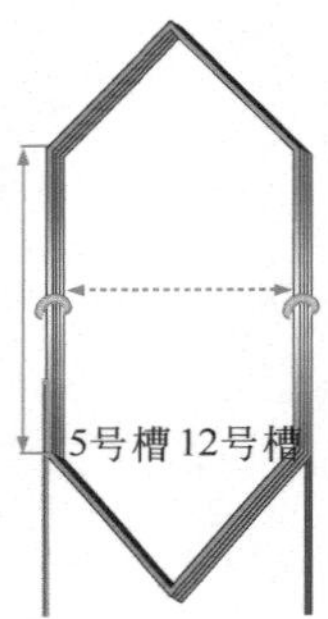
5号槽 12号槽

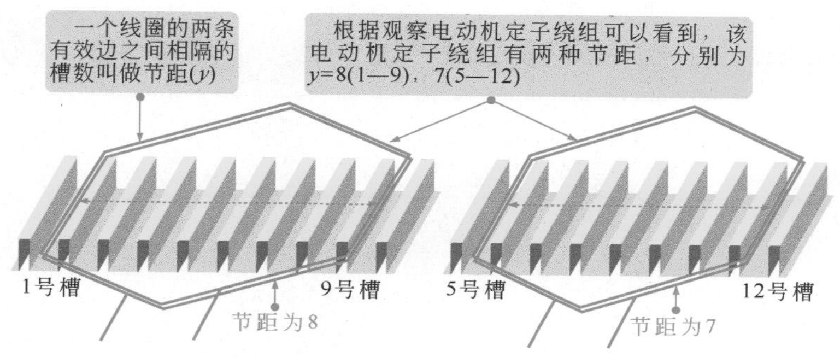
一个线圈的两条有效边之间相隔的槽数叫做节距(y)
根据观察电动机定子绕组可以看到，该电动机定子绕组有两种节距，分别为y=8(1—9)，7(5—12)
1号槽
9号槽
5号槽
12号槽
节距为8
节距为7

（4）绕组引出线的引出位置、槽号及定子铁芯槽号　为了在绕组嵌线时能正确将绕组嵌入铁芯槽内，在拆除绕组前，需标记出绕组引出线的槽号及定子铁芯槽号。

图 5-5　标记绕组引出线的引出位置、槽号及定子铁芯槽号

如图 5-5 所示，一般情况，槽号标记为顺时针次序，1 号槽为 U 相 U1 端引出线的位置，并按顺时针方向标记各引出线的引出位置，即电动机定子铁芯槽中引出线的引出槽。

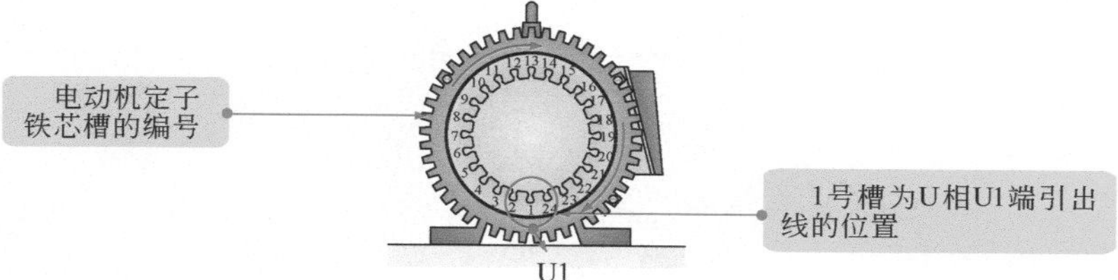
电动机定子铁芯槽的编号
1号槽为U相U1端引出线的位置
U1

（5）测量并记录绕组线圈的形式、尺寸　在拆除绕组时，应保留几个完整的绕组线圈，以作为制作绕线模或绕制新绕组的依据。

图 5-6 测量并记录绕组线圈的形式、尺寸

如图 5-6 所示，测量和记录一个完整线圈的形式、测量线圈各部分尺寸、线径等数据。

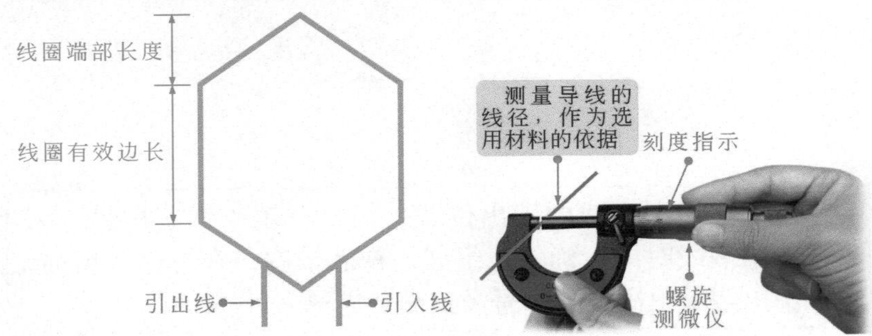
线圈端部长度
线圈有效边长
引出线
引入线
测量导线的线径，作为选用材料的依据
刻度指示
螺旋测微仪

（6）记录绕组的匝数和股数 在拆除绕组时，记录下每股绕组的线圈匝数以及整个定子绕组的股数，作为绕组重绕的重要参数。

图 5-7 记录每股绕组的线圈匝数以及整个定子绕组的股数

如图 5-7 所示，记录每股绕组的线圈匝数以及整个定子绕组的股数。

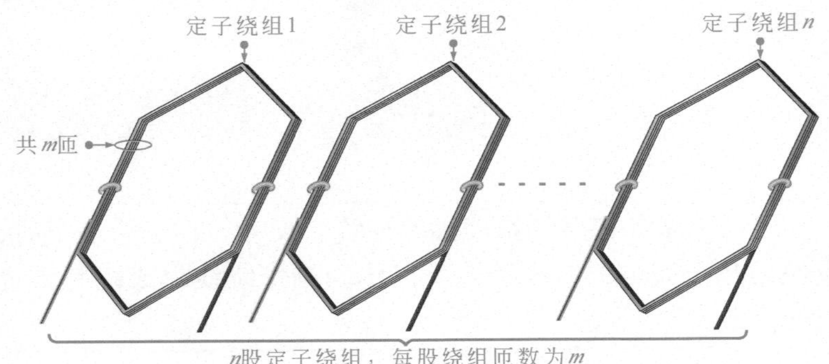
定子绕组1
定子绕组2
定子绕组*n*
共*m*匝
*n*股定子绕组，每股绕组匝数为*m*

如果在拆除电动机绕组时，由于工艺条件因素无法保留原有绕组的形状，则需要将绕组一端引出线全部切断后，再从另一侧抽出绕组，在这种情况下，大部分数据可以完成记录，如定子绕组的绕制形式、定子绕组端部伸出定子铁芯的长度、一组绕组所跨的槽数、绕组引出线的引出位置、槽号、绕组的股数、线径、每股绕组中线圈的匝数等。缺少的是一个完整线圈的尺寸，此时，可以用一根漆包线仿制成一圈线圈的形状，根据现有的数据，如一组绕组所跨的槽数、引出线的位置等在定子铁芯上绕制一圈线圈，作为参考。

3 记录电动机铁芯数据

图 5-8 记录电动机铁芯数据

如图 5-8 所示，定子铁芯的数据包括定子铁芯的内径、长度及槽的高度等，记录这些数据，为下一步拆除电动机绕组、嵌线等做好准备。

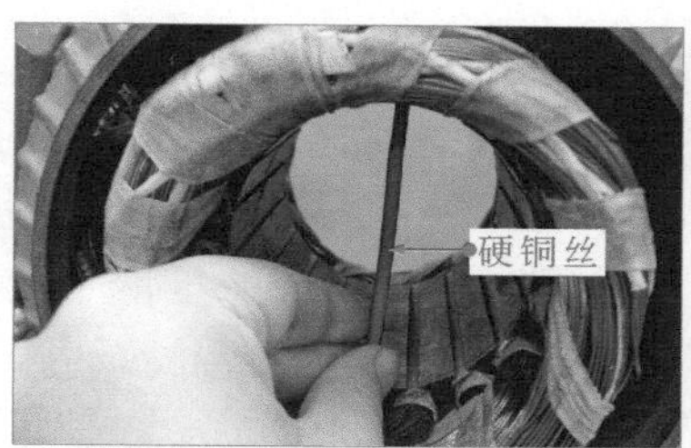
硬铜丝

制作铁芯内径标尺。用一根硬铜丝作为标尺放入定子铁芯中间，至铁芯内部最大直径处

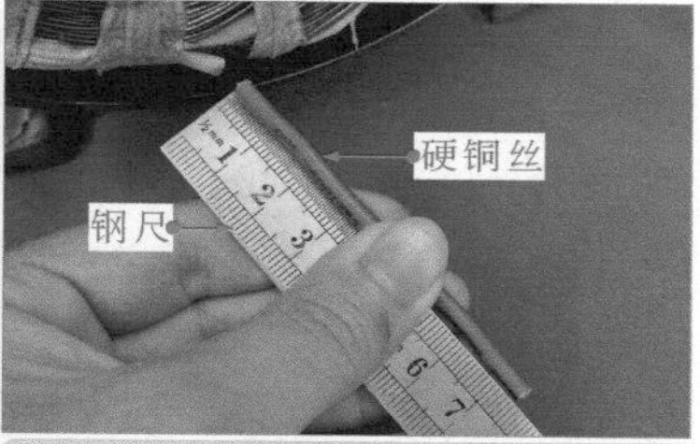
硬铜丝
钢尺

测量定子铁芯内径。用钢尺或测量尺精确测量制作的硬铜丝标尺，作为定子铁芯内径数据，实测直径为75mm

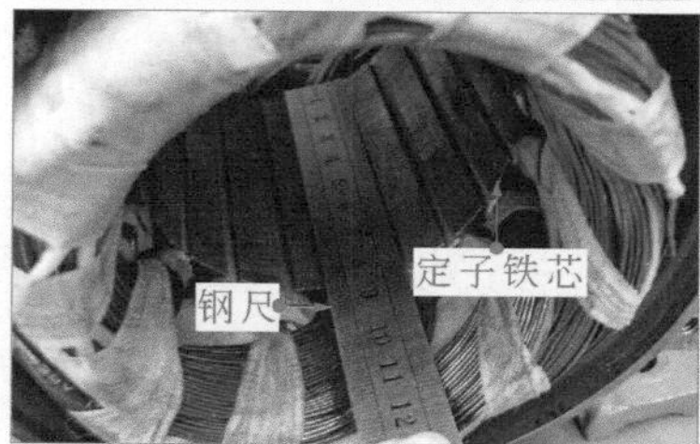
定子铁芯
钢尺

测量定子铁芯的长度，并记录(实测83mm)

定子铁芯槽

测量定子铁芯槽的高度，并记录(实测15mm)

图 5-9 电动机绕组的绕制数据

如图 5–9 所示，关于电动机绕组的绕制数据，除了上述基本的数据外，还应查询和记录绕组所采用导线的规格、对定子铁芯中所采用槽楔的尺寸、材料、形状等进行了解和记录。在一般情况下，可制作一张数据表格，将上述记录、测量、检查的数据仔细填写，以备查询。

记录项目	数据
绕组绕制形式	
绕组端部伸出长度	
节距	
绕组引出线位置	
绕组股数	
每股绕组线圈的匝数	
线圈展开的长度	
线圈各边的尺寸	

记录项目	数据
铁芯的内径	
铁芯的长度	
铁芯的槽数	
绕组引出线位置	
槽的高度	
槽楔的材料	
槽楔的尺寸和形状	
导线绝缘的性质	

5.1.2 电动机绕组的拆除方法

了解和记录好电动机绕组的相关参数含义及数据后，接下来便可动手拆除电动机绕组。目前电动机绕组常用的拆除方法主要有绝缘软化法和冷拆法。拆卸绕组后还必须进行清理，确保定子槽干净无任何脏污，为下一步嵌线做好准备。

❶ 绝缘软化法

电动机的绕组由于经过了浸漆、烘干等绝缘处理，坚硬而牢固，很不容易拆下。所以拆除绕组时，可先采取相应措施使绕组的绝缘漆软化，同时应尽量不使绕组损坏，保持圈状，以便必要时对照绕制。

常用的绕组绝缘软化的方法主要有热烘法、溶剂浸泡溶解法和通电加热法。

图 5-10　采用热烘法进行绕组的绝缘软化

如图 5-10 所示，热烘法是指使用工业热烘箱对定子绕组加热，待定子绕组的绝缘软化后，趁热拆除绕组。

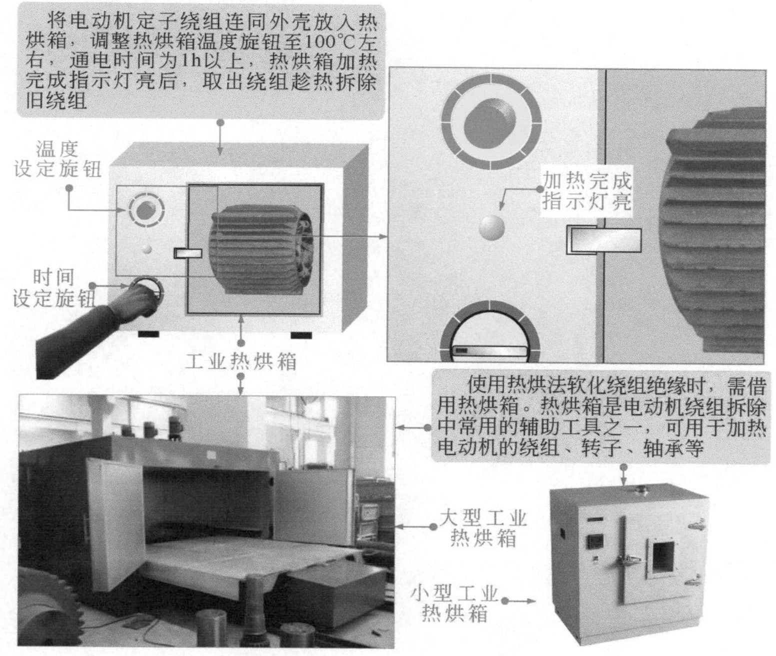
将电动机定子绕组连同外壳放入热烘箱，调整热烘箱温度旋钮至100℃左右，通电时间为1h以上，热烘箱加热完成指示灯亮后，取出绕组趁热拆除旧绕组
温度设定旋钮
时间设定旋钮
工业热烘箱
加热完成指示灯亮
使用热烘法软化绕组绝缘时，需借用热烘箱。热烘箱是电动机绕组拆除中常用的辅助工具之一，可用于加热电动机的绕组、转子、轴承等
大型工业热烘箱
小型工业热烘箱

图 5-11　采用溶剂浸泡溶解法进行绕组绝缘软化

如图 5-11 所示，溶剂浸泡溶解法是指将电动机定子置于放有浸泡溶液的浸泡箱中进行加热浸泡，使绕组的绝缘部分软化。

当电动机外壳等部分不与浸泡溶液发生化学反应时，可将定子绕组连同外壳整体浸入溶剂中浸泡

浸泡时，首先清洁电动机外壳，保证外壳无脏污、油渍等，然后将电动机定子放入盛有溶剂(氢氧化钠溶液)的浸泡箱中，加热浸泡2～3h，至绕组绝缘漆软化后取出

浸泡软化中的电动机定子绕组
具有内置电加热管的浸泡箱

当电动机外壳等部分可能会与浸泡溶液发生化学反应时，可采用局部浸泡法，即将溶剂用刷子仅刷在绕组上，外壳等部分不碰触溶剂

铝壳的电动机不能采用上述方法(铝与氢氧化钠溶液会发生化学反应)，可将溶剂用刷子刷在定子槽和端部后，置于封闭的容器中，经两小时绝缘软化后再拆除

刷子

刷子

图 5-12 浸泡溶解法所用溶剂

如图 5-12 所示，可用于溶解电动机绕组绝缘层的溶剂为浓度为 10% 烧碱（氢氧化钠）的水溶液，或由石蜡（5%）、甲苯（45%）、丙酮（50%）搅拌好后的溶剂。

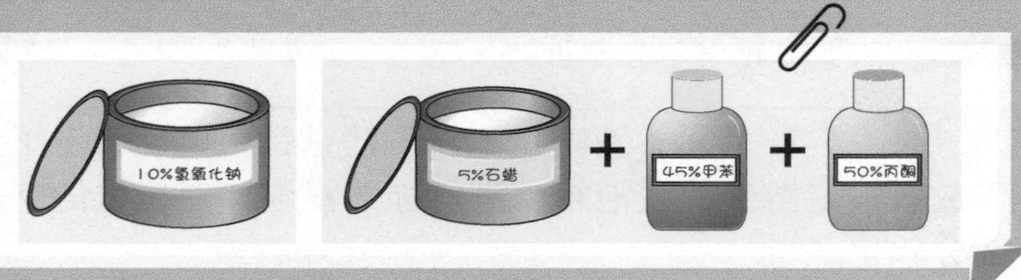

10%氢氧化钠
5%石蜡
+
45%甲苯
+
50%丙酮

图 5-13　采用通电加热法进行绕组绝缘软化

如图 5-13 所示，通电加热法是指采用通电加热的方法软化电动机的绕组。此方法耗费电能较多，但对空气的污染较小，对铁芯性能的损伤也较小。

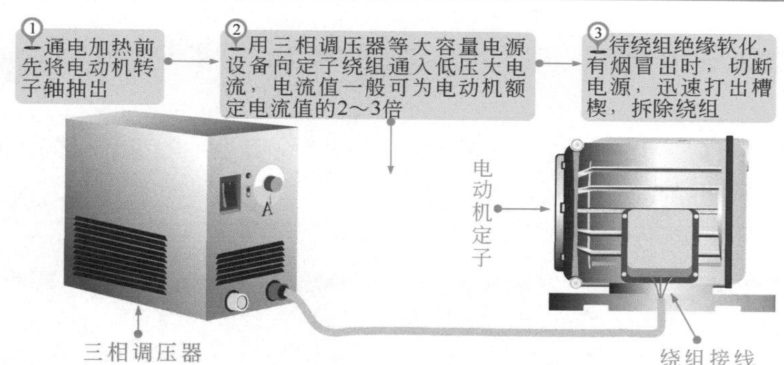

①通电加热前先将电动机转子轴抽出
②用三相调压器等大容量电源设备向定子绕组通入低压大电流，电流值一般可为电动机额定电流值的2～3倍
③待绕组绝缘软化，有烟冒出时，切断电源，迅速打出槽楔，拆除绕组
A
电动机定子
三相调压器
绕组接线

图 5-14　通电加热时绕组与电源的接线

如图 5–14 所示，通电加热绕组时，可采用三相交流电加热、单相交流电加热、直流电源加热的方法。若绕组中有断路或短路的线圈，则此方法可能会出现局部不能加热的情况，这时可采用其他方法再进一步加热。

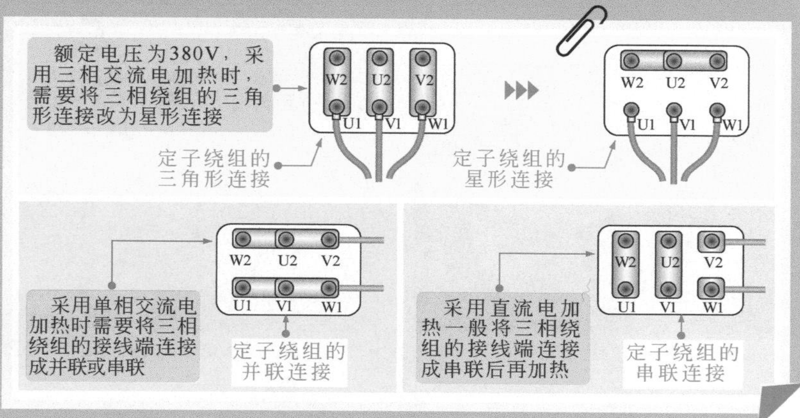

额定电压为380V，采用三相交流电加热时，需要将三相绕组的三角形连接改为星形连接
W2 U2 V2
U1 V1 W1
定子绕组的三角形连接
W2 U2 V2
U1 V1 W1
定子绕组的星形连接
采用单相交流电加热时需要将三相绕组的接线端连接成并联或串联
W2 U2 V2
U1 V1 W1
定子绕组的并联连接
采用直流电加热一般将三相绕组的接线端连接成串联后再加热
W2 U2 V2
U1 V1 W1
定子绕组的串联连接

在实际应用中，除了上述几种绝缘软化的方法外，还有火烧法。火烧法是指将电动机定子直接架在支架上，在下面和定子中放适量的木材，点燃木材，用火加热。绕组被引燃后，撤出部分或全部木材，待绕组的火焰熄灭并自然冷却后再拆除导线，但由于这种方法会造成一定的空气污染，还会破坏铁芯的绝缘性能，使电磁性能下降，因此目前该方法已基本不再使用。

图 5-15 拆除电动机绕组

如图 5-15 所示，当完成绕组的绝缘软化后，接下来就可以动手拆除绕组了。

1
槽楔
尖嘴钳

使用尖嘴钳将定子铁芯中的槽楔拔出。

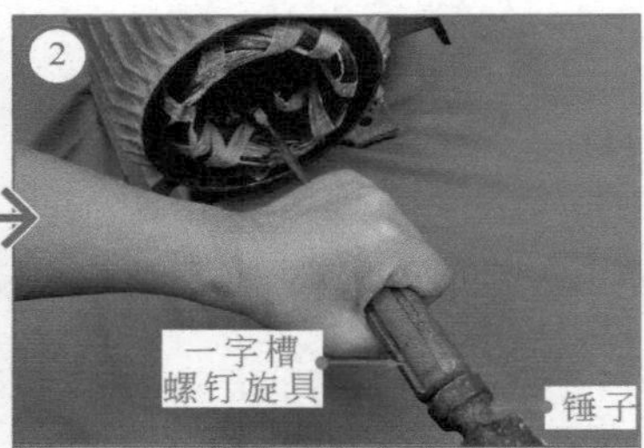
2
一字槽
螺钉旋具
锤子

可用一字螺丝刀顶住，用锤子轻轻敲打，抽出槽楔。

在拆除操作中，由于前一步已经将绕组进行了绝缘软化，因此拆除操作比较简单。这种操作方法能够尽量保持绕组的圈状，对重新绕制绕组很有参考价值

3

将定子绕组周围的绝缘材料去除干净。

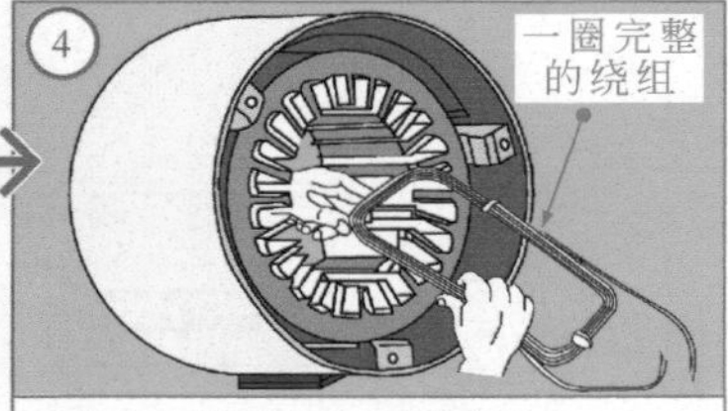
4
一圈完整
的绕组

将定子绕组从定子槽中取出。

2 冷拆法

图 5-16　采用冷拆法拆除电动机绕组

如图 5-16 所示，冷拆法是指直接拆除绕组的方法。当电动机绕组损坏严重或由于条件限制无法软化绕组绝缘时可直接切除绕组端面引线来拆除绕组。

1
尖嘴钳

用尖嘴钳撬开电动机绕组端部线圈，使其出现缝隙。

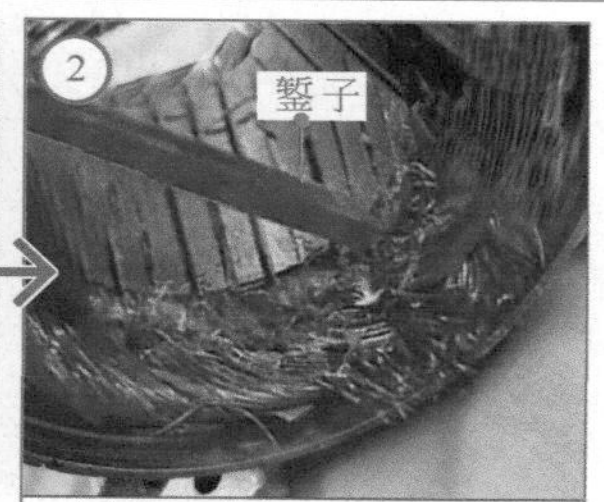
2
錾子

用錾子等工具并齐槽口直接切除绕组一侧的端部。

3

从定子槽中逐一抽出绕组。

4
定子铁芯上
的残留物

抽出绕组后剩余的定子铁芯部分。

电动机绕组拆除方法比较：

◆ 电烘箱绝缘软化法可能因高温加热在一定程度上损坏铁芯的绝缘，进而影响铁芯的电磁性能。因此，操作时应仔细确认加热温度，把控好加热时间。

◆ 溶剂浸泡溶解法费用较高，一般适用于微型电动机绕组的拆除。

◆ 通电加热法适用于功率较大的电动机，其温度容易控制，但要求必须有足够大容量的电源设备。

◆ 冷拆法比较费力，但可以保护铁芯的电磁性能不受破坏。采用该法拆除绕组时应注意均匀用力，不可暴力拆卸，以免损坏槽口或使铁芯变形。

③ 拆后清理

电动机定子绕组拆除完成后，定子槽内会残留大量的灰尘、杂物等，因此在拆除绕组后需要对定子槽进行清理。

图 5-17 电动机定子槽的清理方法

图 5-17 为电动机定子槽的清理方法。

清理定子铁芯槽是电动机绕组嵌线前的必备程序，若忽略该步骤或清洁不彻底，则可能对下一步的嵌线操作造成影响。如槽内有杂物，绕组将不能完全嵌入槽中；定子槽有锈蚀等将直接影响电动机的性能，严重时将导致电动机无法工作，因此，应按照操作规程和步骤认真清理，并修复有损伤的部位

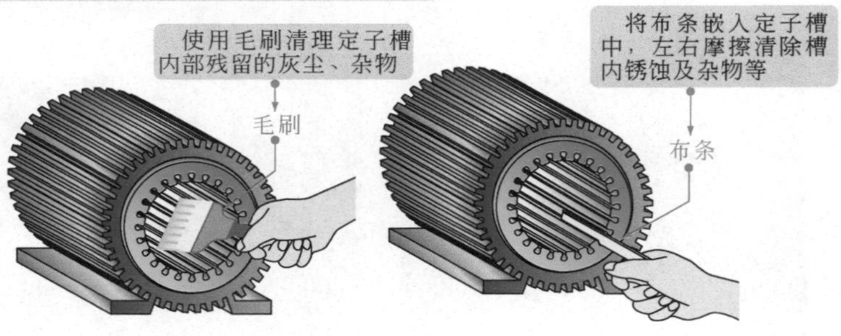
使用毛刷清理定子槽内部残留的灰尘、杂物
毛刷
将布条嵌入定子槽中，左右摩擦清除槽内锈蚀及杂物等
布条

5.2 电动机绕组的绕制

5.2.1 电动机绕组的几种绕制形式

电动机绕组的绕制方式是指电动机绕组在电动机铁芯中的一种嵌线形式。常见的电动机定子绕组主要有两种绕制方式，即单层绕组绕制和双层绕组绕制。

❶ 单层绕组绕制方式

图 5-18　单层绕组绕制方式示意图

如图 5-18 所示，单层绕组是指电动机定子铁芯的每个槽内都仅嵌入一条绕组边的绕制方式。

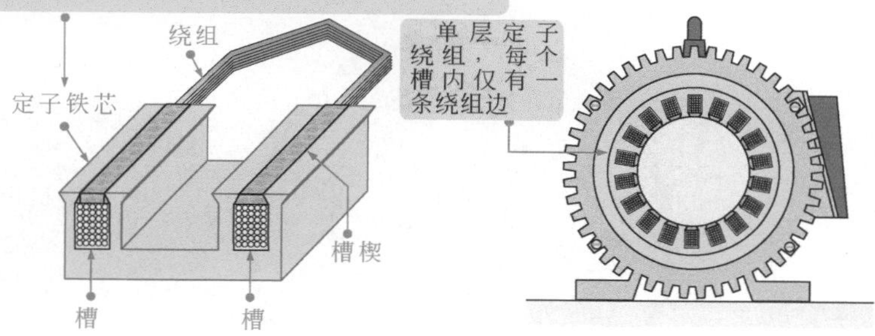
在单层绕组绕制方式中，绕组数等于电动机定子铁芯槽数的一半；定子铁芯槽内无需层间绝缘，不存在相间短路情况，且因绕组数较少，嵌线方便，工艺较简单。
目前，10kW 以下的小型三相异步电动机多采用这种绕制方式
绕组
定子铁芯
槽楔
槽
槽
单层定子绕组，每个槽内仅有一条绕组边

单层绕组按照线圈的形状、尺寸及引出端的排列方法不同，又可分为单层链式绕组、单层同心式绕组和单层交叉链式绕组几种。

图 5-19　单层链式绕组接线图

如图 5-19 所示，单层链式绕组是指由相同节距的线圈，一环套一环构成的类似长链的绕组形式。该方式中，由于线圈节距相同，即绕组各线圈的宽度相同，所跨定子铁芯槽数相同。

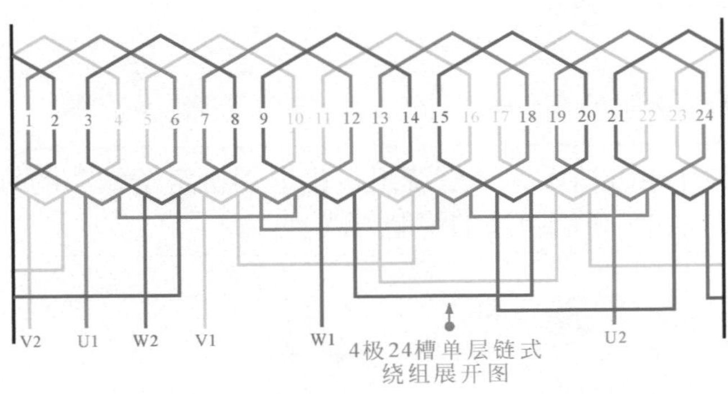
1 2 3 4 5 6 7 8 9 10 11 12 13 14 15 16 17 18 19 20 21 22 23 24
V2 U1 W2 V1 W1 U2
4极24槽单层链式
绕组展开图

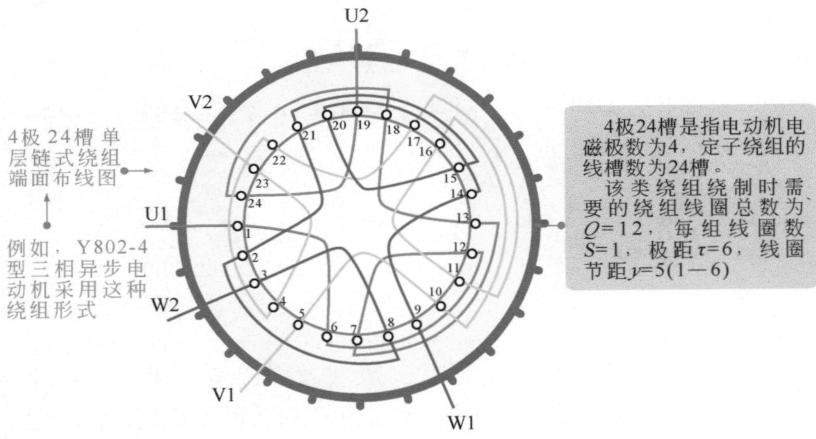
U2
V2
U1
W2
V1
W1
4极24槽单层链式绕组端面布线图
例如，Y802-4型三相异步电动机采用这种绕组形式
4极24槽是指电动机电磁极数为4，定子绕组的线槽数为24槽。
该类绕组绕制时需要的绕组线圈总数为Q=12，每组线圈数S=1，极距τ=6，线圈节距y=5(1—6)

图 5-20 单层同心式绕组接线图

如图 5-20 所示，单层同心式绕组是指由几个宽度不同的线圈套在一起串联而成，由于线圈有大小之分，且小线圈总是套在大线圈里边，大小线圈同心，因此成为同心绕组。主要应用于 2 极小型电动机中。

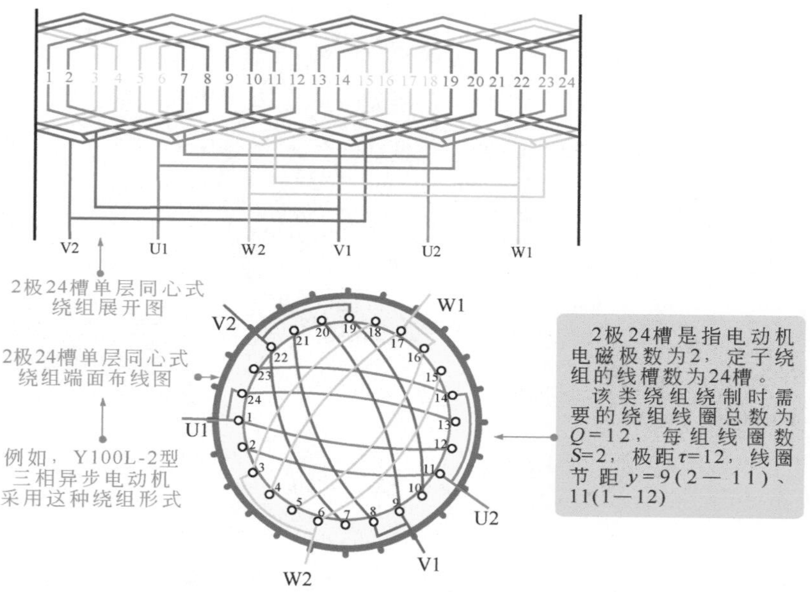
1 2 3 4 5 6 7 8 9 10 11 12 13 14 15 16 17 18 19 20 21 22 23 24
V2
U1
W2
V1
U2
W1
2极24槽单层同心式绕组展开图
2极24槽单层同心式绕组端面布线图
例如，Y100L-2型三相异步电动机采用这种绕组形式
2极24槽是指电动机电磁极数为2，定子绕组的线槽数为24槽。
该类绕组绕制时需要的绕组线圈总数为Q=12，每组线圈数S=2，极距τ=12，线圈节距y=9(2—11)、11(1—12)

图 5-21 单层交叉链式绕组接线图

如图 5-21 所示，单层交叉链式绕组与上述两种绕制的绕制方法不同，主要是用于每极每相槽数 q 为奇数，磁极数为 4 或 2 的三相异步电动机的定子绕组中。

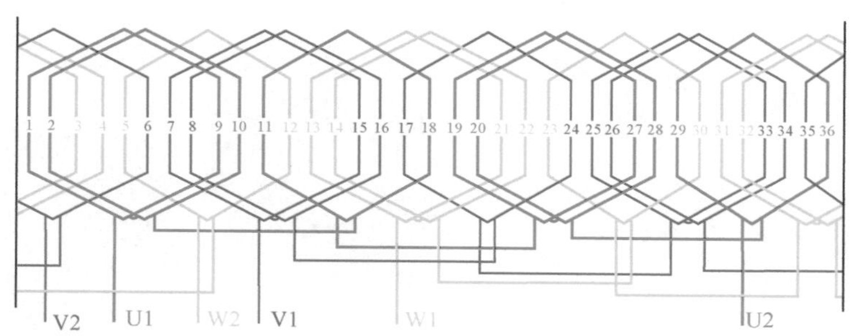
1 2 3 4 5 6 7 8 9 10 11 12 13 14 15 16 17 18 19 20 21 22 23 24 25 26 27 28 29 30 31 32 33 34 35 36
V2
U1
W2
V1
W1
U2

4极36槽单层交叉链式绕组展开图

4极36槽单层交叉链式绕组端面布线图

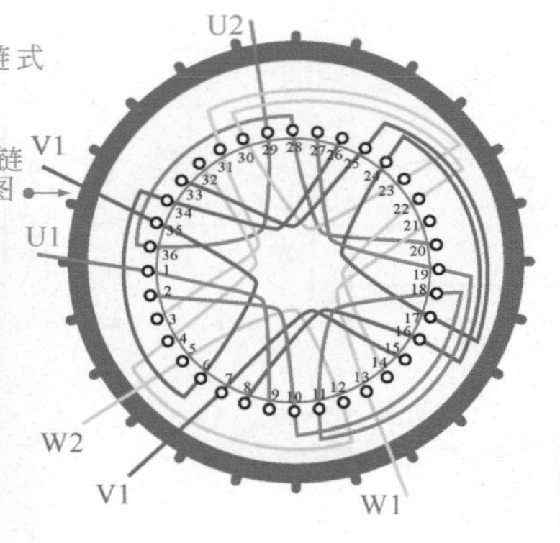
U2
V1
U1
W2
V1
W1

4极36槽是指电动机电磁极数为4，定子绕组的线槽数为36槽。

该绕组绕制时需要的绕组线圈总数为Q=18，每组线圈数S=1.5，极距τ=9，每极每相槽数q=3，线圈节距y=7(5—12)、8(1—9)，并联支路数a=1

交叉链式绕组主要有18槽2极、18槽4极、36槽4极等

2 双层绕组绕制方式

图 5-22 双层绕组绕制方式示意图

如图 5-22 所示，双层绕组是指电动机定子铁芯的每个槽内都有上、下两层绕组边。

在双层绕组绕制方式中，绕组股数等于电动机定子铁芯的槽数，每个槽内分上下两层绕组，要求槽内上层边与下层边之间进行绝缘处理，因此嵌线工艺比较复杂。

目前，10kW以上的大中型电动机多采用双层绕组形式

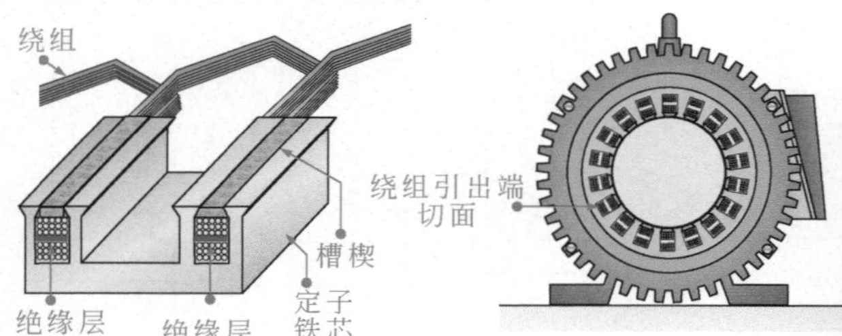
绕组
槽楔
绝缘层
绝缘层
定子
铁芯
绕组引出端
切面

在双层绕组绕制方式中，每个线圈的尺寸相同，节距y相等，若绕组的一条边在线槽的上层，则另一条边放在相隔节距y线槽的下层

图 5-23 双层叠绕式绕组接线图

图 5-23 为典型 4 极 18 槽双层叠绕式绕组接线图。

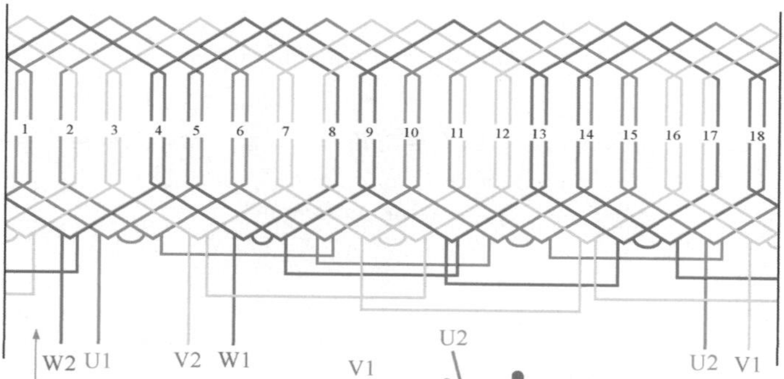

W2 U1 V2 W1 U2 V1

4极18槽双层叠绕式绕组展开图

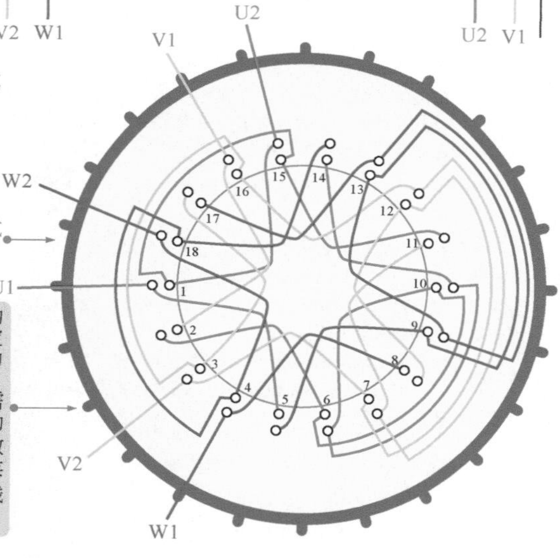

U2 V1 W2 U1 V2 W1

4极18槽双层叠绕式绕组端面布线图

4极18槽是指电动机电磁极数为4，定子绕组的线槽数为18。

该绕组绕制时，需要的绕组线圈总数为Q=18，每组线圈数S=1.5，极距τ=4.5，每极每相槽数q=1.5，线圈节距y=4(1—5)

图 5-24 转子绕组的嵌线形式

如图 5-24 所示，有些电动机转子上也设有绕组，该类转子称为绕线转子。绕线转子绕组的绕制方式主要有叠绕组绕制和波绕组绕制。在电动机维修过程中，以电动机定子绕组损坏的情况较为常见，因此，本章中主要介绍电动机定子绕组。

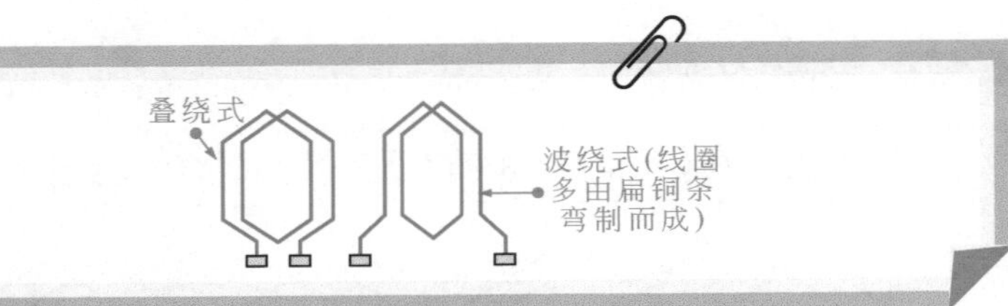
叠绕式
波绕式(线圈
多由扁铜条
弯制而成)

电动机绕组作为电动机的主要电路部分，涉及很多关键电气参数，见表 5–1 所列

表5–1　电动机绕组电气参数

电气参数	参数介绍
绕组	电动机绕组一般是由多个线圈或多个线圈组按一定的规律连接而成的。线圈是采用浸有绝缘层的导线（漆包线）按一定形状、尺寸在线模上绕制而成的，可由一匝或多匝组成
线圈匝数	电磁线在绕线模中绕过一圈称为一匝。如果采用单根导线绕制线圈，其线圈的总匝数就是线圈的总根数。对于容量较大的电动机可采用多根导线并行绕制的方式，此时线圈的匝数应该是槽内线圈的总根数除以并行绕制导线的根数，即 $$线圈匝数=\frac{线圈总根数}{并行导线根数}$$
槽数和磁极数	槽数是指电动机定子铁芯上线槽的总数，通常用字母Z表示，如我国的Y90L4型三相异步电动机共有24个线槽，则定子槽数 Z=24 。 极数是每相绕组通电后所产生的磁极数，由于电动机的极数总是成对出现的，所以电动机的磁极个数就是$2p$。 对于异步电动机的磁极数通常可从电动机的铭牌上得知，如Y90L4型三相异步电动机中，“4”则表示其磁极数。若无法从铭牌中得知，则可根据电动机转速来计算磁极数，计算公式为 $$p=60f/n_1$$ 式中，p 为磁极对数；f 为电源频率；n_1为同步转速（若用电动机的转速n代替n_1，则所得结果应取整数）
极距	两个相邻磁极轴线之间的距离称为极距，用字母 τ 表示，单位为（槽/极）。极距的大小可用铁芯上的线槽数表示，若定子铁芯的总槽数为Z，磁极数为$2p$的电动机，则极距为 $\tau=Z/2p$。 例如，某电动机定子铁芯的总槽数为24，磁极数为2，则极距τ =24/2=12。 此外，极距还可用长度表示，若D_1为定子铁芯的内径，单位为mm，则极距为$\tau=\pi D_1/2p$

续表

节距	一个线圈的两条有效边之间相隔的槽数叫做节距，通常用字母y表示。例如，某一线圈的一个有效边在铁芯槽5中，另一有效边在铁芯槽12中，则线圈的节距y=7。 为获得较好的电气性能，节距y应尽量接近于极距 τ 。同类型号、不同电动机绕组，其节距的选取也不同。一般当$y=\tau$ 时，叫做整节距，这种绕组称为整距绕组；当$y<\tau$ 时，叫做短节距，这种绕组称为短距绕组；当$y>\tau$ 时，叫做长节距，这种绕组称为长距绕组。在实际应用中，用的是整距绕组和短距绕组
极相数	每一组绕组在一个磁极下所具有的线圈组叫做极相数，也称为线圈组。一个线圈组中的线圈可以是一个或多个线圈串联构成的。在三相电动机中，绕组的极相数为$2mp$，p为磁极对数。例如，在2极式电动机中，p=1，4极式电动机中，p=2；m为电动机相数，在三相电动机中，m=3
每极每相槽数	在三相电动机中，每个磁极所占槽数需均等地分给三相绕组，每一个磁极下所占的铁芯槽数称为每极每相槽数，用字母q表示。 对于双层绕组，线圈数目等于槽数，因此每极每相槽数q就是一个极相组内所串联的线圈数目，即 $$q=Z/2pm=\tau/m$$ 式中，τ 为极距；m为电动机相数，在三相电动机中，m=3。 例如，某三相异步电动机，定子铁芯总槽数为30，磁极数为2极，则极距 τ 为15，m=3，由此计算可知，该电动机每极每相槽数q=15/3=5
电角度	电动机圆周在几何上对应的角度为360°，这个角度称为机械角度。从电磁角度来看，若磁场空间按正弦波分布，则经过N、S一对磁极恰好是正弦曲线上的一个周期。如有导体去切割这个磁场，则经过N、S，导体中所感应的正弦电势的变化亦为一个周期，变化即经360°电角度，一对磁极占有的空间是360°电角度
槽距角	槽距角是指相邻两槽之间的电角度，用字母α表示。定子槽在定子内圆上均匀分布，若Z为定子槽数，p为极对数，则槽距角为 $\alpha=(p\times360°)/Z$ 。 在三相异步电动机中，U、V、W三相绕组的电角度为120°，若能够计算出槽距角α，便能够计算出每相绕组相隔的槽数。例如，在4极36槽的三相电动机中，根据计算公式可知槽距角$\alpha=(2\times360°)/36=20°$，V1、U1相差120°电角度，则V1与IU应相隔120°/20°=6 槽。若Vl一边在3号槽，则U1一边应在9号槽。此计算对电动机绕组重新绕制的嵌线操作十分有帮助
相带	相带是指一个极相组线圈所占的范围，在三相绕组中，每个极距内分为U、V、W三相，每个极距为180°电角度，故每个相带为60°

5.2.2 计算电动机绕组的绕制数据

电动机绕组有多种绕制方式，采用不同绕制方式的绕组计算绕组数据，是电动机维修人员必须掌握的理论技能。

1 单层链式绕组的计算

单层链式绕组是由相同节距的线圈组成。采用这种绕制方式的电动机型号有国产 JO2-21-4、JO2-22-4、Y90L-4、Y802-4、Y90S-4（4 极 24 槽）; Y90S-6、Y90L-6、Y132S-6、U132M-6、Y160M-6（6极36槽）；Y132S-8、Y132M-8、Y160M1-8、Y160M2-8、Y160L-8（8极48槽）等。

图 5-25 单层链式绕组的计算

如图 5-25 所示，以 Y160M-6 型三相异步电动机为例进行举例讲解，该电动机为 6 极 36 槽的单层链式绕组。

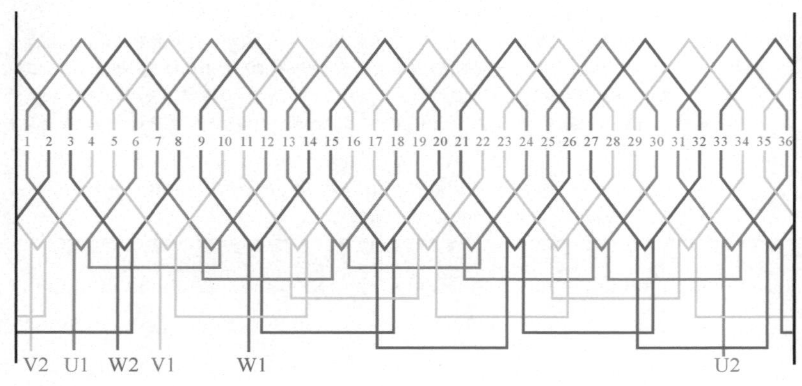
1 2 3 4 5 6 7 8 9 10 11 12 13 14 15 16 17 18 19 20 21 22 23 24 25 26 27 28 29 30 31 32 33 34 35 36
V2 U1 W2 V1 W1 U2

极距：$\tau=\dfrac{Z}{2p}=\dfrac{36}{2\times3}=6$

极相数：$2pm=2\times3\times3=18$

每极每相槽数：$q=\dfrac{Z}{2pm}=\dfrac{\tau}{m}=2$

槽距角：$\alpha=\dfrac{p\times360°}{Z}=\dfrac{3\times360°}{36}=30°$

线圈总数：Q=18；
每极每相槽数：q=2；
线圈节距：y=5（1—6）；
极距：τ=6；
并联支路数：a=2

❷ 单层同心式绕组的计算

单层同心式绕组中，线圈的节距不相等。采用这种绕制方式的电动机型号有 Y100L-2、JO2-12-2、JO2-31-2（2 极 24 槽）；Y112M-2、Y132S1-2、Y132S2-2、Y160M2-2（2 极 30 槽）等。

图 5-26　单层同心式绕组的计算

如图 5-26 所示，以 Y132S1-2 型三相异步电动机为例进行举例讲解，该电动机为 2 极 30 槽的单层同心式绕组。

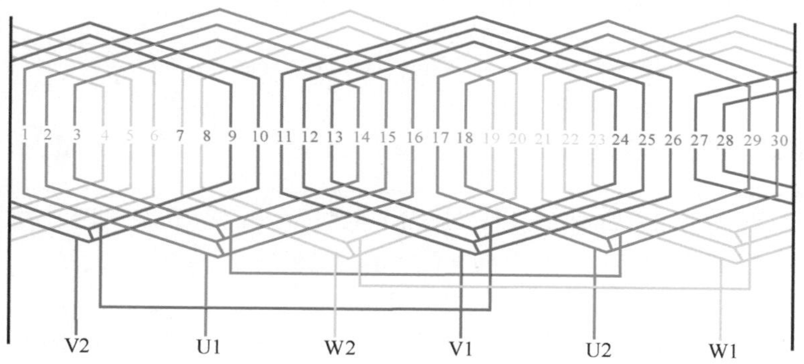
1 2 3 4 5 6 7 8 9 10 11 12 13 14 15 16 17 18 19 20 21 22 23 24 25 26 27 28 29 30
V2
U1
W2
V1
U2
W1

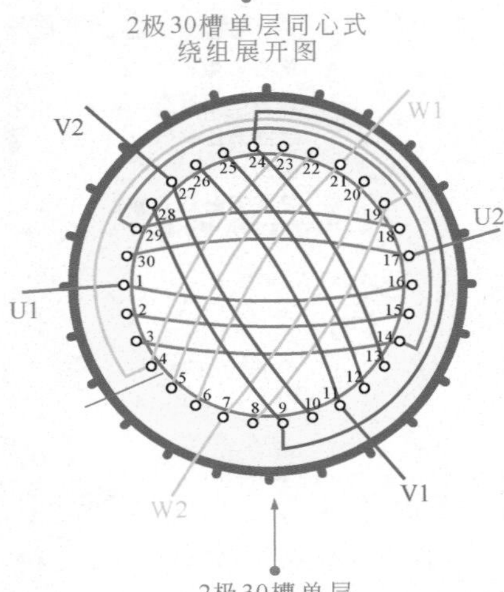
2极30槽单层同心式
绕组展开图
V2
W1
U2
U1
V1
W2
2极30槽单层
同心式绕组端面
布线图

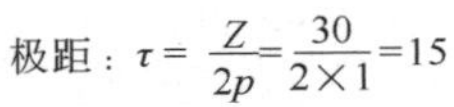

极距：$\tau=\dfrac{Z}{2p}=\dfrac{30}{2\times1}=15$

极相数 $=2pm=2\times1\times3=6$

每极每相槽数：$q=\dfrac{Z}{2pm}=\dfrac{15}{3}=5$

槽距角：$\alpha=\dfrac{p\times360^\circ}{Z}=\dfrac{1\times360^\circ}{30}=12^\circ$

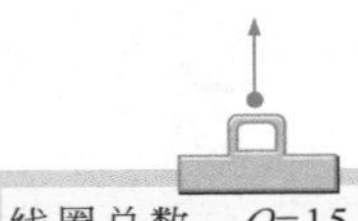

线圈总数：Q=15；
每极每相槽数：q=5；
线圈节距：y=11(3—14)，13(2—15)，15(1—16)；
极距：τ=15；
并联支路数：a=1

❸ 单层交叉链式绕组的计算

采用单层交叉链式绕组的三相异步电动机型号主要有Y801-2、Y802-2、Y90S、Y90L-2Y（2 极 18 槽）; Y100L1-4、Y100-4、Y112M-4、Y132S-4、Y132M-4、Y160L-4、JO2-31-4、JO2-32-4（4 极 36 槽）等。

图 5-27 单层交叉链式绕组的计算

如图 5-27 所示，以 Y132M-4 型三相异步电动机为例进行举例讲解，该电动机为 4 极 36 槽的单层交叉链式绕组。

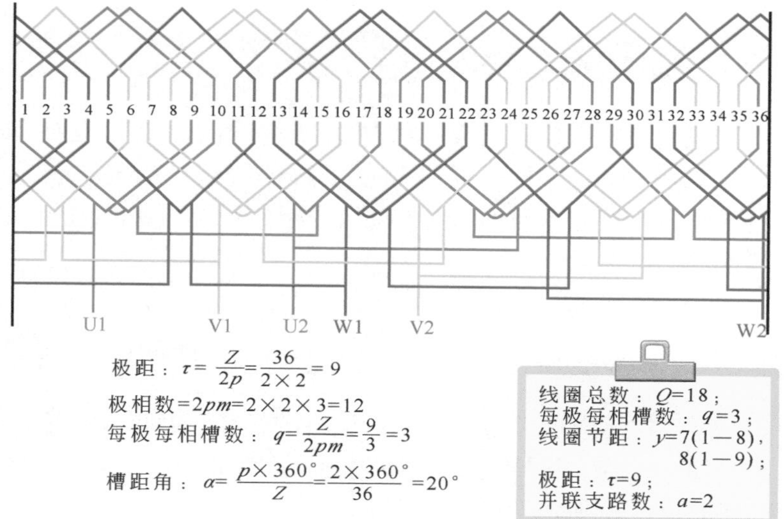
1 2 3 4 5 6 7 8 9 10 11 12 13 14 15 16 17 18 19 20 21 22 23 24 25 26 27 28 29 30 31 32 33 34 35 36
U1
V1
U2
W1
V2
W2
极距：$\tau=\frac{Z}{2p}=\frac{36}{2\times2}=9$
极相数$=2pm=2\times2\times3=12$
每极每相槽数：$q=\frac{Z}{2pm}=\frac{9}{3}=3$
槽距角：$\alpha=\frac{p\times360^\circ}{Z}=\frac{2\times360^\circ}{36}=20^\circ$
线圈总数：$Q=18$；
每极每相槽数：$q=3$；
线圈节距：$y=7(1—8)$，$8(1—9)$；
极距：$\tau=9$；
并联支路数：$a=2$

④ 双层叠绕组的计算

采用双层叠绕组的电动机型号主要有Y200L1-2、Y200L2-2、Y225M-2、Y250M-2（2极36槽），Y180M-4、Y180L-4（4极48槽）、Y180L-6、Y200L2-6、Y225M-6（6极54槽），Y180L-8、Y200L-8、Y225S-8、Y225M-8（8极54槽）等。

图 5-28　双层叠绕组的计算

如图5-28所示（见二维码），以Y180L-4型三相异步电动机为例进行举例讲解，该电动机为4极48槽的双层叠绕组。

极距：$\tau=\frac{Z}{2p}=\frac{48}{2\times2}=12$

极相数$=2pm=2\times2\times3=12$

每极每相槽数：$q=\frac{Z}{2pm}=\frac{\tau}{m}=\frac{12}{3}=4$

槽距角：$\alpha=\frac{p\times360^\circ}{Z}=\frac{2\times360^\circ}{48}=15^\circ$

节距：$y=\frac{5}{6}\tau=\frac{5}{6}\times12=10$

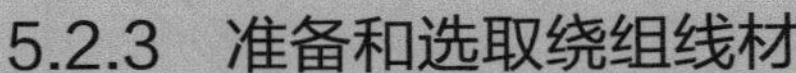

5.2.3 准备和选取绕组线材

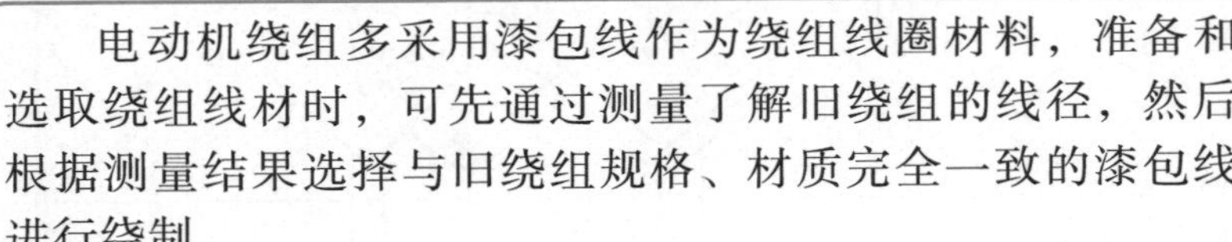

电动机绕组多采用漆包线作为绕组线圈材料，准备和选取绕组线材时，可先通过测量了解旧绕组的线径，然后根据测量结果选择与旧绕组规格、材质完全一致的漆包线进行绕制。

图 5-29 准备和选取绕组线材

如图 5-29 所示，测量所拆下绕组的线径，并以此数据作为选材的依据选择同线径的铜漆包线（选取 0.85 ～ 1mm 规格的电动机绕组用铜漆包线作为绕制的线材）。

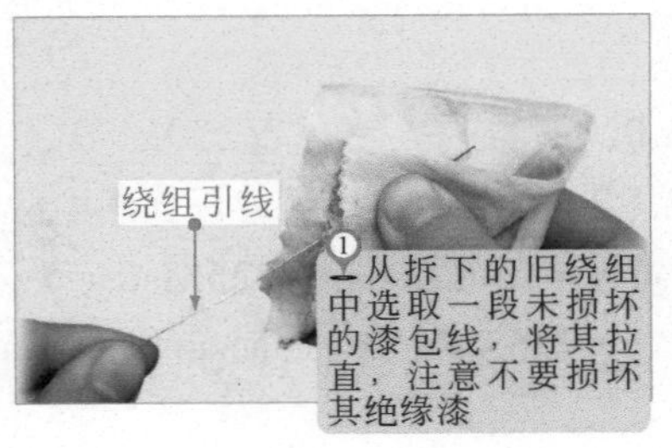
绕组引线
①从拆下的旧绕组中选取一段未损坏的漆包线，将其拉直，注意不要损坏其绝缘漆

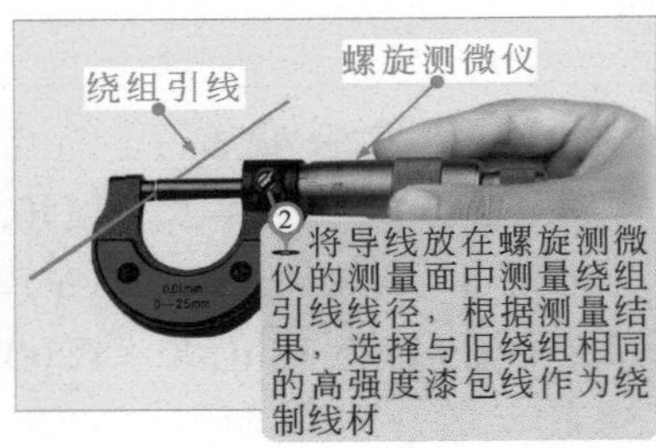
绕组引线
螺旋测微仪
②将导线放在螺旋测微仪的测量面中测量绕组引线线径，根据测量结果，选择与旧绕组相同的高强度漆包线作为绕制线材

5.2.4 准备绕制工具

图 5-30 准备绕制工具

如图 5-30 所示，电动机绕组的绕制，需要使用特定的绕线工具进行绕制。一般常见的绕线工具主要有自制的绕线模具和绕线机等。

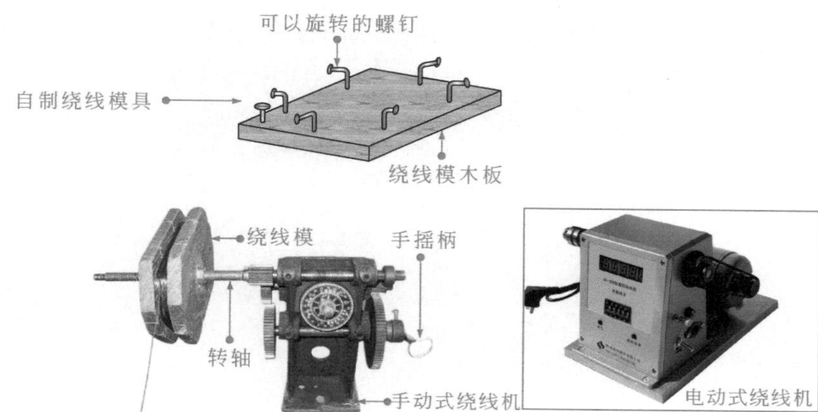
可以旋转的螺钉
自制绕线模具
绕线模木板
绕线模
手摇柄
转轴
手动式绕线机
电动式绕线机

绕线机需要配合尺寸符合要求的绕线模才能绕制绕组，常见的绕线模主要有椭圆形绕线模和菱形绕线模。

线圈的大小直接决定了嵌线的质量和电动机的性能。一般绕制的绕组尺寸过大，则不仅浪费材料，还会使绕组端部过大顶住端盖，影响绝缘，且会导致绕组电阻增大，铜损耗增加，影响电动机运行性能；尺寸过小，将绕组嵌入定子铁芯槽内会比较困难，甚至不能嵌入槽内，因此正确、合理确定绕线模的尺寸十分关键。

一般，绕线模的尺寸可通过测量旧绕组尺寸确定，也可通过准确计算来确定。

1 通过测量旧绕组尺寸确定绕线模尺寸

图 5-31　根据旧绕组尺寸确定绕线模尺寸

如图 5-31 所示，拆除绕组时，留一个较完整的线圈，取其中较小的一匝作为绕线模的模板。根据原始绕组线圈，在干净的纸上描出绕线模的尺寸，根据描出的尺寸自制绕线模具。

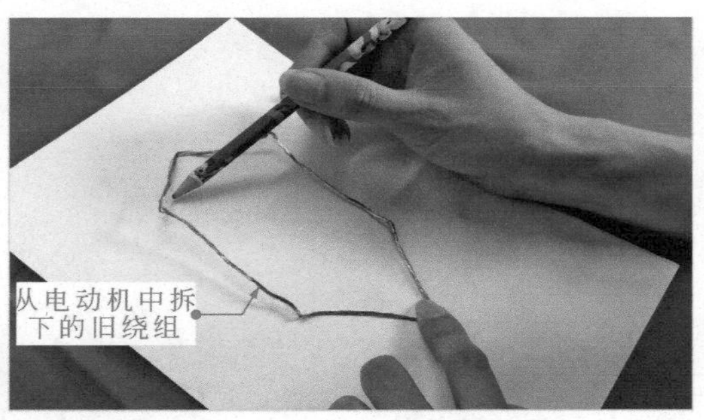
从电动机中拆下的旧绕组

2 椭圆形绕线模尺寸的计算

图 5-32 椭圆形绕线模尺寸的精确计算方法

如图 5-32 所示，借助所拆除的旧绕组确定绕线模尺寸的方法只能粗略确定绕线模尺寸，若要更加精确地确定绕线模尺寸，可通过测量电动机的一些数据，计算绕线模的尺寸。

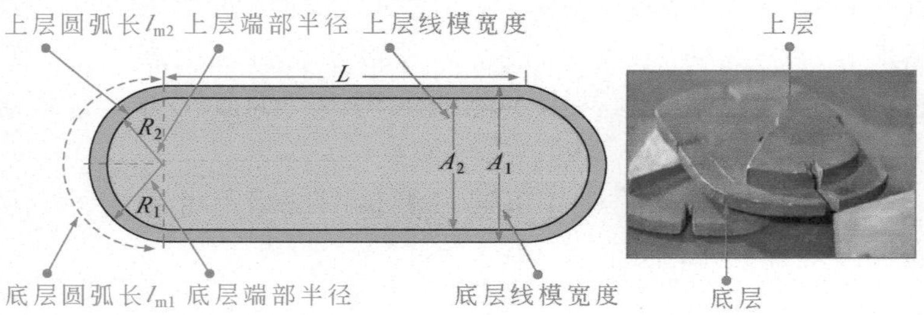
上层圆弧长l_{m2}
上层端部半径
上层线模宽度
上层
L
R_2
R_1
A_2
A_1
底层圆弧长l_{m1}
底层端部半径
底层线模宽度
底层

◆ 椭圆形绕线模宽度的计算公式为

$$A_1=\frac{\pi D_{i1}+h_s}{Q_1}(y_1-k) \qquad A_2=\frac{\pi D_{i1}+h_s}{Q_1}(y_2-k)$$

式中，A_1、A_2 分别代表绕线模的宽度；D_{i1} 是定子铁芯内径；h_s 是定子槽高度；Q_1 是定子槽数；y_1、y_2 是绕组节距；k 是修正系数。在一般情况下，电动机极数为 2，修正系数可取 2～3，4 极的修正系数可取 0.5～0.7，6 极的修正系数可取 0.5，8 极以上的为 0。

◆ 椭圆形绕线模直线长度的计算公式为 $L=L_{Fe}+2d$

式中，L_{Fe} 代表定子铁芯的长度；d 代表绕组伸出铁芯长度。具体数字可参考表 5-2 所列。

表5-2　线圈伸出铁芯的长度

电动机极数	2极	4极	6、8、10极
小型电动机线圈伸出铁芯长度	12～18mm	10～15mm	10～13mm
大型电动机线圈伸出铁芯长度	20～25mm	18～20mm	12～15mm

◆ 椭圆形绕线模底层端部半径和上层端部半径计算公式为 $R_1=A_1/2+$（5 ~ 8）$R_2=A_2/2+$（5 ~ 8）

◆ 绕线模底层端部圆弧长度和上层端部圆弧长度计算公式为 $l_{m1}=KA_1$ $l_{m2}=KA_2$

◆ 绕线模模芯板厚度计算公式为 $b=(\sqrt{N_e}+1.5)d_m$

模芯板厚度是指绕线模模板的厚度，通常用 b 表示。式中，N_e 表示绕组的匝数，d_m 表示绝缘导线的外径（mm）。

K 为系数，2 极电动机的 K 取 1.20 ~ 1.25；4 极 K 取 1.25 ~ 1.30；6 ~ 8 极 K 取 1.30 ~ 1.40。

3 菱形绕线模尺寸的计算

图 5-33　菱形绕线模尺寸的精确计算方法

图 5-33 为菱形绕线模尺寸的精确计算方法。

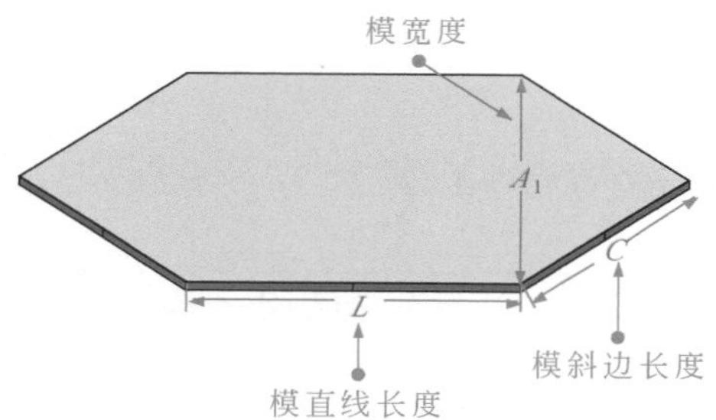
模宽度
A_1
C
L
模斜边长度
模直线长度

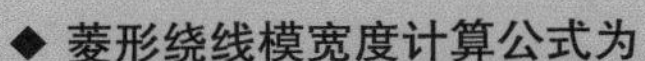
◆ 菱形绕线模宽度计算公式为

$$A_1=\frac{\pi\ (D_i+h)}{Z}y$$

式中，D_i 为定子铁芯内径，mm；y 为绕组节距，槽；Z 为定子总槽数，槽；h 为定子槽深度，mm。

◆ 菱形绕线模直线长度公式为

$$L = l + 2a$$

式中，a 为绕组直线部分伸出铁芯的单边长度，通常 a 的值为 10 ～ 20mm；l 为定子铁芯长度。

◆ 菱形绕线模斜边长公式为

$$C=\frac{A}{t}$$

式中，t 为经验因数，一般 2 极电动机，$t\approx1.49$；4 极电动机，$t\approx1.53$；6 极电动机 $t\approx1.58$。

◆ 绕线模模芯厚度计算公式为

单层绕组 $b=(0.40\sim0.58)h$

双层绕组 $b=(0.37\sim0.41)h$

5.2.5 绕组的绕制

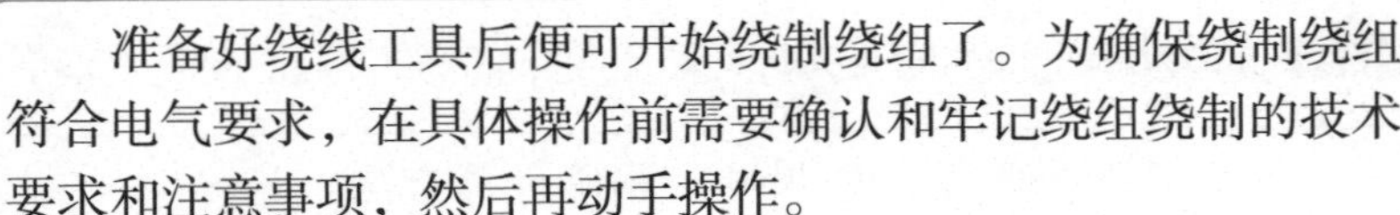
准备好绕线工具后便可开始绕制绕组了。为确保绕制绕组符合电气要求，在具体操作前需要确认和牢记绕组绕制的技术要求和注意事项，然后再动手操作。

1 绕制绕组的技术要求和注意事项

图 5-34 绕制绕组的技术要求和注意事项

如图 5-34 所示，确认和掌握绕组绕制的技术要求和注意事项，为下一步动手操作做好准备。

【技术要求一】

◆ 绕制完成后的绕组匝数必须完全正确。匝数错误将引起电磁参数变化，影响电动机的技术性能

【技术要求二】

◆ 所有绕组的尺寸必须正确；绕组形状符合电动机实际要求，因此需要明确绕线模尺寸准确无误

【技术要求三】

◆ 绕组匝间、绕组与绕组之间、绕组对地、绕组与铁芯之间必须可靠良好地绝缘

【注意事项一】

◆ 绕制前，应检查选用导线的线径是否符合要求，导线的材料应为漆包线，是否与旧绕组类型一致

【注意事项二】

◆ 检查绕线模有无裂缝、破损，严重应更换，否则可能影响绕线效果

◆ 绕线时从右向左绕制；同心式绕组从小绕组绕起

【注意事项三】

◆ 边绕边记录绕制匝数，或从绕线器的计数盘上查看绕制匝数，直到与旧绕组匝数相同时，才可停止

【注意事项四】

◆ 若绕制过程中断线或两轴线之间交接时，应首先将待连接的引线端头用火烧去表皮绝缘漆，再用细砂纸或小刀轻轻刮去炭灰，将两个线头扭接在一起，再用电烙铁进行焊接，最后包一层黄蜡布，再进行绕制剩余匝数，或在接线前套一段黄蜡管，接好线头后，用黄蜡管套住接头

2 绕制绕组的操作方法

选择好绕组所用的漆包线材料、准备好绕制工具，并根据之前记录的数据确定好绕组的股数，每股绕组中线圈的匝数后，就可以进行绕组的绕制了。三相交流电动机的定子绕组一般采用绕线机绕制。

图 5-35　电动机绕组绕制工具和辅助材料的工作准备

如图 5-35 所示，将选好的漆包线轴安装在放线架上；选定好尺寸的绕线模放到绕线机上，绕线模扎线槽上提前放好绑扎线，漆包线起头固定在绕线模固定孔上。

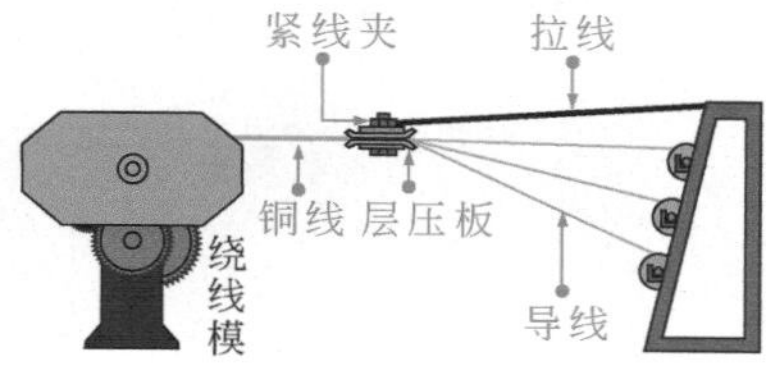
紧线夹
拉线
铜线
层压板
绕线模
导线

(a) 放线架放线

若漆包线线径小于0.5mm，则可水平放置空电磁线轴作为支撑点，待绕电磁线轴立式放置拉出放线

(b) 立式拉出放线

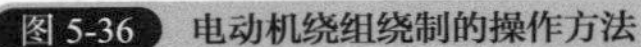

图 5-36 电动机绕组绕制的操作方法

如图 5-36 所示，将漆包线穿过紧线夹或套管，确保线处于拉紧状态，调整绕线机计数器归零，摇动绕线机手柄（若使用电动机则应启动电源），开始绕制。

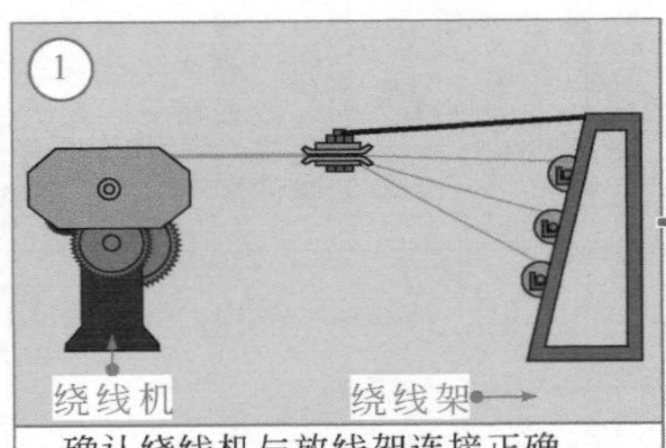

1
绕线机
绕线架

确认绕线机与放线架连接正确。

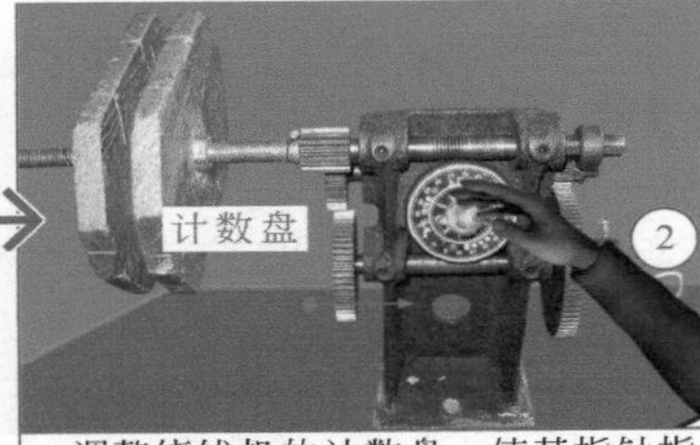

2
计数盘

调整绕线机的计数盘，使其指针指示零的位置。

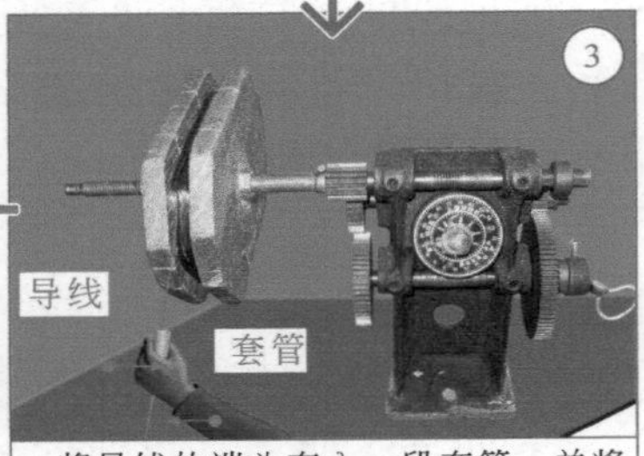

3
导线
套管

将导线的端头套入一段套管，并将导线端头固定在绕线机的转轴上(利用线管摩擦力拉紧漆包线)。

4

用一只手握住套管控制导线的位置，用另一只手旋转手动式绕线机的手摇柄开始绕线。

绕制时应保持匀速且速度不宜过快。在模芯上绕制的漆包线匝与匝之间应整齐排列，避免交叉混乱，以免引起嵌线困难或匝间短路故障

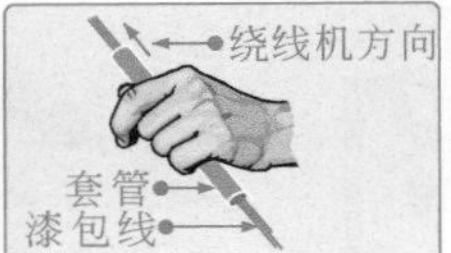

绕线机方向
套管
漆包线

绕好的绕组应在首位做好标记，从绕线模上拆卸前应经绕组捆牢；绕组绑扎好后，从模具上退下，再绕制另一组线圈，依次进行，直到绕制线圈个数与要求数量符合

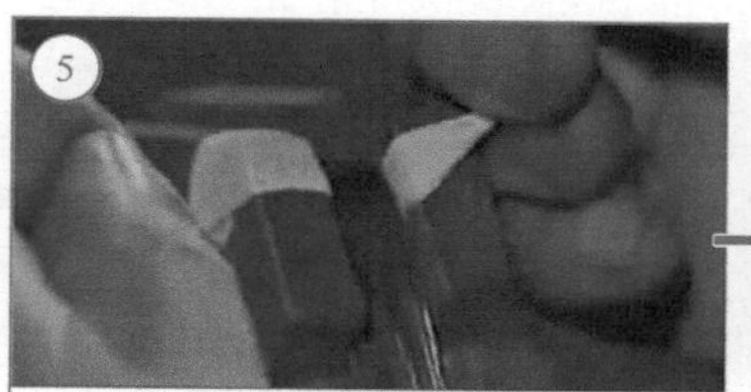

绕制绕组的匝数与要求的匝数相符后，用事先放好的绑扎线将绕组捆好。

尾线

上、下两端均捆绑一次，留足尾线(不要过长，以防浪费)，然后退出模具，取出绕制好的绕组。

5.3 电动机绕组的绝缘规范

电动机绕组的绝缘性能是直接决定电动机电气性能的关键，做好绕组绝缘是电动机绕组维修中的重要环节。

5.3.1 交流电动机绕组的绝缘规范

图 5-37　交流电动机绕组的绝缘结构

如图 5-37 所示，在交流异步电动机定子绕组中，根据绕组的绕制方式不同，有单层绕组绝缘结构和双层绕组绝缘结构两种。

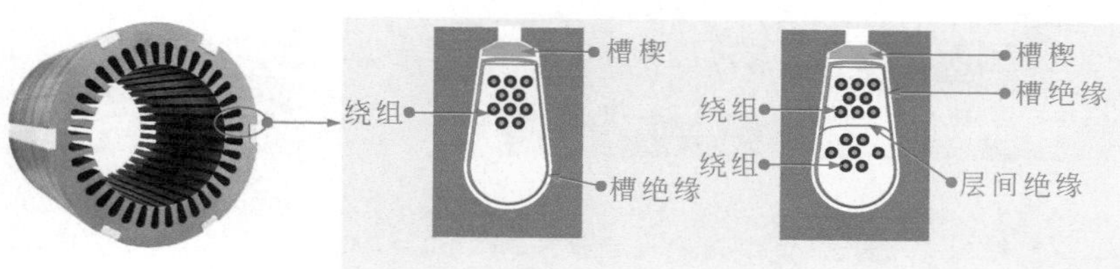
槽楔
绕组
槽绝缘
槽楔
槽绝缘
绕组
绕组
层间绝缘

(a) 单层绕组绝缘结构　　(b) 多层绕组绝缘结构

 匝间绝缘

匝间绝缘是指一个绕组各个线匝之间的绝缘。在一般情况下，匝间绝缘仅靠电磁线本身所带有的绝缘。定子绕组所选用的漆包线即电磁线外层包裹一层薄薄的绝缘漆，绝缘漆的类型与电动机绝缘等级有关。一般情况下，B 级绝缘宜采用 QZ-2 高强度聚酯漆包圆铜线；F 级绝缘宜采用 QZY-2 型聚酯亚胺漆包线；H 级绝缘宜采用聚酰胺酰亚胺漆包圆铜线。

❷ 槽绝缘

图 5-38 定子绕组的槽绝缘

如图 5-38 所示，槽绝缘是指电动机嵌放绕组的定子槽中放置复合绝缘材料（一般称其为绝缘纸），实现定子槽与绕组之间的绝缘。

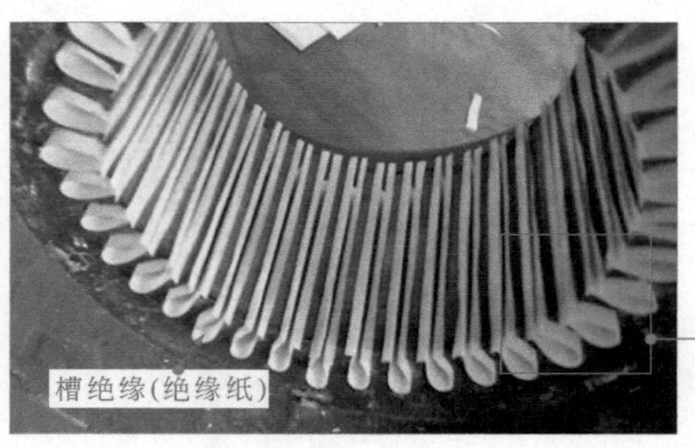
槽绝缘(绝缘纸)

槽绝缘(绝缘纸)

槽绝缘所采用的复合绝缘材料一般为 DMDM、DMD+M、DMD 等。其中，D 表示聚酯纤维无纺布，M 表示 6020 聚酯薄膜。以常见的 Y 系列交流异步电动机为例，不同中心高的电动机（Y 系列）其槽绝缘规范见表 5–3 所列。

表5-3　不同中心高的电动机（Y系列）槽绝缘规范

<table>
<tr><th rowspan="2">外壳防护等级</th><th rowspan="2">中心高/mm</th><th colspan="4">槽绝缘形式及总厚度/mm</th><th rowspan="2">槽绝缘均匀伸出铁芯两段长度/mm</th></tr>
<tr><th>DMDM</th><th>DMD+M</th><th>DMD</th><th>DMD+DMD</th></tr>
<tr><td rowspan="4">IP44</td><td>80～112</td><td>0. 25</td><td>0. 25(0.20+0.05)</td><td rowspan="6">0. 25</td><td rowspan="3">—</td><td>6～7</td></tr>
<tr><td>132～160</td><td>0. 30</td><td>0. 30(0.25+0.05)</td><td>7～10</td></tr>
<tr><td>180～280</td><td>0. 35</td><td>0. 35(0.30+0.05)</td><td>12～15</td></tr>
<tr><td>315</td><td>0. 50</td><td>—</td><td>0. 50(0.20+0.30)</td><td>20</td></tr>
<tr><td rowspan="2">IP23</td><td>160～225</td><td>0. 35</td><td>0. 35(0.30+0.05)</td><td>—</td><td>11～12</td></tr>
<tr><td>250～280</td><td>0. 40</td><td>0. 40(0.35+0.05)</td><td>0. 40(0.20+0.20)</td><td>12～15</td></tr>
</table>

❸ 相间绝缘

图 5-39　定子绕组的相间绝缘

如图 5-39 所示，相间绝缘是指电动机绕组端部各相之间的绝缘。一般要求绕组端部各相之间垫入与槽绝缘相同的复合绝缘材料（DMDM 或 DMD）。其形状与线圈端部形状相似，但尺寸应大一些，以此隔开相与相之间，实现相间绝缘。

相间绝缘
相间绝缘

4 层间绝缘

图 5-40 定子绕组的层间绝缘

如图 5-40 所示，绕组采用双层绕组时，同一个槽内的上、下两层绕组之间应垫入与槽绝缘相同的复合绝缘材料（DMDM 或 DMD）作为层间绝缘。层间绝缘的长度等于绕组线圈直线部分的长度。

电动机绕组的层间绝缘通常选择与槽绝缘相同的绝缘材料
相间绝缘
槽绝缘
层间绝缘
复合绝缘材料

5 槽楔

图 5-41 槽楔

如图 5-41 所示，槽楔是指绕组嵌入定子槽后用于固定、封压槽口的绝缘材料。

槽楔

槽楔

槽楔一般采用冲压成型的MDB(D表示聚酯纤维无纺布，M表示6020聚酯薄膜，B表示玻璃布)复合槽楔、新型的引拔槽楔或3240环氧酚醛层压玻璃布板

以常见的 Y 系列交流异步电动机为例，不同中心高的电动机其槽楔规范见表 5–4 所列。

表5–4　不同中心高的电动机（Y系列）槽楔规范

电动机中心高 mm	选用材料		
	冲压成型槽楔	引拔成型槽楔	3240 板
80～280	厚度为0.5～1.0mm		厚度为2mm
315	—	厚度为3mm	
说明：冲压或引拔成型的槽楔长度与相应槽绝缘相同；3240板槽楔的长度比相应槽绝缘短4～6mm			

6 引接线绝缘

图 5-42　引接线绝缘

如图 5-42 所示，电动机定子绕组引出线头需要与引接线连接，由引接线引入电动机接线盒中。引接线一般采用 JBQ（JXN）型铜芯橡胶绝缘丁腈护套电缆，电缆与绕组引出线头连接处应用 0.15mm 厚的醇酸玻璃布带或聚酯薄膜半叠包一层，外面再套醇酸玻璃漆管一层。

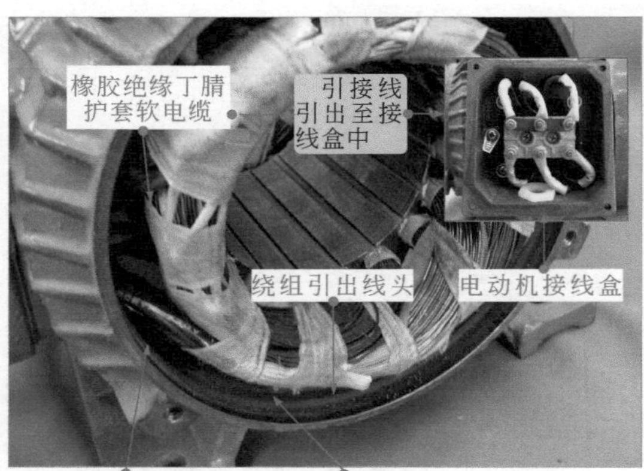
橡胶绝缘丁腈
护套软电缆
引接线
引出至接
线盒中
绕组引出线头
电动机接线盒
橡胶绝缘丁腈
护套软电缆
引接线与绕组引出
线头连接处

7 端部绑扎

图 5-43 电动机绕组的端部绑扎

如图 5-43 所示，电动机定子绕组伸出定子槽的部分称为绕组端部。

绕组端部应用绝缘材料进行绑扎，绑扎材料及规范见表 5-5 所列。

端部绑扎带

端部绑扎带

表5–5　Y系列电动机绕组端部绑扎材料及规范

中心高度	材料	说明
80～132mm	电绝缘用的聚酯纤维编织带（或套管），或者用无碱玻璃纤维带（或套管）	定子绕组端部每两槽绑扎一道
160～315mm		定子绕组端部每一槽绑扎一道
180mm（2极）		定子绕组的鼻端用无碱玻璃纤维带半叠包一层
200～315mm（2、4极）		
315mm（2极）		定子绕组端部外端用无纬玻璃带绑扎一层

8 绝缘漆浸漆绝缘

电动机绕组嵌线完成后，还需要进行整体浸漆绝缘处理，浸漆次数与绝缘漆的类型有关。一般浸 1032 绝缘漆时，需要二次沉浸处理；浸 319-2 等环氧聚酯类无溶剂漆时，沉浸一次即可。不同绝缘等级要求的电动机绕组绝缘规范见表 5-6。

表5–6　不同绝缘等级要求的电动机绕组绝缘规范

项目		380V、B级绝缘	F级绝缘	H级绝缘
匝间绝缘（漆包线）	散嵌软绕组	高强度聚酯漆包圆铜线	聚酯亚胺漆包线	聚酰胺酰亚胺漆包圆铜线
	转子插入式绕组	双玻璃丝包扁铜线	双玻璃丝包扁铜线	单玻璃丝包聚酰胺酰亚胺漆包扁铜线；或亚胺薄膜绕包的双玻璃丝包扁铜线
槽绝缘		复合绝缘材料，如 DMDM 或 DMD、DMD+M 等 。D 表示聚酯纤维无纺布，M 表示6020聚酯薄膜	F级 DMCF1重合绝缘纸加一层聚酰亚胺薄膜	聚酰亚胺薄膜一层（0.05mm）；聚酰亚胺薄膜与聚砜纤维纸一层（0.35mm）
相间、层间绝缘		与槽绝缘相同	与槽绝缘相同	与槽绝缘相同
槽楔		引拔槽楔，或者用3240环氧酚醛层压玻璃布板槽楔	3240环氧酚醛玻璃布板	双马来聚酰亚胺层压板或二苯醚玻璃层压板

续表

引出线电缆	采用 JBQ 型丁腈橡胶电缆，其接头用0.15mm厚的醇酸玻璃布带或聚酯薄膜半叠包一层，外面再套醇酸玻璃、漆管一层	JFEH乙丙橡胶线	硅橡胶电缆或改性硅橡胶电缆
转子绕组绑扎带	聚酯纤维编织套管（或编织带），或者用无碱纤维带包扎	环氧无纬扎带	单或双层马来无纬带
套管	—	2751硅橡胶玻璃管	硅橡胶玻璃丝套管或定绞玻璃丝套管

5.3.2 直流电动机绕组的绝缘规范

图 5-44 直流电动机绕组的绝缘结构

图 5-44 为直流电动机绕组的绝缘结构（绝缘等级 B，500V 以下电压等级）。

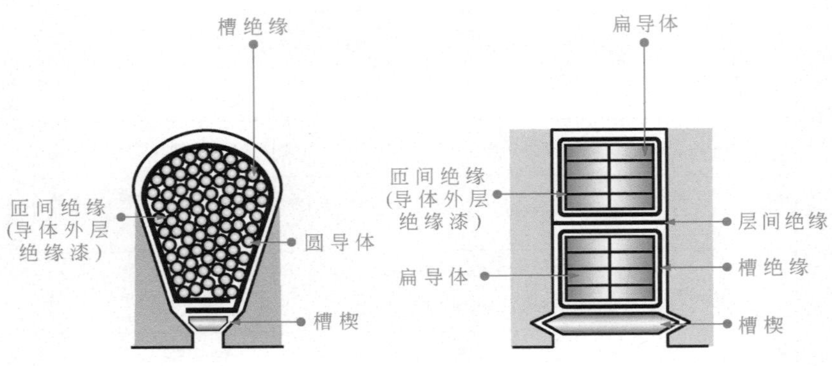
槽绝缘
匝间绝缘
(导体外层
绝缘漆)
圆导体
槽楔
扁导体
匝间绝缘
(导体外层
绝缘漆)
层间绝缘
槽绝缘
扁导体
槽楔

(a) 梨形槽散嵌绕组的绝缘结构

(b) 矩形槽成型绕组的绝缘结构

直流电动机绕组（B 级绝缘）的绝缘规范见表 5–7 所列。

表5–7　直流电动机绕组（B级绝缘）的绝缘规范

类型		绝缘等级		
		B级	F级	H级
梨形	槽楔或绑环	环氧酚醛玻璃布板 高强度无纬玻璃丝带	环氧酚醛玻璃板 高强度无纬玻璃丝带	硅有机玻璃布板 高强度无纬玻璃丝带
	槽绝缘	聚酯纤维纸–聚酯薄膜–聚酯纤维复合材料	聚砜纤维纸–聚酯薄膜–聚砜纤维纸复合材料	聚砜纤维纸–聚酰亚胺薄膜–聚砜纤维纸复合材料
	层间绝缘	聚酯纤维纸–聚酯薄膜–聚酯纤维纸复合材料	聚砜纤维纸–聚酯薄膜–聚砜纤维纸复合材料	聚砜纤维纸–聚酰亚胺薄膜–聚砜纤维纸复合材料
	导线	高强度聚酯漆包线	聚酯亚胺漆包线	聚酰亚胺漆包线
矩形	槽楔或绑环	环氧酚醛玻璃布板 高强度无纬玻璃丝带	环氧酚醛玻璃布板 高强度无纬玻璃丝带	硅有机玻璃布板 高强度无纬玻璃丝带
	槽绝缘	聚酯薄膜玻璃漆布	聚酰亚胺薄膜玻璃漆布	聚酰亚胺纸基复合材料
	槽底垫条	环氧酚醛玻璃布板	环氧酚醛玻璃布板	硅有机玻璃布板
	包护带	无碱玻璃丝带	浸6301漆无碱玻璃丝带	浸硅有机漆无碱玻璃丝带
	对地绝缘	桐油酸酐环氧粉支母带，醇酸玻璃柔软云母板	HF薄膜 F级柔软云母板	硅有机漆粉云母带 聚酰亚胺薄膜
	匝间绝缘	高强度聚酯漆或醇酸树脂双玻璃丝或醇酸纸云母带	聚酯亚胺漆和单玻璃丝	HF薄膜–薄硅有机漆双玻璃丝

第6章 电动机绕组的嵌线工艺

6.1 电动机绕组嵌线工具的使用

6.1.1 常用嵌线工具的使用

图 6-1 电动机绕组嵌线操作中的常用工具

如图 6-1 所示，电动机绕组嵌线操作中常用的工具主要包括压线板、划线板、剪刀、橡胶锤或木槌等，这些工具配合使用实现规范嵌线。

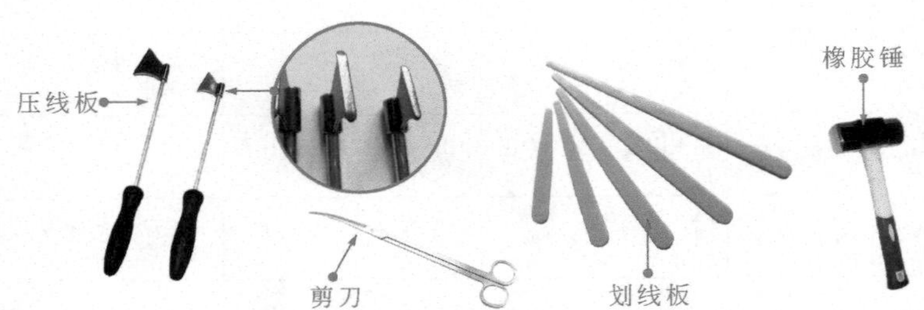

压线板
橡胶锤
剪刀
划线板

1 压线板的使用方法

图 6-2 压线板的使用方法

如图 6-2 所示，压线板是用来压紧嵌入电动机定子铁芯槽内的绕组边缘，平整定子绕组，以便槽绝缘封口和打入槽楔。

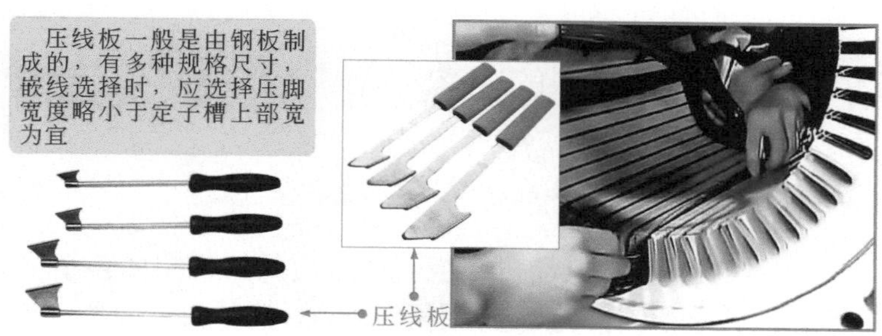
压线板一般是由钢板制成的，有多种规格尺寸，嵌线选择时，应选择压脚宽度略小于定子槽上部宽为宜
压线板

❷ 划线板的使用方法

图 6-3　划线板的使用方法

如图 6-3 所示，划线板也称为刮板、理线板，主要用于在绕组嵌线时整理绕组线圈并将绕组线圈划入定子铁芯槽内。另外，嵌线时，也可用划线板劈开槽口的绝缘纸（槽绝缘），将槽口绕组线圈整理整齐，将槽内线圈理顺避免交叉。

划线板一般用层压玻璃布板或竹板制成，其薄厚应适中，应能够划入槽内至少2/3位置

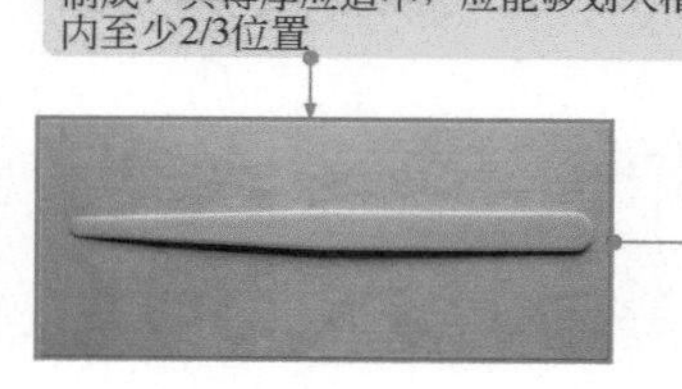

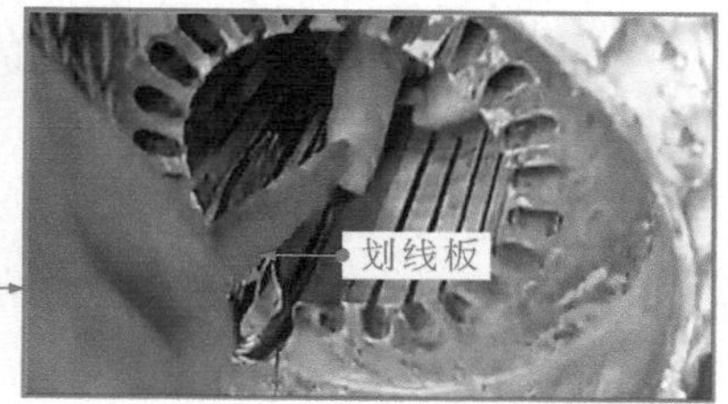
划线板

除上述两种主要的操作工具外，其他辅助工具功能如下：

◆ 剪刀用于修剪相间绝缘纸，为便于操作一般用弯头长柄剪刀；

◆ 橡胶锤或木槌主要用于在完成电动机定子绕组嵌线操作后，对绕组端部进行整形；

◆ 打板由硬木制作，用于辅助橡胶锤或木槌整理绕组端部，使其呈喇叭口状。

6.1.2 常用嵌线材料的准备

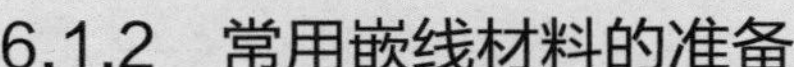

图 6-4 电动机绕组嵌线常用的嵌线材料

如图 6-4 所示，电动机绕组嵌线常用的材料主要包括槽绝缘、相间绝缘和层间绝缘所用复合绝缘材料（以下称为绝缘纸）和绕组引出头连接时所用绝缘管等。

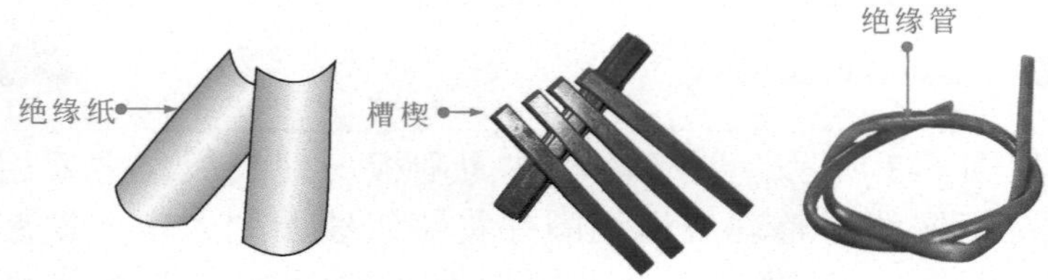
绝缘纸
槽楔
绝缘管

❶ 绝缘纸的裁剪

绝缘纸用于在电动机绕组嵌线时，实现电动机定子槽绝缘、层间绝缘和端部绝缘，可根据实际需要，裁剪出不同的尺寸，以备使用。

目前，常用作绝缘纸的材料为复合绝缘材料，如 DMDM、DMD+M、DMD（参考第 5 章的表 5-3）。

图 6-5 绝缘纸的裁剪

如图 6-5 所示，以槽绝缘为例，测量定子槽的长度和深度，以此作为绝缘纸的宽度和长度参考数据，裁剪与定子槽数量相同的绝缘纸。

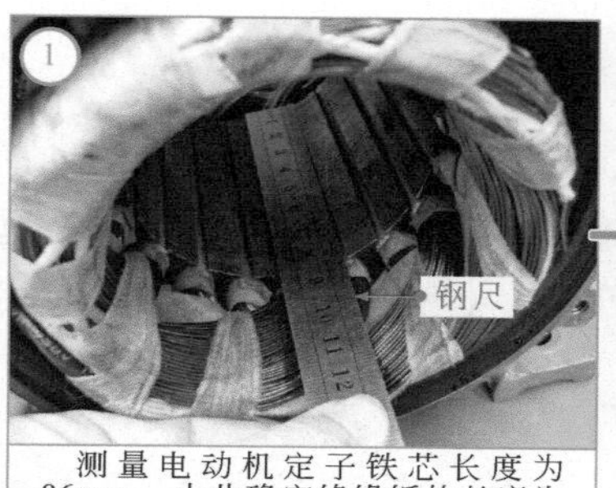
1
钢尺

测量电动机定子铁芯长度为86mm，由此确定绝缘纸的长度为106～116mm。

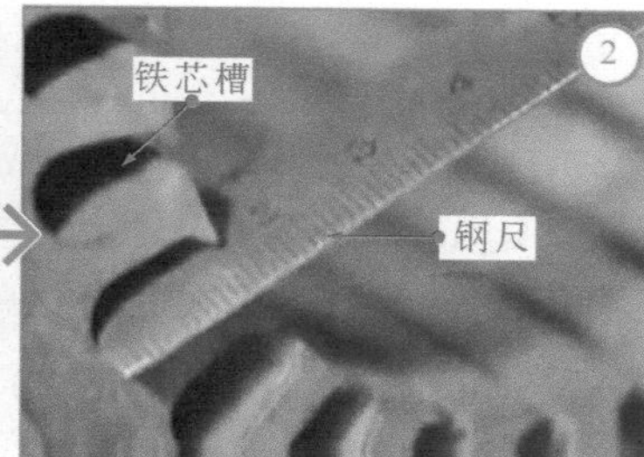
2
铁芯槽
钢尺

测量铁芯槽的高度为15mm，由此确定绝缘纸的宽度为45～60mm。

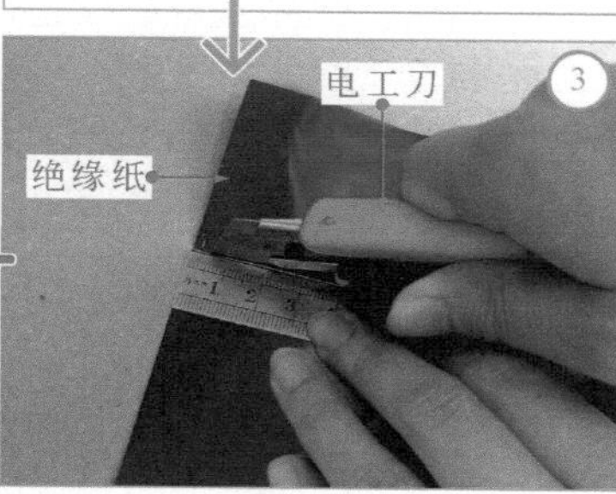
3
电工刀
绝缘纸

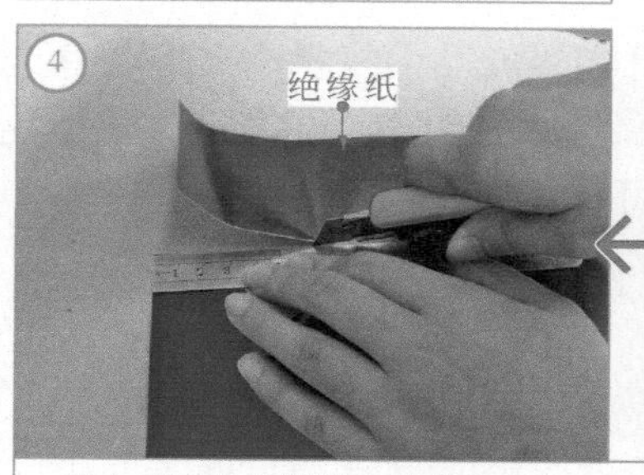
4
绝缘纸

用电工刀在绝缘纸上量出长度在106～116mm的一条长带(取110mm)，再以45～60mm(取50mm)为单位截取等宽度的绝缘纸*n*个，作为槽绝缘材料。

图 6-6　**根据尺寸规格裁剪绝缘纸**

如图 6-6 所示，为节省材料，一般可先在一个较大面积的绝缘纸上画好裁剪线，然后根据画好的裁剪线，将绝缘纸裁剪成符合长度的矩形长条，根据宽度截取为一片一片的相应数量的槽绝缘纸。

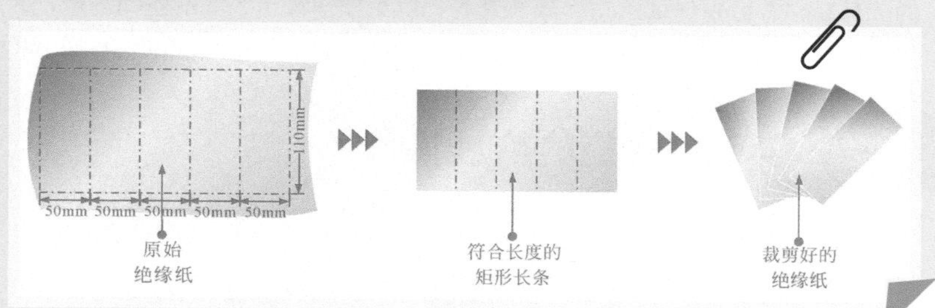
110mm
50mm
50mm
50mm
50mm
50mm
原始
绝缘纸
符合长度的
矩形长条
裁剪好的
绝缘纸

❷ 槽楔的制作

槽楔是用来压住槽内导线，防止绝缘和绕组线圈松动的材料。若槽楔过大，则将无法嵌入槽中；若槽楔过小，将起不到压紧的作用。因此制作槽楔时，注意规格和形状应符合定子铁芯槽的要求。

图 6-7　槽楔的制作方法

如图 6-7 所示，槽楔一般可购买成品引拔槽楔，若使用竹板自制槽楔，需要注意打磨其端部为梯形或圆角，再根据定子槽长度数据截取适当长度即可。

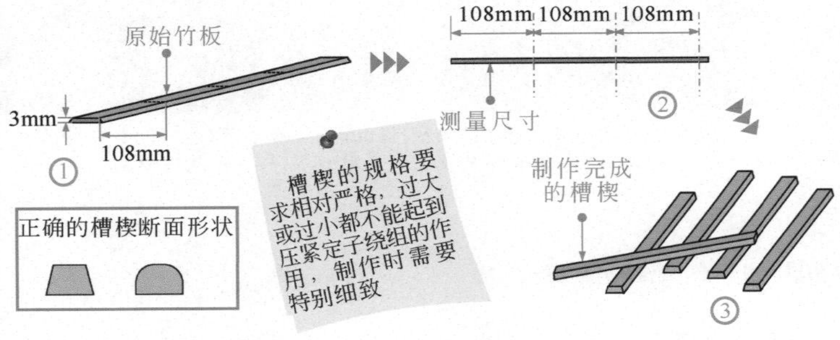
原始竹板
3mm
108mm
①
108mm 108mm 108mm
测量尺寸
②
正确的槽楔断面形状
槽楔的规格要求相对严格，过大或过小都不能起到压紧定子绕组的作用，制作时需要特别细致
制作完成的槽楔
③

值得注意的是，不论是嵌线工具还是材料，只要需要与绕组线圈接触的工具或材料必须保证圆角、表面光滑，以免损伤绕组线圈的匝间绝缘（漆包线的外层绝缘漆）。

6.2 电动机绕组的嵌线操作

电动机绕组的嵌线操作是我们对电动机绕组进行拆换过程中的关键环节，嵌线的质量直接影响电动机的电气性能，因此严格按照嵌线的步骤和规范操作是保证嵌线质量的基本要求。

6.2.1　电动机绕组嵌线的操作规范和要求

图 6-8　电动机绕组嵌线的操作规范和要求

如图 6-8 所示，电动机绕组嵌线是一项比较复杂，但十分关键的操作，所有步骤必须严格按照操作规范和技术要求进行，确保绕组电气性能正常。

【绝缘性能规范】

◆ 绕组嵌线时要求绝缘必须良好可靠。槽绝缘、相间绝缘、层间绝缘所用绝缘材料的质量和规格必须符合规定。

需注意：绕组的匝间绝缘(线圈与线圈之间)易被划伤，因此嵌线时所用工具、方法必须符合规定。

定子槽口部分的绝缘也是相对比较薄弱的环节，容易因机械损伤造成绝缘失效，因此槽口绝缘必须严格执行

【绕组线圈嵌线规范】

◆ 绕组线圈的节距、连接方式、引出线的位置必须正确。嵌入槽内线圈的匝数必须准确无误

【槽绝缘放置规范】

◆ 槽绝缘伸出铁芯两端的长度应相等。绕组两侧端部应对称，且长度不宜过长(材料浪费)，也不能太短

【槽楔安装规范】

◆ 槽楔在槽中的松紧程度应合适，不能过紧或过松；槽楔伸出铁芯两端的长度应相同

【槽口要求】

◆ 嵌线时，槽口槽绝缘必须伸出槽口或垫引槽纸，避免槽口棱角刮伤漆包线，引起匝间短路故障。

另外，由于嵌线时经常需要拉动绕组线圈，容易引起槽绝缘移位，因此，在嵌线过程中或一组线圈嵌线完成后，必须检查并调整槽绝缘的位置，确保在槽中位置正确

【清洁度要求】

◆ 嵌线之前，应确保电动机定子槽内无毛刺及焊渣，且在嵌线操作时也应避免铁屑、焊渣等夹入绕组内

【匝间排列要求】

◆ 嵌入定子槽内的绕组线圈之间应排列整齐，无严重交叉现象，且绕组端部也应整齐，其绝缘的形状应符合嵌线规定

【绕组线圈间的连接要求】

◆ 同相绕组线圈之间的接头应焊接良好，接头部分的绝缘也务必正确

接头应能承受一定热度，避免过热而脱焊断裂

6.2.2　电动机绕组嵌线的基本操作

嵌线是指将绕制好的绕组线圈，嵌入电动机定子铁芯槽内，主要包括放置槽绝缘、嵌放与理顺绕组、封槽口、相间绝缘、端部整形、绑扎外引线等几个步骤。

❶ 放置槽绝缘

图 6-9 放置槽绝缘

如图 6-9 所示，放置槽绝缘是指将绝缘纸放入定子槽中形成绕组与槽内的绝缘。

①将裁剪好的绝缘纸沿纵向折起，捏住上口，逐一插入电动机定子铁芯槽中
电动机定子
绝缘纸最好高出定子槽一部分
槽绝缘
定子铁芯槽
绝缘纸
②绝缘纸插入到位，使其在定子铁芯槽的两端露出相等长度，以便于在嵌入绕组后包裹绕组的端部

根据电动机容量不同，槽绝缘两端伸出铁芯的长度、槽绝缘的宽度也不同。根据操作规范和要求可知，槽绝缘两端伸出铁芯的长度过长，容易造成材料浪费；伸出长度过短，绕组对铁芯的安全距离不够。

图 6-10 槽绝缘伸出铁芯的长度和加强槽绝缘的方式

如图 6-10 所示，容量较小的异步电动机槽绝缘两端各伸出铁芯的长度一般为 7.5 ～ 15mm。容量较大的电动机则除满足上述长度要求外，还需要将槽绝缘伸出部分折叠成双层，即加强槽口绝缘。

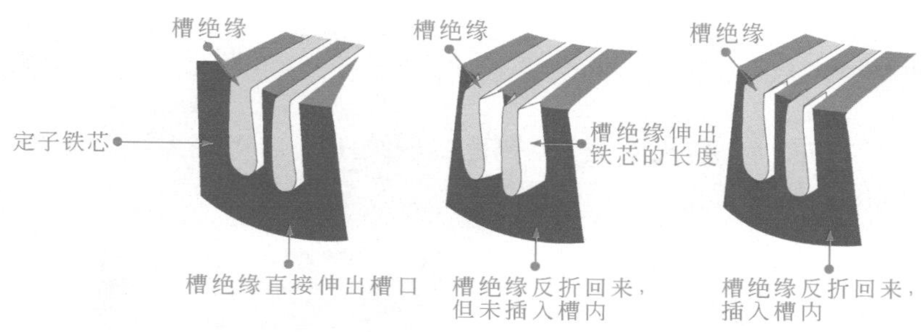
槽绝缘
槽绝缘
槽绝缘
定子铁芯
槽绝缘伸出
铁芯的长度
槽绝缘直接伸出槽口
槽绝缘反折回来，
但未插入槽内
槽绝缘反折回来，
插入槽内

图 6-11　槽绝缘的宽度

如图 6-11 所示，槽绝缘的宽度可以大于定子槽的周长，也可略小于定子槽周长，但需要配合引槽纸和盖槽绝缘使用。

槽绝缘的宽度大于定子槽的周长时，放置槽绝缘后，其高度超出槽口。

该类槽绝缘需要在嵌入绕组后，将高出槽口的部分对折入槽中，包住绕组，对折重叠2mm 以上，并用槽楔压紧

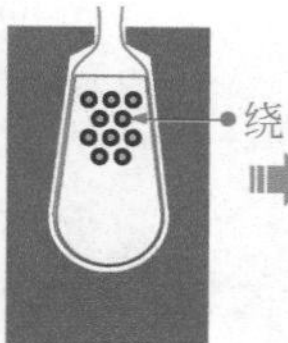
绕组
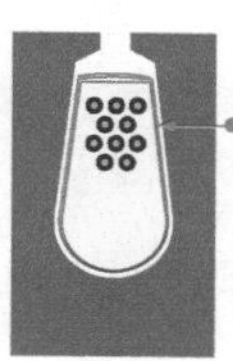
槽绝缘
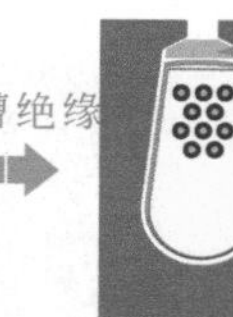

槽楔

槽绝缘的宽度略小于定子槽的周长时，放置槽绝缘后，其高度不超出槽口。

该类槽绝缘在嵌线时应在槽口两侧垫上引槽纸，嵌线完成后，抽出引槽纸，插入盖槽绝缘，然后再用槽楔压紧

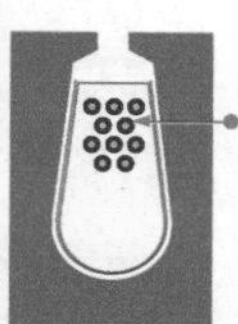
绕组
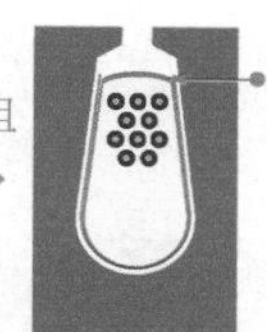
盖槽
绝缘
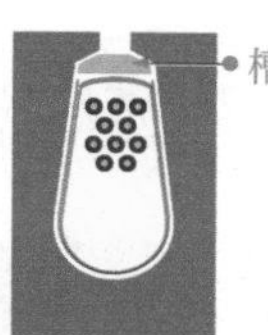
槽楔

2 嵌放绕组

嵌放绕组是指将绕制好的绕组根据前述的嵌线方法嵌入放好绝缘纸的定子槽中，并用绝缘纸将绕组包好，然后压上槽楔。

根据前述记录数据，电动机铭牌上标识的型号 Y90S-2，可知此电动机的槽数为 18 个，极数为 2，采用三相单层交叉链式绕组的方法绕制，嵌线时可采用叠绕式（“嵌 2、空 1、嵌 1、空 2、吊 3”）嵌线。

图 6-12 嵌放绕组的操作方法

如图 6-12 所示，按照规范的嵌线工艺，将绕组注意嵌放到电动机定子槽内。

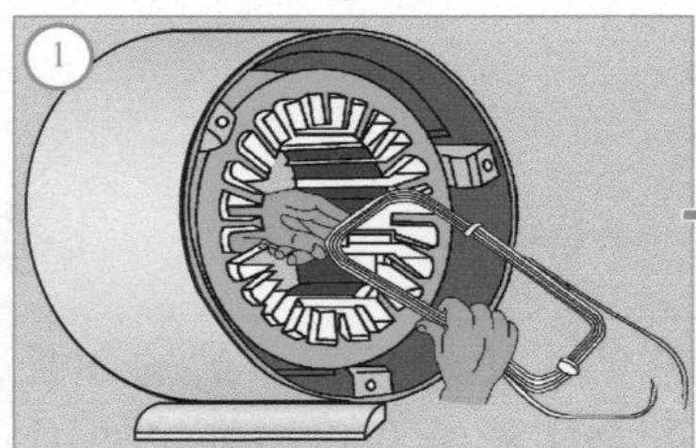

将U1相的第一个绕组边嵌入电动机定子铁芯的2号槽内，另一边吊起。

可借助划线板和压线板将定子绕组划入定子铁芯槽内，使其均匀嵌入槽中。

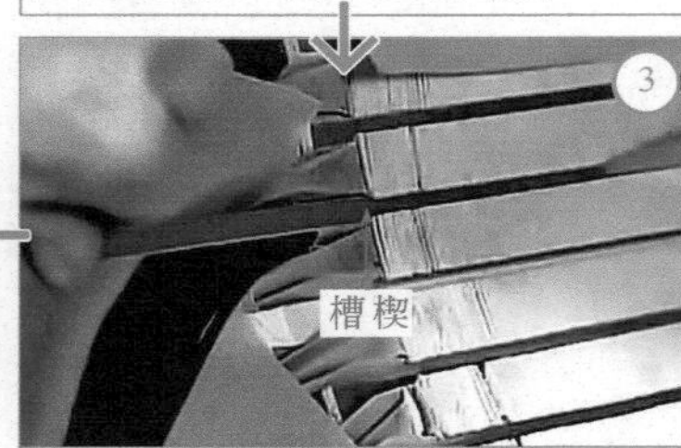
槽楔

绕组入槽后，用绝缘纸高出槽口的部分，将绝缘纸两边对折包好绕组，插入槽楔，完成一个绕组边的嵌入。

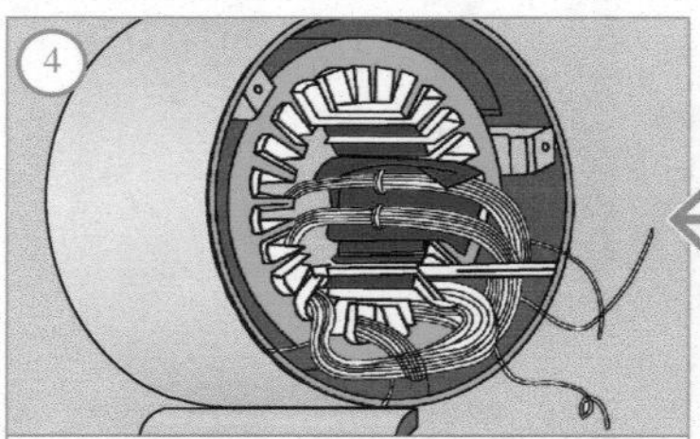

同样将另一组绕组的一边嵌入定子铁芯的1号槽内，另一边吊起。

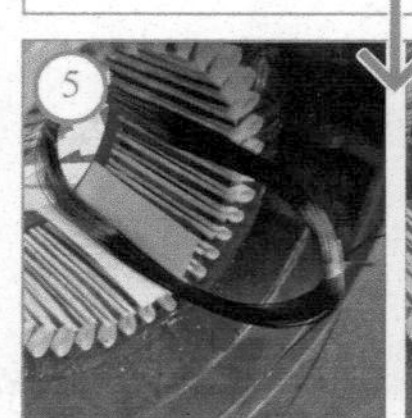
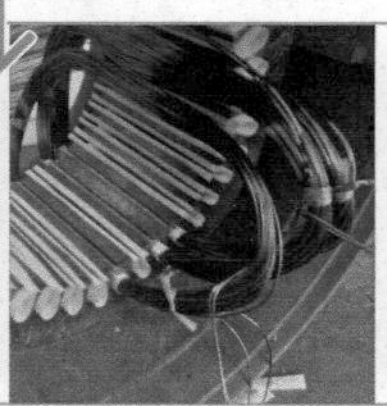

在定子绕组嵌线过程中，应将定子绕组有出线的一端置于右手侧，以便于进行同相绕组之间的连线操作。另外，嵌线时，可将要嵌入的绕组线扭扁后再送入定子铁芯槽中，其目的是防止嵌放时绕组松散，有利于绕组的嵌放和固定。

另外，电动机绕组线圈嵌入定子槽后，需要将绕组线圈压紧，然后将绝缘纸对折包住绕组，或将槽盖绝缘插入，然后用压线板压实绝缘，从一端敲入槽楔，这一操作称为封槽口操作，注意不可损伤绕组线圈绝缘层和槽绝缘。

3 放置相间绝缘

图 6-13　放置相间绝缘的操作

如图 6-13 所示，相间绝缘是指绕组嵌放完成后，为避免在绕组的端部产生短路，通常需要在每个极相绕组之间加垫绝缘材料。

在绕组嵌线过程中，将绝缘纸放置在极相绕组之间，绕组嵌线完成后，按端部形状将绝缘纸剪裁成型

绕组端部相间绝缘必须塞到与槽绝缘相接处，且应能够压住部分槽绝缘

相间绝缘

绝缘纸

注意，在剪切绝缘纸时，不得损伤绕组引线

4 端部整形

图 6-14　端部整形

如图 6-14 所示，端部整形是指用专用的木质整形器或橡胶锤将嵌好的绕组端部进行整理，使其成规则的喇叭状。

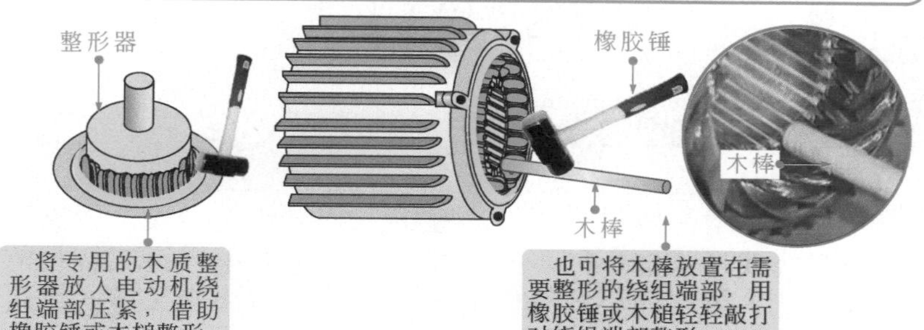
整形器
橡胶锤
木棒
木棒

将专用的木质整形器放入电动机绕组端部压紧，借助橡胶锤或木槌整形

也可将木棒放置在需要整形的绕组端部，用橡胶锤或木槌轻轻敲打对绕组端部整形

定子绕组嵌线完成后需要检查相间绝缘是否良好，整形完成后需要再次检查相间绝缘有无错位，绕组漆包线有无损伤等情况，若存在异常部位需要立即修复或重新嵌线。

5 端部包扎

图 6-15 绕组端部包扎的操作方法

如图 6-15 所示，绕组端部包扎是绕组嵌线中不容忽视的一个程序，主要是将绕组端部按照一定次序将其绑扎成一个紧固的整体。

绝缘带

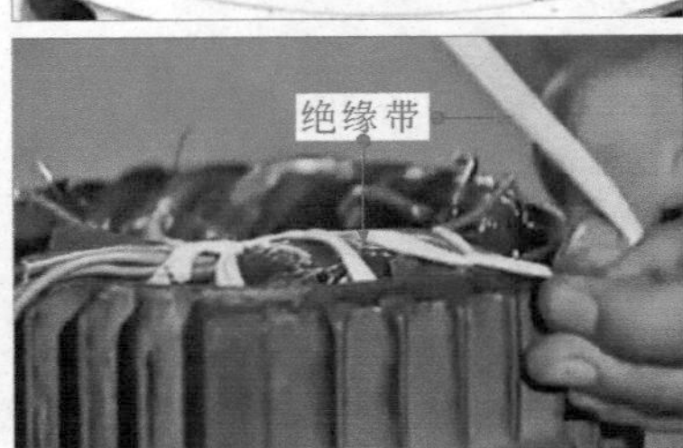
绝缘带

大容量电动机每组绕组的端部都应包扎，小容量电动机一般可在嵌线完成后统一包扎，使其牢固，避免电动机在启动或运行过程中，因电磁力振动影响绕组线圈。

值得注意的是，在绑扎绕组端部时，应尽量使外引线的接头免受拉力，且应尽量使绑扎带保持整齐、美观

定子绕组
绝缘绑扎

6.3 电动机绕组的嵌线工艺

6.3.1 单层绕组的嵌线工艺

单层绕组一般只适用于小型的三相异步电动机。根据单层绕组绕线形式的不同，其嵌线工艺主要有单层链式绕组的嵌线工艺、单层同心式绕组的嵌线工艺、单层交叉链式绕组的嵌线工艺等几种类型。

❶ 单层链式绕组的嵌线工艺

一般情况下，小型三相异步电动机的 q=2(每极每相槽数) 时，定子绕组采用单层链式绕组形式。

图 6-16 单层链式绕组的嵌线工艺

如图 6-16 所示，以 4 极 24 槽单层链式绕组为例。其定子槽数为 Z_1=24，极数 2p=4，每极每相槽数 q=2，节距 y=5（1—6），并联支路数 a=1。

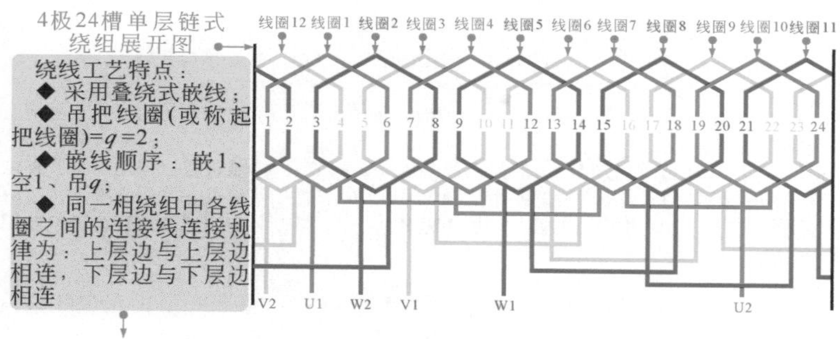
4极24槽单层链式绕组展开图
绕线工艺特点：
◆ 采用叠绕式嵌线；
◆ 吊把线圈(或称起把线圈)=q=2；
◆ 嵌线顺序：嵌1、空1、吊q；
◆ 同一相绕组中各线圈之间的连接线连接规律为：上层边与上层边相连，下层边与下层边相连
线圈12 线圈1 线圈2 线圈3 线圈4 线圈5 线圈6 线圈7 线圈8 线圈9 线圈10 线圈11
1 2 3 4 5 6 7 8 9 10 11 12 13 14 15 16 17 18 19 20 21 22 23 24
V2 U1 W2 V1 W1 U2

嵌线工艺：

（1）将第一相 U 的第一个线圈 1 的下层边嵌入 1 号槽内，封好槽口（整理槽内导线、折叠好槽绝缘，插入槽楔），线圈 1 的上层边暂不嵌入 6 号槽，将其吊起（因为线圈 1 的上层边要压着线圈 2 和线圈 3 的下层边，吊 1）；

（2）空一个槽（空 24 号槽）；

（3）将第二相 V 线圈 12 的下层边嵌入 23 号槽，封好槽口，线圈 12 的上层边暂不嵌入 4 号槽内，将其吊起；由于该绕组的 q=2，因此吊把线圈数为 2，这里已经吊起的线圈为线圈 1 的上层板和线圈 12 的下层边（吊 2）；

（4）空一个槽（空 22 号槽）；

（5）将第三相 W 线圈 11 的下层边嵌入 21 号槽，封好槽口。上层边嵌入 2 号槽（因为前面吊起线圈数已经等于 q，即 2 个，这里不必再吊起），封好槽口，垫好相间绝缘；

（6）空一个槽（空 20 号槽）；

（7）将第一相 U 的第二个线圈 10 的下层边嵌入 19 号槽，封好槽口，将其上层边嵌入 24 号槽，封好槽口；

（8）空一个槽（空 18 号槽）；

（9）将第二相 V 的第二个线圈 9 的下层边嵌入 17 号槽，封好槽口，将其上层边嵌入 22 号槽，封好槽口；

（10）空一个槽（空 16 号槽）；

（11）将第三相 W 的第二个线圈 8 的下层边嵌入 15 号槽，封好槽口，将其上层边嵌入 20 号槽，封好槽口，垫好相间绝缘；

（12）空一个槽（空 14 号槽）；

（13）将第一相 U 的第三个线圈 7 的下层边嵌入 13 号槽，封好槽口，将其上层边嵌入 18 号槽，封好槽口；

（14）空一个槽（空 12 号槽）；

（15）将第二相 V 的第三个线圈 6 的下层边嵌入 11 号槽，封好槽口，将其上层边嵌入 16 号槽，封好槽口；

（16）空一个槽（空 10 号槽）；

（17）将第三相 W 的第三个线圈 5 的下层边嵌入 9 号槽，封好槽口，将其上层边嵌入 14 号槽，封好槽口，垫好相间绝缘；

（18）空一个槽（空 8 号槽）；

（19）将第一相 U 的第四个线圈 4 的下层边嵌入 7 号槽，封好槽口，将其上层边嵌入 12 号槽，封好槽口；

（20）空一个槽（空 6 号槽）；

（21）将第二相 V 的第四个线圈 3 的下层边嵌入 5 号槽，封好槽口，将其上层边嵌入 10 号槽，封好槽口；

（22）空一个槽（空 4 号槽）；

（23）将第三相 W 的第四个线圈 2 的下层边嵌入 3 号槽，封好槽口，将其上层边嵌入 8 号槽，封好槽口，垫好相间绝缘；

（24）将吊起的线圈 1 的上层边嵌入 6 号槽；将吊起的线圈 12 的上层边嵌入 4 号槽，至此整个绕组嵌线完成。

根据绕组展开图，将 U 相绕组的四组线圈 1、10、7、4，按照首首、尾尾连接，首位两组线圈分别引出线；将 V 相绕组的四组线圈 12、9、6、3，按照首首、尾尾连接，首位两组线圈分别引出线；将 W 相绕组的四组线圈 11、8、5、2，按照首首、尾尾连接，首位两组线圈分别引出线。

电动机定子绕组嵌线工艺有整嵌式和叠绕式。整嵌式是指在嵌线过程中先嵌好一相再嵌另一相的方法；叠绕式是指根据某种规律，如嵌 n、空 m、吊 q 的方式嵌线（如图 6-16 所示）。

2 单层同心式绕组的嵌线工艺

一般情况下，小型三相异步电动机的 q=4（每极每相槽数）时，定子绕组采用单层同心式绕组形式。

图 6-17 单层同心式绕组的嵌线工艺

如图 6-17 所示，以 2 极 24 槽单层同心式绕组为例。其定子槽数为 Z_1=24，极数 $2p$=2，每极每相槽数 q=4，节距 y=9（1—10）、11（1—12），并联支路数 a=2。

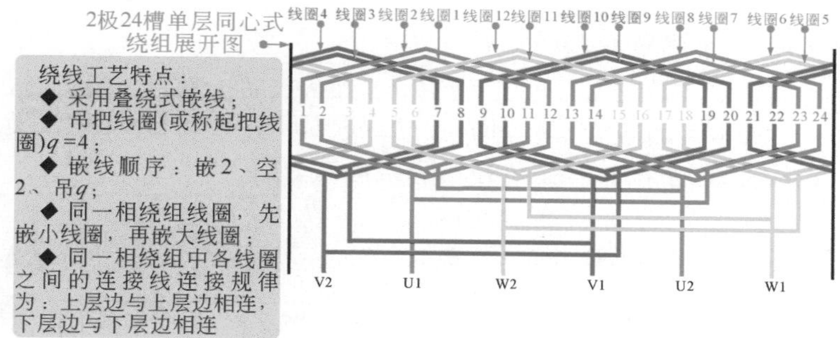
2极24槽单层同心式
绕组展开图
线圈4 线圈3 线圈2 线圈1 线圈12 线圈11 线圈10 线圈9 线圈8 线圈7 线圈6 线圈5
1 2 3 4 5 6 7 8 9 10 11 12 13 14 15 16 17 18 19 20 21 22 23 24
V2 U1 W2 V1 U2 W1
绕线工艺特点：
◆ 采用叠绕式嵌线；
◆ 吊把线圈(或称起把线圈)q=4；
◆ 嵌线顺序：嵌2、空2、吊q；
◆ 同一相绕组线圈，先嵌小线圈，再嵌大线圈；
◆ 同一相绕组中各线圈之间的连接线连接规律为：上层边与上层边相连，下层边与下层边相连

嵌线工艺：

（1）将第一相U的第一个线圈1的下层边嵌入2号槽内，封好槽口（整理槽内导线、折叠好槽绝缘，插入槽楔），线圈1的上层边暂不嵌入11号槽，将其吊起（吊1）；

将第一相U的第二个线圈2的下层边嵌入1号槽内，封好槽口（整理槽内导线、折叠好槽绝缘，插入槽楔），线圈2的上层边暂不嵌入12号槽，将其吊起（吊2）；

（2）空两个槽（空24、23号槽）；

（3）将第二相V线圈3的下层边嵌入22号槽，封好槽口，线圈3的上层边暂不嵌入7号槽内，将其吊起（吊3）；

将第二相V线圈4的下层边嵌入21号槽，封好槽口，线圈4的上层边暂不嵌入8号槽内，将其吊起（吊4）；

（4）空两个槽（空20、19号槽）；

（5）将第三相W线圈5的下层边嵌入18号槽，封好槽口，上层边嵌入3号槽（因为前面吊起线圈数已经等于q，即4个，这里不必再吊起），封好槽口；

将第三相W线圈6的下层边嵌入17号槽，封好槽口，上层边嵌入4号槽（因为前面吊起线圈数已经等于q，即4个，这里不必再吊起），封好槽口，垫好相间绝缘；

（6）空两个槽（空16、15号槽）；

（7）将第一相U的第三个线圈7的下层边嵌入14号槽，封好槽口，将其上层边嵌入23号槽，封好槽口；

将第一相U的第四个线圈8的下层边嵌入13号槽，封好槽口，将其上层边嵌入24号槽，封好槽口；

（8）空两个槽（空12、11号槽）；

（9）将第二相V的第三个线圈9的下层边嵌入10号槽，封好槽口，将其上层边嵌入19号槽，封好槽口；

将第二相V的第四个线圈10的下层边嵌入9号槽，封好槽口，将其上层边嵌入20号槽，封好槽口；

（10）空两个槽（空8、7号槽）；

（11）将第三相W的第三个线圈11的下层边嵌入6号槽，封好槽口，将其上层边嵌入15号槽，封好槽口；

将第三相W的第四个线圈12的下层边嵌入5号槽，封好槽口，将其上层边嵌入16号槽，封好槽口，垫好相间绝缘；

（12）将吊起的第一相U的第一个线圈1的上层边嵌入11号槽，封好槽口；

将吊起的第一相U的第二个线圈2的上层边嵌入12号槽，封好槽口；

将吊起的第二相V的第一个线圈3的上层边嵌入7号槽，封好槽口；

将吊起的第二相V的第二个线圈4的上层边嵌入8号槽，封好槽口，垫好相间绝缘。

根据绕组展开图，将U相绕组的四组线圈1、2、7、8，按照首首、尾尾连接，首位两组线圈分别引出线；将V相绕组的四组线圈3、4、9、10，按照首首、尾尾连接，首位两组线圈分别引出线；将W相绕组的四组线圈5、6、11、12，按照首首、尾尾连接，首位两组线圈分别引出线。

3 单层交叉链式绕组的嵌线工艺

一般情况下，小型三相异步电动机的 q=3（每极每相槽数）时，定子绕组采用单层同心式绕组形式。

图 6-18 单层交叉链式绕组的嵌线工艺（例 1）

如图 6-18 所示，以 2 极 18 槽单层交叉链式绕组为例。其定子槽数为 Z_1=18，极数 $2p$=2，每极每相槽数 q=3，节距 y=7（1—8）、8（1—9），并联支路数 a=1。

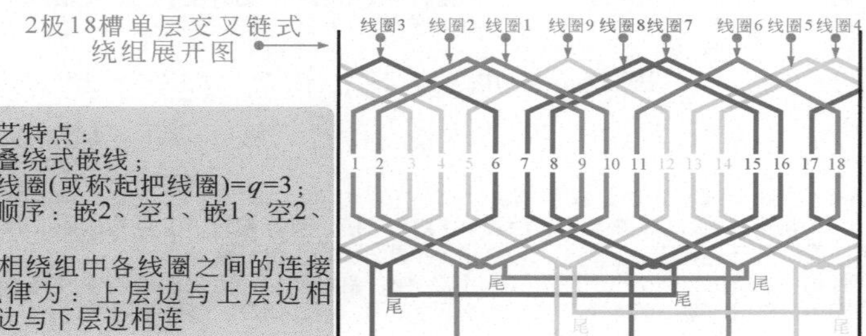
2极18槽单层交叉链式绕组展开图
线圈3 线圈2 线圈1 线圈9 线圈8 线圈7 线圈6 线圈5 线圈4
1 2 3 4 5 6 7 8 9 10 11 12 13 14 15 16 17 18
尾 尾 尾 尾 尾 尾
V2 U1 W2 V1 U2 W1

绕线工艺特点：
◆采用叠绕式嵌线；
◆吊把线圈(或称起把线圈)=q=3；
◆嵌线顺序：嵌2、空1、嵌1、空2、吊q；
◆同一相绕组中各线圈之间的连接线连接规律为：上层边与上层边相连，下层边与下层边相连

先将 U 相两组线圈 1 和 2 首尾连接构成一个大线圈；线圈 6 为小线圈；同一相的两个线圈之间为尾尾连接，V、W 两相与 U 连接方法相同，且相邻两相引出线首（末）相距 6 槽。

嵌线工艺：

（1）将第一相 U 的第一个线圈 1 的下层边嵌入 2 号槽内，封好槽口（整理槽内导线、折叠好槽绝缘，插入槽楔），线圈 1 的上层边暂不嵌入 10 号槽，将其吊起（吊 1）；

将第一相 U 的第二个线圈 2 的下层边嵌入 1 号槽内，封好槽口（整理槽内导线、折叠好槽绝缘，插入槽楔），线圈 2 的上层边暂不嵌入 9 号槽，将其吊起（吊 2）；

（2）空一个槽（空 18 号槽）；

（3）将第二相 V 的第一个线圈 3 的下层边嵌入 17 号槽，封好槽口，线圈 3 的上层边暂不嵌入 6 号槽内，将其吊起（吊 3）；

（4）空两个槽（空 16、15 号槽）；

（5）将第三相 W 的第一个线圈 4 的下层边嵌入 14 号槽，封好槽口，上层边嵌入 4 号槽（因为前面吊起线圈数已经等于 q，即 3 个，这里不必再吊起），封好槽口；

将第三相 W 的第二个线圈 5 的下层边嵌入 13 号槽，封好槽口，上层边嵌入 3 号槽，封好槽口，垫好相间绝缘；

（6）空一个槽（空 12 号槽）；

（7）将第一相 U 的第三个线圈 6 的下层边嵌入 11 号槽，封好槽口，将其上层边嵌入 18 号槽，封好槽口；

（8）空两个槽（空 10、9 号槽）；

（9）将第二相 V 的第二个线圈 7 的下层边嵌入 8 号槽，封好槽口，将其上层边嵌入 16 号槽，封好槽口；

将第二相 V 的第三个线圈 8 的下层边嵌入 7 号槽，封好槽口，将其上层边嵌入 15 号槽，封好槽口；

（10）空一个槽（空 6 号槽）；

（11）将第三相 W 的第三个线圈 9 的下层边嵌入 5 号槽，封好槽口，将其上层边嵌入 12 号槽，封好槽口，垫好相间绝缘；

（12）将吊起的第一相 U 的第一个线圈 1 的上层边嵌入 10 号槽，封好槽口；

将吊起的第一相 U 的第二个线圈 2 的上层边嵌入 9 号槽，封好槽口；

将吊起的第二相 V 的第一个线圈 3 的上层边嵌入 6 号槽，封好槽口，垫好相间绝缘。

顺序	1	2	3	4	5	6	7	8	9	10	11	12	13	14	15	16	17	18
嵌入槽号	2	1	17	14	4	13	3	11	18	8	16	7	15	5	12	10	9	6

叠绕式是指采用“嵌2、空1、嵌1、空2、吊3”的方法进行嵌线，即连续嵌两个槽，然后空一个槽，再嵌一个槽，然后空两个槽，接着连续嵌两个槽，然后空一个槽，再嵌一个槽，然后空两个槽，直至全部嵌完

图 6-19　单层交叉链式绕组的嵌线工艺（例 2）

如图 6-19 所示，以 4 极 36 槽单层交叉链式绕组为例。其定子槽数为 $Z_1=36$，极数 $2p=4$，每极每相槽数 $q=3$，节距 $y=7$（1—8）、8（1—9），并联支路数 $a=1$。

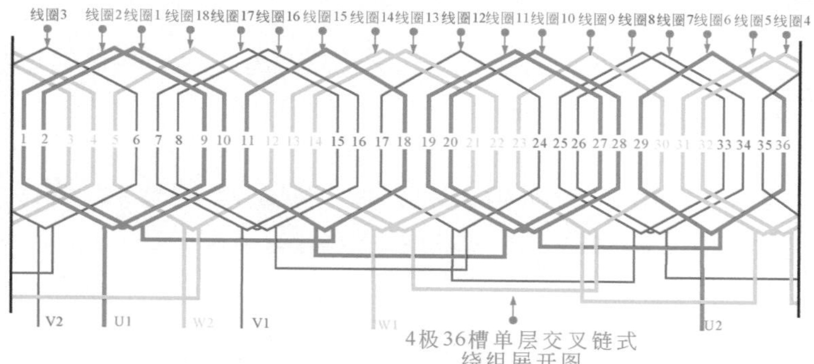
线圈3 线圈2 线圈1 线圈18 线圈17 线圈16 线圈15 线圈14 线圈13 线圈12 线圈11 线圈10 线圈9 线圈8 线圈7 线圈6 线圈5 线圈4
1 2 3 4 5 6 7 8 9 10 11 12 13 14 15 16 17 18 19 20 21 22 23 24 25 26 27 28 29 30 31 32 33 34 35 36
V2 U1 W2 V1 W1 U2
4极36槽单层交叉链式绕组展开图

嵌线工艺：

（1）将第一相 U 线圈 1 的下层边嵌入 2 号槽内，封好槽口（整理槽内导线、折叠好槽绝缘，插入槽楔），线圈 1 的上层边暂不嵌入 10 号槽，将其吊起（吊 1）；

将第一相 U 线圈 2 的下层边嵌入 1 号槽内，封好槽口（整理槽内导线、折叠好槽绝缘，插入槽楔），线圈 2 的上层边暂不嵌入 9 号槽，将其吊起（吊 2）；

（2）空一个槽（空 36 号槽）；

（3）将第二相 V 线圈 3 的下层边嵌入 35 号槽，封好槽口，线圈 3 的上层边暂不嵌入 6 号槽内，将其吊起（吊 3）；

（4）空两个槽（空 34、33 号槽）；

（5）将第三相 W 线圈 4 的下层边嵌入 32 号槽，封好槽口，上层边嵌入 4 号槽（因为前面吊起线圈数已经等于 q，即 3 个，这里不必再吊起），封好槽口；

将第三相 W 线圈 5 的下层边嵌入 31 号槽，封好槽口，上层边嵌入 3 号槽，封好槽口，垫好相间绝缘；

（6）空一个槽（空 30 号槽）；

（7）将第一相 U 线圈 6 的下层边嵌入 29 号槽，封好槽口；将其上层边嵌入 36 号槽，封好槽口；

（8）空两个槽（空 28、27 号槽）；

（9）将第二相 V 线圈 7 的下层边嵌入 26 号槽，封好槽口；将其上层边嵌入 34 号槽，封好槽口；

将第二相 V 线圈 8 的下层边嵌入 25 号槽，封好槽口；将其上层边嵌入 33 号槽，封好槽口；

（10）空一个槽（空 24 号槽）；

（11）将第三相 W 线圈 9 的下层边嵌入 23 号槽，封好槽口；将其上层边嵌入 30 号槽，封好槽口，垫好相间绝缘；

（12）空两个槽（空 22、21 号槽）；

（13）将第一相 U 线圈 10 的下层边嵌入 20 号槽，封好槽口；将其上层边嵌入 28 号槽，封好槽口；

将第一相 U 线圈 11 的下层边嵌入 19 号槽，封好槽口；将其上层边嵌入 27 号槽，封好槽口；

（14）空一个槽（空 18 号槽）；

（15）将第二相 V 线圈 12 的下层边嵌入 17 号槽，封好槽口；将其上层边嵌入 24 号槽，封好槽口；

（16）空两个槽（空 16、15 号槽）；

（17）将第三相 W 线圈 13 的下层边嵌入 14 号槽，封好槽口；将其上层边嵌入 22 号槽，封好槽口；

将第三相 W 线圈 14 的下层边嵌入 13 号槽，封好槽口；将其上层边嵌入 21 号槽，封好槽口，垫好相间绝缘；

（18）空一个槽（空 12 号槽）；

（19）将第一相 U 线圈 15 的下层边嵌入 11 号槽，封好槽口；将其上层边嵌入 18 号槽，封好槽口；

（20）空两个槽（空 10、9 号槽）；

（21）将第二相 V 线圈 16 的下层边嵌入 8 号槽，封好槽口；将其上层边嵌入 16 号槽，封好槽口；

将第二相 V 线圈 17 的下层边嵌入 7 号槽，封好槽口；将其上层边嵌入 15 号槽，封好槽口；

（22）空一个槽（空 6 号槽）；

（23）将第三相 W 线圈 18 的下层边嵌入 5 号槽，封好槽口；将其上层边嵌入 12 号槽，封好槽口，垫好相间绝缘；

（24）将吊起的第一相 U 线圈 1 的上层边嵌入 10 号槽，封好槽口；

将吊起的第一相 U 线圈 2 的上层边嵌入 9 号槽，封好槽口；

将吊起的第二相 V 线圈 3 的上层边嵌入 6 号槽，封好槽口，垫好相间绝缘。

绕线工艺特点：
- ◆ 吊把线圈（或称起把线圈）q=3；
- ◆ 嵌线顺序：嵌2、空1、嵌1、空2、吊q

6.3.2　双层绕组的嵌线工艺

一般情况下，容量较大的中、小型三相异步电动机的定子绕组多采用双层绕组形式。

图 6-20　双层绕组的嵌线工艺

如图 6-20 所示，以 4 极 24 槽双层叠绕式绕组为例。其定子槽数为 Z_1=24，极数 2p=4，每极每相槽数 q=2，节距 y=5（1—6），并联支路数 a=1。

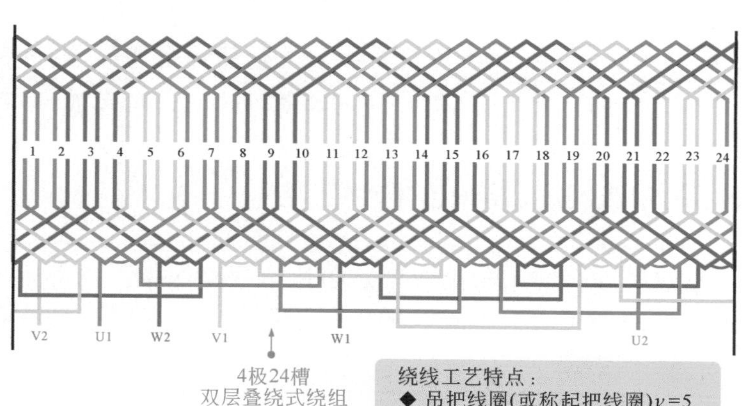
1 2 3 4 5 6 7 8 9 10 11 12 13 14 15 16 17 18 19 20 21 22 23 24
V2
U1
W2
V1
W1
U2
4极24槽
双层叠绕式绕组
绕线工艺特点：
◆ 吊把线圈(或称起把线圈)y=5

嵌线工艺：

（1）将第一相 U 第一个线圈组的下层边嵌入 1 号槽内，整理导线，盖好层间绝缘，其上层边暂不嵌入 6 号槽，将其吊起（吊 1）；

将第二相 V 第一个线圈组的下层边嵌入 24 号槽内，整理导线，盖好层间绝缘，其上层边暂不嵌入 5 号槽，将其吊起（吊 2）；

将第二相 V 第二个线圈组的下层边嵌入 23 号槽内，整理导线，盖好层间绝缘，其上层边暂不嵌入 4 号槽，将其吊起（吊 3）；

将第三相 W 第一个线圈组的下层边嵌入 22 号槽内，整理导线，盖好层间绝缘，其上层边暂不嵌入 3 号槽，将其吊起（吊 4）；

将第三相 W 第二个线圈组的下层边嵌入 21 号槽内，整理导线，盖好层间绝缘，其上层边暂不嵌入 2 号槽，将其吊起（吊 5）；

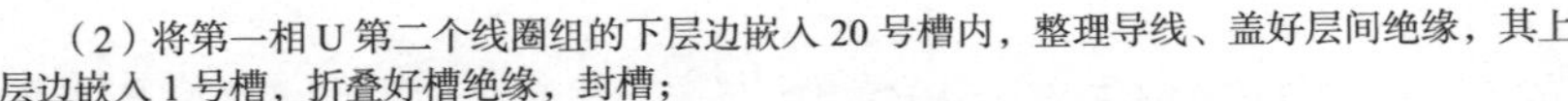

（2）将第一相 U 第二个线圈组的下层边嵌入 20 号槽内，整理导线、盖好层间绝缘，其上层边嵌入 1 号槽，折叠好槽绝缘，封槽；

（3）将第一相 U 第三个线圈组的下层边嵌入 19 号槽内，整理导线、盖好层间绝缘，其上层边嵌入 24 号槽，折叠好槽绝缘，封槽；

（4）将第二相 V 第三个线圈组的下层边嵌入 18 号槽内，整理导线、盖好层间绝缘，其上层边嵌入 23 号槽，折叠好槽绝缘，封槽；

（5）将第二相 V 第四个线圈组的下层边嵌入 17 号槽内，整理导线、盖好层间绝缘，其上层边嵌入 22 号槽，折叠好槽绝缘，封槽；

⋮　　　　⋮

（19）将第三相 W 第八个线圈组的下层边嵌入 3 号槽内，整理导线、盖好层间绝缘，其上层边嵌入 8 号槽，折叠好槽绝缘，封槽；

（20）将第一相 U 第八个线圈组的下层边嵌入 2 号槽内，整理导线、盖好层间绝缘，其上层边嵌入 7 号槽，折叠好槽绝缘，封槽；

（21）将吊起的 5 个线圈的上层边依次嵌入 6、5、4、3、2 号槽内，折叠好槽绝缘，封槽。

注意：每个线圈的下层边嵌入后要盖好层间绝缘并压紧；每个线圈的上层边嵌入后，都要处理槽绝缘，并封槽；每个线圈组嵌完后，都要垫好相间绝缘。

另外，同一相的各线圈组之间的连接应按反向串联的规律，即上层边与上层边相连，下层边与下层边相连。

6.3.3 单双层混合绕组的嵌线工艺

单双层混合绕组是由双层短距绕组变换而来，具有改善电动机性能的优点，且因其平均节距较短，嵌线时比较节省材料，易于嵌线。

❶ 双层短距绕组到单双层混合绕组的变化过程

图 6-21　双层短距绕组到单双层混合绕组的变化过程

如图 6-21 所示，以 4 极 36 槽双层短距绕组转换为 4 极 36 槽单双层绕组为例。其双层短距绕组定子槽数为 Z_1=36，极数 $2p$=4，每极每相槽数 q=3，节距 y=8（1—9），并联支路数 a=1。

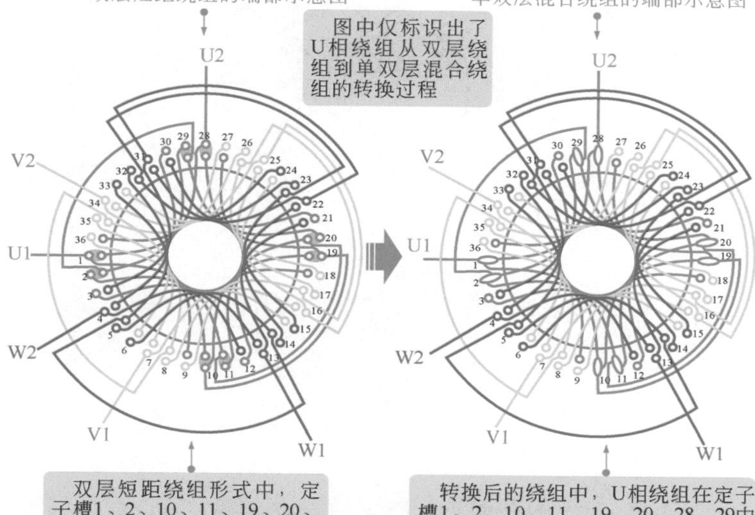
双层短距绕组的端部示意图
单双层混合绕组的端部示意图
图中仅标识出了U相绕组从双层绕组到单双层混合绕组的转换过程
U2
V2
U1
W2
V1
W1
1 2 3 4 5 6 7 8 9 10 11 12 13 14 15 16 17 18 19 20 21 22 23 24 25 26 27 28 29 30 31 32 33 34 35 36

双层短距绕组形式中，定子槽1、2、10、11、19、20、28、29中上下两层绕组都属于U相，因此可将其合并到一起(需要改变端部的连接方法)，那么这些定子槽中相当于嵌入一个较粗的单层绕组

转换后的绕组中，U相绕组在定子槽1、2、10、11、19、20、28、29中为单层绕组形式；U相绕组在3、9、12、18、21、27、30、36槽中与其他相构成双层绕组形式，由此形成一个单、双层混合绕组

同样，电动机定子槽7、8、16、17、25、26、34、35中的上下两层绕组都属于V相，可将其合并到一起构成单层绕组；
定子槽6、9、15、18、24、27、33、36中为V相与其他相构成的双层绕组

同样，电动机定子槽4、5、13、14、22、23、31、32中的上下两层绕组都属于W相，可将其合并到一起构成单层绕组；
定子槽3、6、12、15、21、24、30、33中为V相与其他相构成的双层绕组

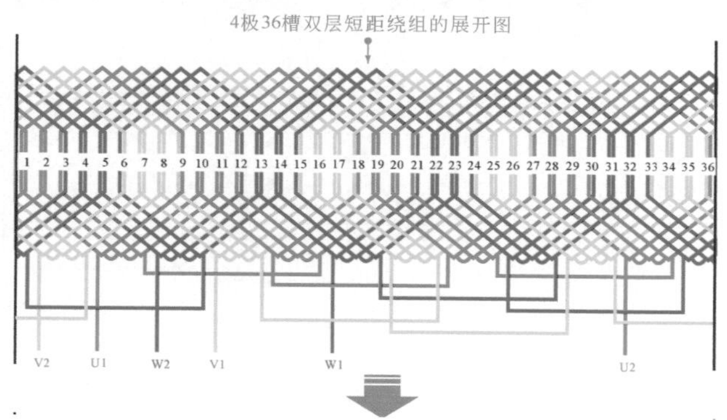
4极36槽双层短距绕组的展开图
1 2 3 4 5 6 7 8 9 10 11 12 13 14 15 16 17 18 19 20 21 22 23 24 25 26 27 28 29 30 31 32 33 34 35 36
V2
U1
W2
V1
W1
U2

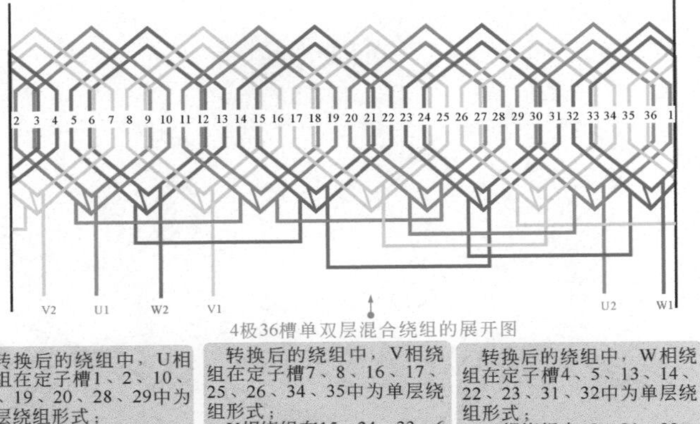
2 3 4 5 6 7 8 9 10 11 12 13 14 15 16 17 18 19 20 21 22 23 24 25 26 27 28 29 30 31 32 33 34 35 36 1
V2 U1 W2 V1 U2 W1

4极36槽单双层混合绕组的展开图

转换后的绕组中，U相绕组在定子槽1、2、10、11、19、20、28、29中为单层绕组形式；U相绕组在9、18、27、36号槽中位于下层；U相绕组在3、12、21、30号槽中位于上层

转换后的绕组中，V相绕组在定子槽7、8、16、17、25、26、34、35中为单层绕组形式；V相绕组在15、24、33、6号槽中位于下层；V相绕组在9、18、27、36号槽中位于上层

转换后的绕组中，W相绕组在定子槽4、5、13、14、22、23、31、32中为单层绕组形式；W相绕组在12、21、30、3号槽中位于下层；W相绕组在6、15、24、33号槽中位于上层

2 单双层混合绕组的嵌线工艺

图 6-22 单双层混合绕组的嵌线工艺

如图 6-22 所示，以 4 极 36 槽单双层混合绕组为例。其定子槽数为 Z_1=36，极数 2p=4，大圈节距 y=8（2—10），小圈节距 y=6（3—9）。

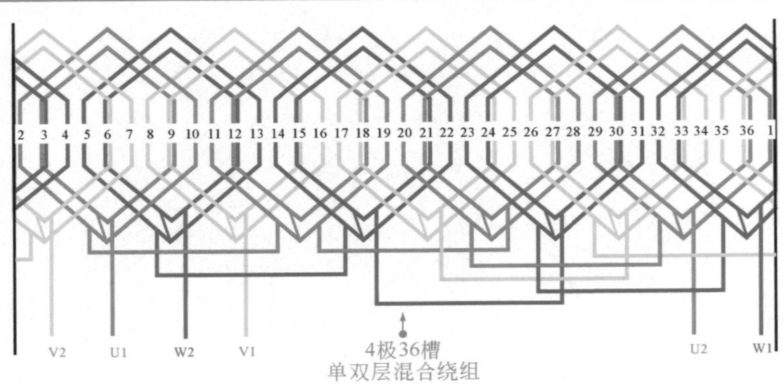
2 3 4 5 6 7 8 9 10 11 12 13 14 15 16 17 18 19 20 21 22 23 24 25 26 27 28 29 30 31 32 33 34 35 36 1
V2 U1 W2 V1 U2 W1

4极36槽
单双层混合绕组

绕线工艺特点：
◆ 吊把线圈 =4
◆ 大圈节距为8，单层；小圈节距为6，双层
◆ 同一个线圈组中，先嵌小线圈，再嵌大线圈
◆ 嵌线规律：嵌2、空1、吊4

嵌线工艺：

（1）将第一相第一个线圈组（一大一小）中带引线的小线圈的下层边嵌入 3 号槽内，盖好层间绝缘并压紧，其上层边暂不嵌入 9 号槽，将其吊起（吊 1）；

接着，将大线圈的下层边嵌入 2 号槽内，折叠好槽绝缘，封槽，其上层边暂不嵌入 10 号槽，将其吊起（吊 2）；

（2）空一个槽（槽号 1）；

（3）将第二相第一个线圈组（一大一小）中带引线的小线圈的下层边嵌入 36 号槽内，盖好层间绝缘并压紧，其上层边暂不嵌入 6 号槽，将其吊起（吊 3）；

接着，将大线圈的下层边嵌入 35 号槽内，折叠好槽绝缘，封槽，其上层边暂不嵌入 7 号槽，将其吊起（吊 4）；

（4）空一个槽（槽号 34）；

（5）将第三相第一个线圈组（一大一小）中带引线的小线圈的下层边嵌入 33 号槽内，盖好层间绝缘并压紧，其上层边嵌入 3 号槽内（前面已经吊起 4，该线圈不必吊起），盖好层间绝缘并压紧；

接着，将大线圈的下层边嵌入 32 号槽内，折叠好槽绝缘，封槽，其上层边嵌入 4 号槽，盖好层间绝缘并压紧；

（6）空一个槽（槽号 31）；

（7）将第一相第二个线圈组（一大一小）中小线圈的下层边嵌入 30 号槽内，盖好层间绝缘并压紧，其上层边嵌入 36 号槽内，折叠好槽绝缘，封槽（上、下两层均已嵌入）；

接着，将大线圈的下层边嵌入 29 号槽内，折叠好槽绝缘，封槽，其上层边嵌入 1 号槽，折叠好槽绝缘，封槽；

（8）空一个槽（槽号 28）；

（9）将第二相第二个线圈组（一大一小）中小线圈的下层边嵌入 27 号槽内，盖好层间绝缘并压紧，其上层边嵌入 33 号槽内，折叠好槽绝缘，封槽（上、下两层均已嵌入）；

接着，将大线圈的下层边嵌入 26 号槽内，折叠好槽绝缘，封槽，其上层边嵌入 34 号槽，折叠好槽绝缘，封槽；

（10）空一个槽（槽号 25）；

（11）将第三相第二个线圈组（一大一小）中小线圈的下层边嵌入 24 号槽内，盖好层间绝缘并压紧，其上层边嵌入 30 号槽内，折叠好槽绝缘，封槽（上、下两层均已嵌入）；

接着，将大线圈的下层边嵌入 23 号槽内，折叠好槽绝缘，封槽，其上层边嵌入 31 号槽，折叠好槽绝缘，封槽；

（12）以此规律，分别将三相绕组的第三个、四个，嵌入定子槽中，封槽；

（13）将第一、二相吊把线圈的上层分别嵌入 9、10、6、7 内，封槽。

第7章 电动机绕组的焊接工艺

7.1 电动机绕组焊接设备的使用

7.1.1 电动机绕组焊接的辅助材料

电动机绕组绕制和嵌线完成后，需要将同相绕组的线圈按照连接要求和顺序连接起来，为确保连接可靠，通常采用钎焊的方法连接。

钎焊即借助焊接用电烙铁，将焊料熔化在电动机绕组的接头处，使接头处均匀覆盖一层焊料，实现绕组线圈之间的连接。

图 7-1 电动机绕组焊接的辅助材料的特点和选用

如图 7-1 所示，电动机绕组焊接除了基本的焊接设备外，辅助的焊接材料，如焊料、焊剂的正确选择，也是保证钎焊质量的一个重要因素。

电烙铁
焊料
焊剂
焊剂

	分类	类型	特点	适用
焊料	软焊料	锡	抗电化腐蚀性好，熔化后流动性好	各种电动机绕组线圈之间的焊接
	硬焊料	银铜	导电性、抗腐蚀性好，价格较高	适用于机械强度和电气性能要求特别高的绕组接头，如大型同步电动机定子和转子绕组连接等
说明	焊料应具有适宜的熔点，良好的流动性、抗腐蚀性和导电性，且应经济实用			
	分类	类型	特点	适用
焊剂	有机焊剂（中性焊剂）	松香、松香酒精溶剂	无腐蚀性，可形成坚硬的薄膜，保护焊接处不受氧化和腐蚀	铜线绕组钎焊中普遍采用
	无机焊剂（酸性焊剂）	氯化锌、硼砂、焊药膏	能有效清除焊件的氧化物，改善焊料流动性，但对铜和绝缘有腐蚀性	绕组焊接中一般不使用。若必须使用这类焊剂时，焊后必须彻底清除焊剂残余和焊渣
说明	钎焊的焊剂应能够溶解和除去氧化物，使钎焊容易进行；能改善焊料对焊件的润湿性；低于焊料的熔点，具有一定的流动性，容易脱渣			

7.1.2 电烙铁的使用

图 7-2 电烙铁的特点

如图 7-2 所示，电烙铁是电动机绕组钎焊过程中必不可少的工具，正确使用电烙铁是保证焊接的重要环节，因此，学习电动机绕组钎焊，首先要掌握电烙铁的使用方法。

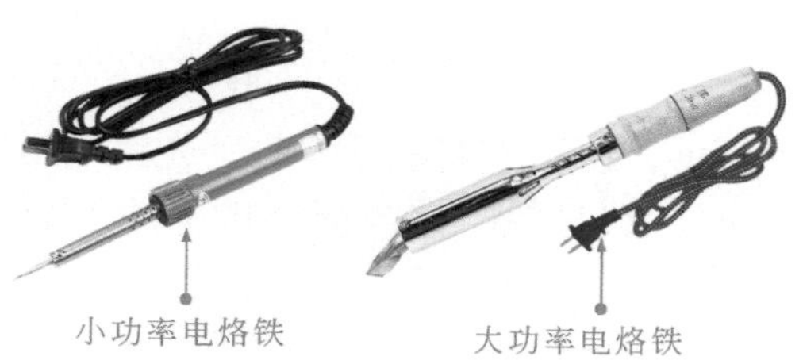
小功率电烙铁
大功率电烙铁

图 7-3　电烙铁握持方式

如图 7-3 所示，使用电烙铁前掌握电烙铁的正确握持方式是很重要的。一般电烙铁的握持方式有握笔法、反握法、正握法三种。

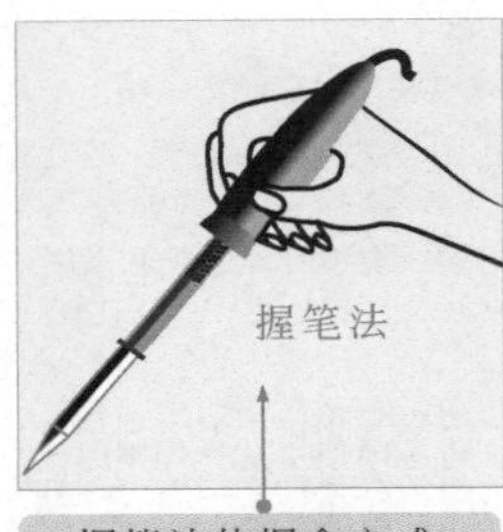
握笔法

握笔法的握拿方式，这种姿势比较容易掌握，但长时间操作比较容易疲劳，烙铁容易抖动，影响焊接效果，一般适用于小功率电烙铁和热容量小的被焊件

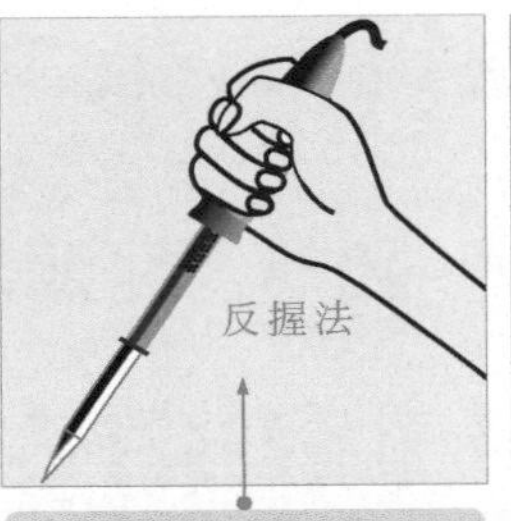
反握法

反握法的握拿方式，这种方式是用反握法把电烙铁柄置于手掌内，烙铁头在小指侧，这种握法的特点是比较稳定，长时间操作不易疲劳，适用于较大功率的电烙铁

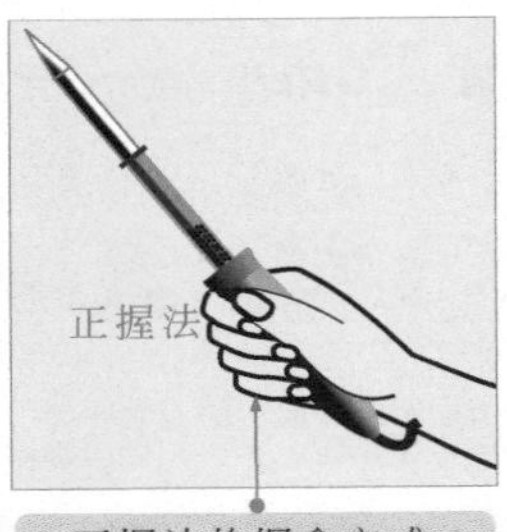
正握法

正握法的握拿方式，这种方式是把电烙铁柄握在手掌内，与反握法不同的是其拇指靠近烙铁头部，这种握法适于中等功率电烙铁或采用弯形电烙铁头的操作

图 7-4　电烙铁使用前的预热

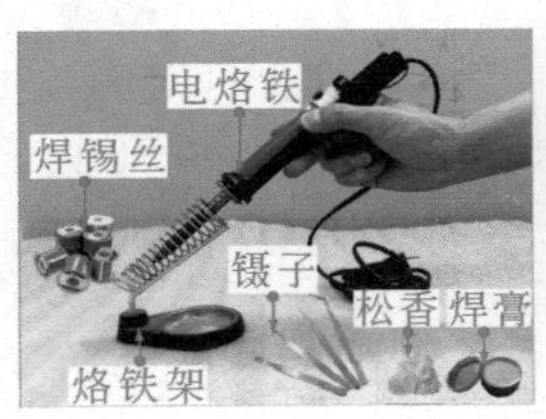
电烙铁
焊锡丝
镊子
松香
焊膏
烙铁架

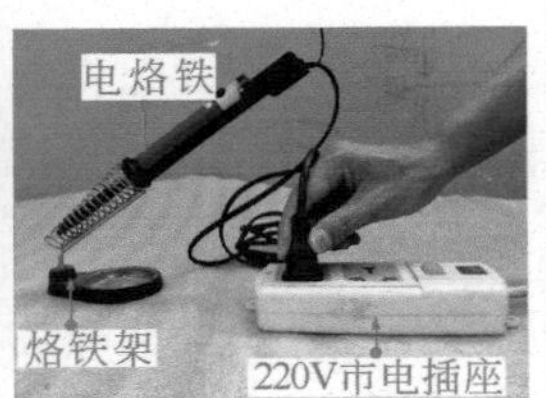
电烙铁
烙铁架
220V市电插座

如图 7-4 所示，使用电烙铁前，应先将电烙铁置于电烙铁架上，通电预热。

图 7-5　电烙铁的使用方法

如图 7-5 所示，使用电烙铁钎焊时，先将电烙铁挂上适量锡液，然后将电烙铁头置于被焊绕组接头的下面，然后将焊锡迅速涂在接头上，焊锡覆盖均匀后，将电烙铁离开焊接点即可。

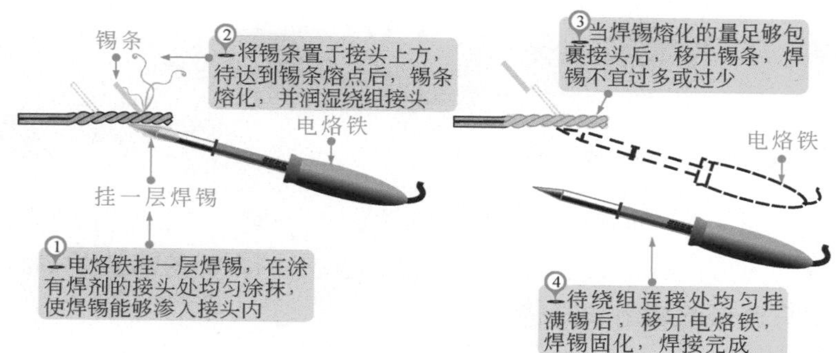
锡条
②将锡条置于接头上方，待达到锡条熔点后，锡条熔化，并润湿绕组接头
电烙铁
挂一层焊锡
①电烙铁挂一层焊锡，在涂有焊剂的接头处均匀涂抹，使焊锡能够渗入接头内
③当焊锡熔化的量足够包裹接头后，移开锡条，焊锡不宜过多或过少
电烙铁
④待绕组连接处均匀挂满锡后，移开电烙铁，焊锡固化，焊接完成

7.2 电动机绕组焊接头的连接形式

7.2.1 绞接

图 7-6 电动机绕组接头的绞接方式

如图 7-6 所示，电动机同相绕组的线圈之间需要先连接后，再借助焊接设备焊接。通常，线径较小的绕组多采用绞接方式连接，即直接将线头绞合在一起。

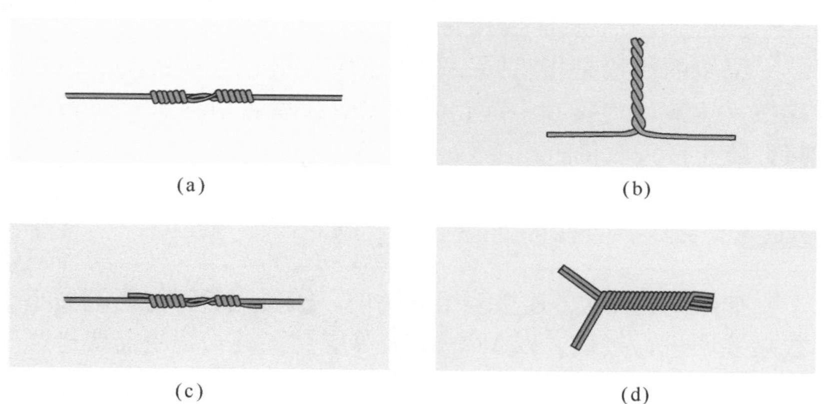

(a)　(b)

(c)　(d)

7.2.2 扎线连接

图 7-7 电动机绕组接头的扎线连接方式

如图 7-7 所示，通常，线径较粗的绕组多采用扎线连接方式连接。即用较细（ϕ0.3 ～ ϕ0.8mm）的去掉绝缘漆的铜线，将待连接的绕组线圈接头扎紧。

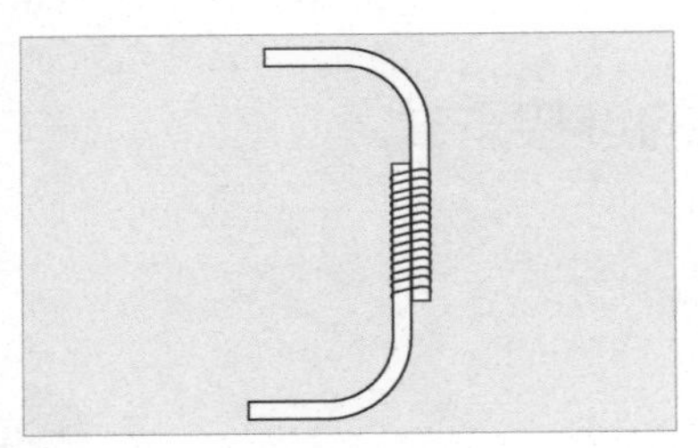
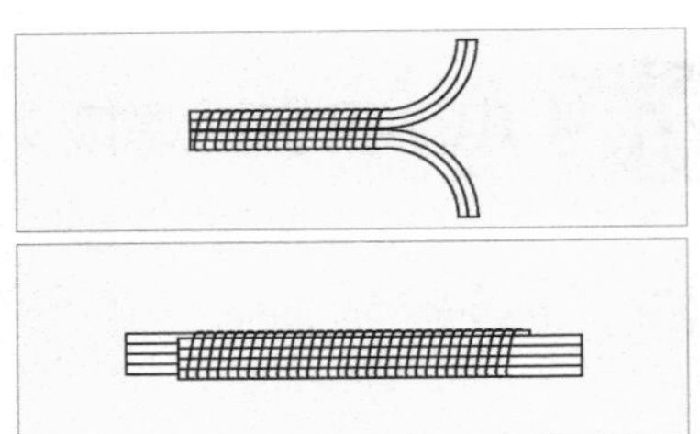

7.3 电动机绕组的焊接与绝缘处理操作

7.3.1 电动机绕组的焊接

绕组的焊接是指将同一相绕组中各极相绕组线圈的首尾端按一定规律连接在一起，并借助焊接设备对接头处进行焊接，防止接头氧化。

图 7-8 了解同相绕组线圈间的连接关系

如图 7-8 所示，连接绕组线圈前，需要先参考绕组端面布线接线图进行接线。以 18 槽 2 极单层交叉链式绕组需要进行连接的绕组引出线为例。

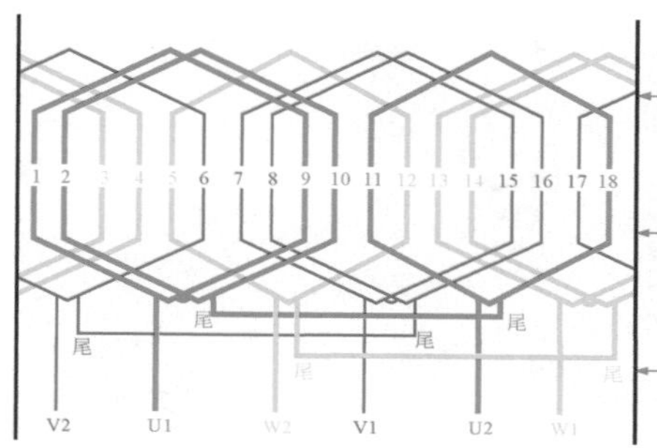
1 2 3 4 5 6 7 8 9 10 11 12 13 14 15 16 17 18
尾
尾
尾
尾
尾
尾
V2
U1
W2
V1
U2
W1

U相中，U1端由1号槽引出，9号槽引出线与2号槽引出线连接；10号槽引出线连接18号槽引出线；11号槽引出线引出作为U2端

V相中，V1端由7号槽引出，15号槽引出线与8号槽引出线连接；16号槽引出线连接6号槽引出线；17号槽引出线引出作为V2端

W相中，W1端由13号槽引出，3号槽引出线与14号槽引出线连接；4号槽引出线连接12号槽引出线；5号槽引出线引出作为W2端

图 7-9　连接并焊接绕组线圈引出线

图 7-9 为同相绕组线圈间引出线的连接和焊接方法（引线较细，采用绞接连接，钎焊焊接）。

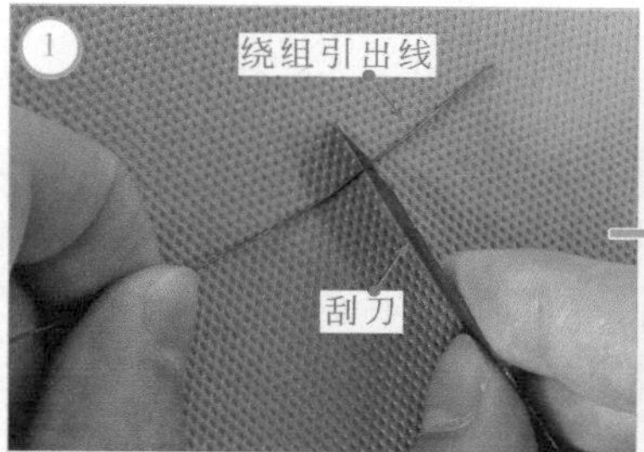
1
绕组引出线
刮刀

用刮刀刮掉两组待连接引出线头上的绝缘漆。

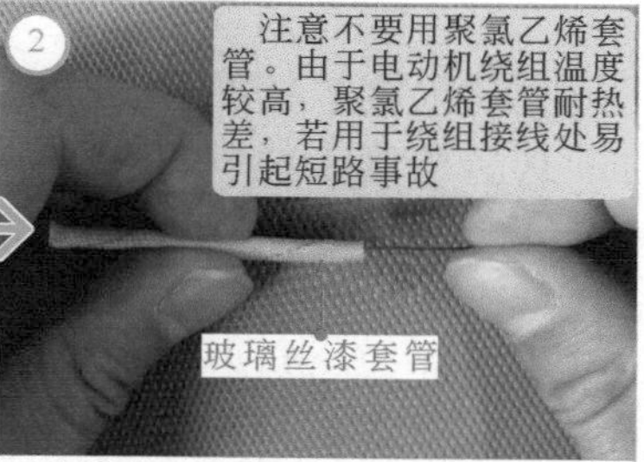
2
注意不要用聚氯乙烯套管。由于电动机绕组温度较高，聚氯乙烯套管耐热差，若用于绕组接线处易引起短路事故
玻璃丝漆套管

在其中一组引出线上套上玻璃丝漆套管，并推到一侧，备用。

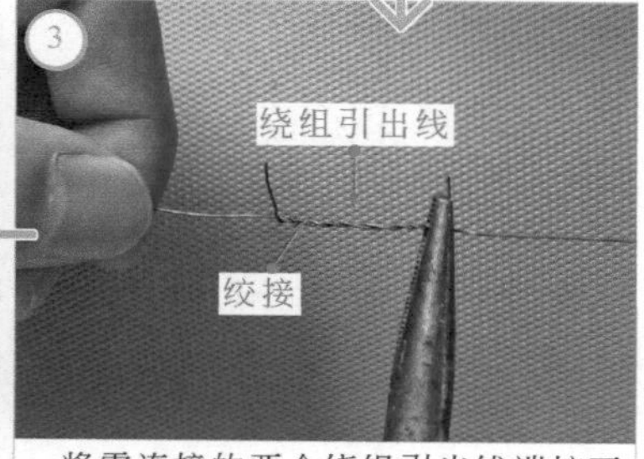
3
绕组引出线
绞接

将需连接的两个绕组引出线端按正确的方法绞合好(较细导线采用绞接法)。

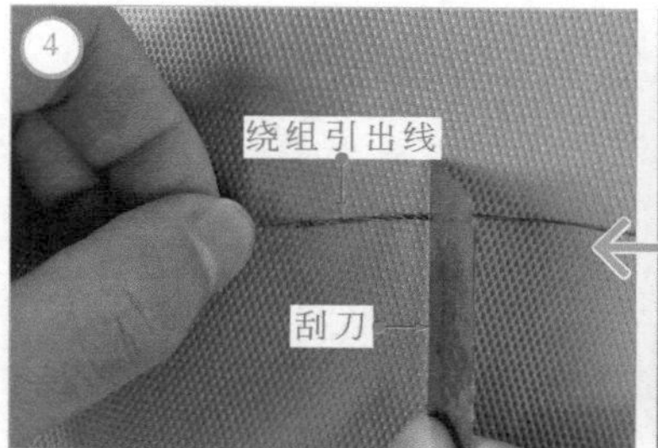
4
绕组引出线
刮刀

用刮刀再次对绞接头部分去除绝缘漆处理。一般采用双界面刮刀，一边刮一边不断转动方向，使漆包线接头周围都刮干净。

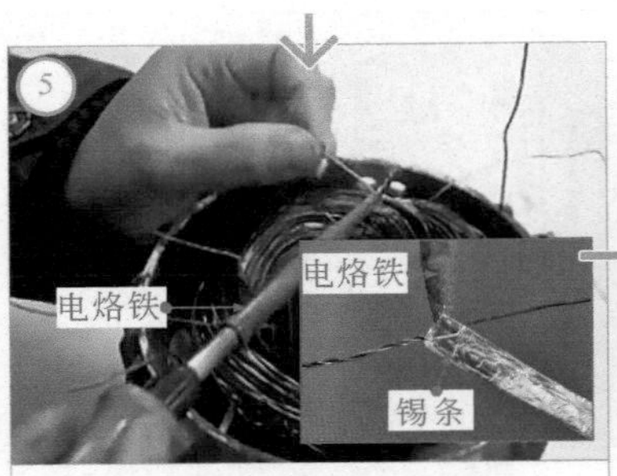
5
电烙铁
电烙铁
锡条
使用电烙铁和锡条焊接接头部分。

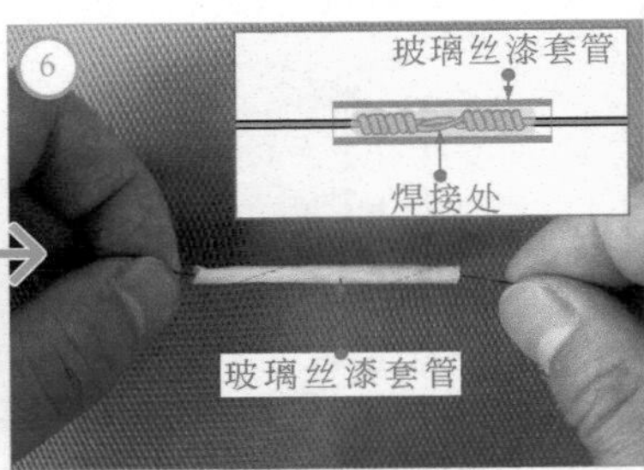
6
玻璃丝漆套管
焊接处
玻璃丝漆套管
趁热将前面推在一侧的玻璃丝漆套管套在焊接处。

7.3.2 电动机绕组的绝缘处理

电动机绕组按照规范嵌线完成后，其绝缘性能良好，但由于其所用绝缘材料多为纤维制成，纤维会吸附水分，将影响电动机的绝缘性能，因此电动机绕组嵌线完成后需要进行浸漆烘干等绝缘处理，可有效改善绕组的导热性和提高散热性、抗潮性、防霉性以及抗振性和机械稳定性；另外浸漆也提高了绕组的机械强度，使绕组表面形成光滑的漆膜，还可增强耐油、耐电弧的能力。

电动机绕组进行浸漆和烘干操作也称为电动机的绝缘处理。其主要有四个步骤：预烘、绕组浸漆、浸烘处理和涂覆盖漆。电动机浸漆和烘干的方法有很多，在实际操作中，根据电动机和操作的具体情况选择合适的操作方法即可。

❶ 预烘

图 7-10 绕组浸漆前的预烘操作

如图 7-10 所示，绕组浸漆前，先将绕组预热高出线圈绝缘耐热等级 5 ～ 10℃，该操作称为预烘，主要是为了将电动机绕组间隙及绝缘内部的潮气烘干，提高浸漆的质量。

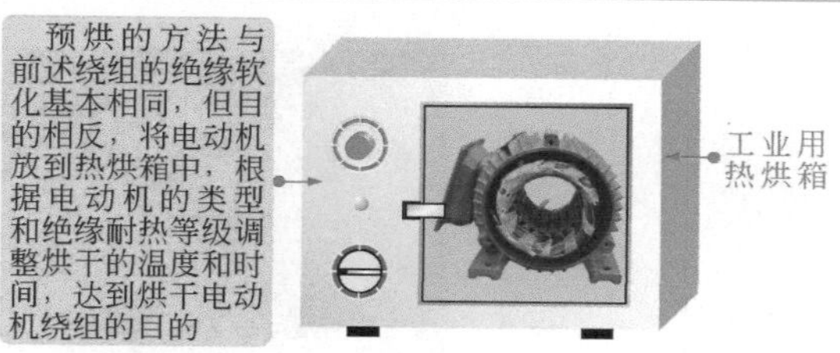
预烘的方法与前述绕组的绝缘软化基本相同，但目的相反，将电动机放到热烘箱中，根据电动机的类型和绝缘耐热等级调整烘干的温度和时间，达到烘干电动机绕组的目的
工业用热烘箱

❷ 绕组浸漆

绕组经预烘后的温度降至 60 ～ 80℃时，便可以开始浸漆。常用的浸漆方法主要有浇漆法和浸泡法。

图 7-11 采用浇漆法进行绕组浸漆

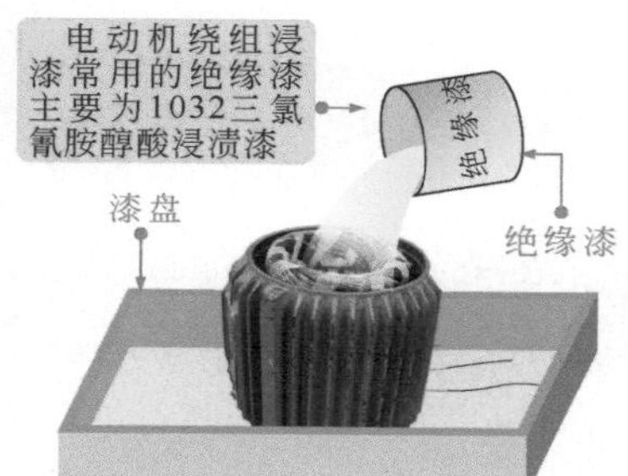
电动机绕组浸漆常用的绝缘漆主要为1032三氯氰胺醇酸浸渍漆
绝缘漆
漆盘
绝缘漆

如图 7-11 所示，浇漆浸漆法是指将绝缘漆浇到绕组中的方法，在维修中较常采用。浇漆时，为了节省原料，将电动机垂直放在漆盘上，先浇制绕组的一段，经过 20 ～ 30min 后，将电动机调过来再浇制另一端，直到电动机两端均浇透。

图 7-12 采用浸泡法进行绕组浸漆

如图 7-12 所示，浸泡浸漆法是指将电动机浸入盛有绝缘漆的容器（浸漆箱）中，并使电动机全部浸入内部（一般要求容器中的绝缘漆要高出电动机 20cm），一段时间后（不再冒气泡时），取出电动机即可。

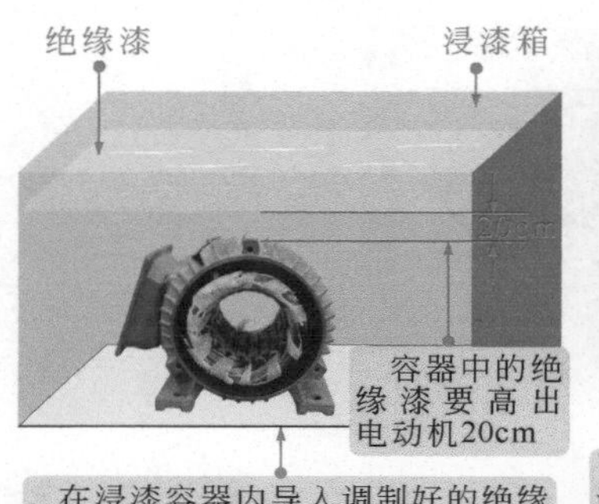

绝缘漆
浸漆箱
20cm
容器中的绝缘漆要高出电动机20cm
在浸漆容器内导入调制好的绝缘漆，用绳索悬挂电动机定子，使其全部浸入绝缘漆内

绝缘漆
浸漆过程要求绝缘漆应浸到电动机定子绕组和定子槽内的所有缝隙中
浸漆操作一般可分两次进行：第一次浸漆要求20℃时绝缘漆的黏度为18～23s；第二次浸漆一般要求20℃时绝缘漆的黏度为28～32s，可在绝缘表面形成漆膜

3 浸烘处理

浸烘处理主要是将绝缘漆中的溶剂和水分蒸干，使绕组表面的绝缘漆变为坚固的漆膜的操作。

目前，常用的电动机绕组浸烘方法主要有灯泡烘干法、通电烘干法等。

图 7-13 灯泡烘干法

如图 7-13 所示，灯泡烘干法是指借助灯泡散发热量对电动机绕组上的绝缘漆进行烘干的一种方法，一般适用于小型电动机绕组绝缘漆的烘干。

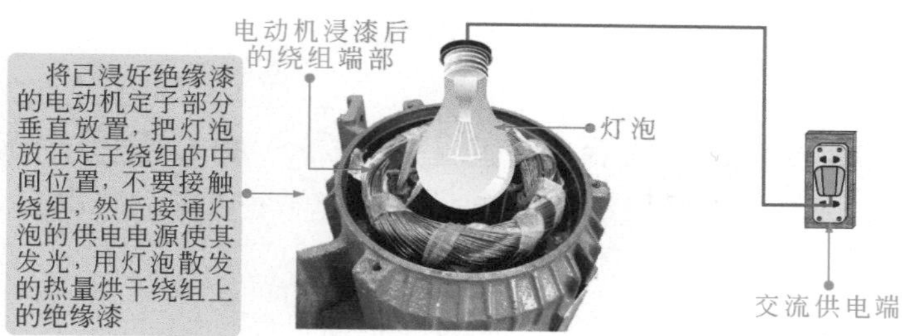
电动机浸漆后的绕组端部
将已浸好绝缘漆的电动机定子部分垂直放置，把灯泡放在定子绕组的中间位置，不要接触绕组，然后接通灯泡的供电电源使其发光，用灯泡散发的热量烘干绕组上的绝缘漆
灯泡
交流供电端

图 7-14　通电烘干法

如图 7-14 所示，通电烘干法又称为电流烘干法，是指将电动机绕组的引出端子接在低压电源上（低于额定工作电压），使绕组中有电流通过，通过绕组自身发热进行烘干。

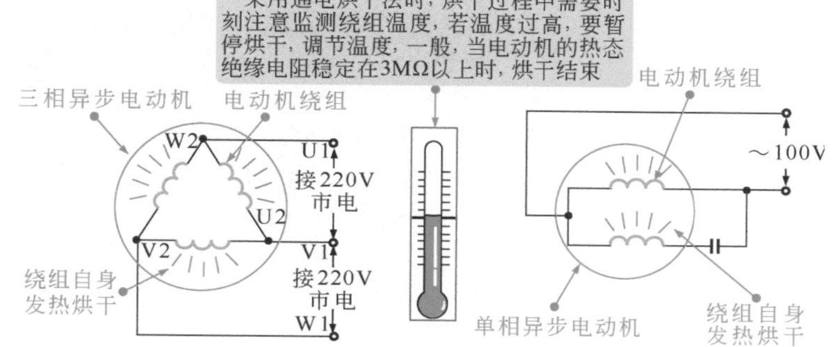
采用通电烘干法时，烘干过程中需要时刻注意监测绕组温度，若温度过高，要暂停烘干，调节温度，一般，当电动机的热态绝缘电阻稳定在3MΩ以上时，烘干结束
三相异步电动机
电动机绕组
W2
U1
接220V市电
U2
V2
V1
接220V市电
W1
绕组自身发热烘干
电动机绕组
～100V
单相异步电动机
绕组自身发热烘干

绕组进行浸烘需要两个阶段。第一阶段为低温阶段，使绝缘漆中的溶剂挥发掉，在烘干时，温度不必太高，温度控制在 70 ～ 80℃即可，一般烘干 2 ～ 4h。

第二阶段是高温阶段，此阶段是为了使绝缘漆聚合和基氧化，形成漆膜，此时温度需要提高到 130℃ ±5℃。此阶段烘干时，要每隔 1h 测量一次电动机的绝缘电阻值，当所测量三个连接点的绝缘电阻值不变时，此电动机绕组浸烘完成。

另外，电动机浸漆后烘干操作也可采用电烤箱烘干法，其操作方法与预烘时操作相同。一般烘干时 A 级绝缘温度应为 115 ～ 125℃，E、B 级绝缘为 125 ～ 135℃，时间为 5h 左右。

4 涂覆盖漆

电动机浸漆完成后，绕组温度在 50 ～ 80℃时进行涂覆盖漆两次，对于电动机经常工作在潮湿的环境可多涂几次漆。

图 7-15 电动机涂覆盖漆操作

电动机
绝缘漆

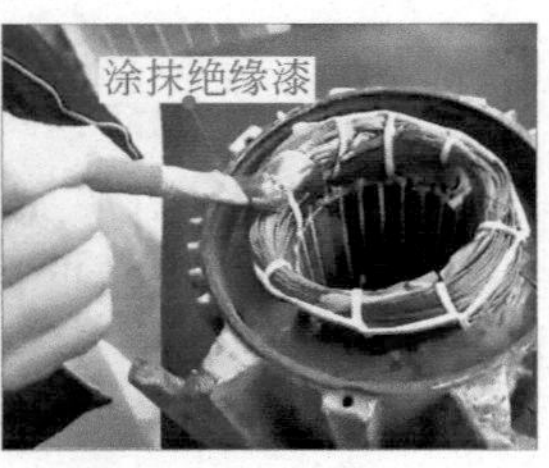
涂抹绝缘漆

如图 7-15 所示，用干净的毛刷蘸取适量的绝缘漆，涂抹电动机绕组，重点涂抹端部，完成电动机覆盖漆涂抹操作。

第8章
常用电动机绕组接线方式

8.1 单相异步电动机的绕组接线图

8.1.1 2极12槽正弦绕组接线图

图 8-1 2 极 12 槽正弦绕组接线图

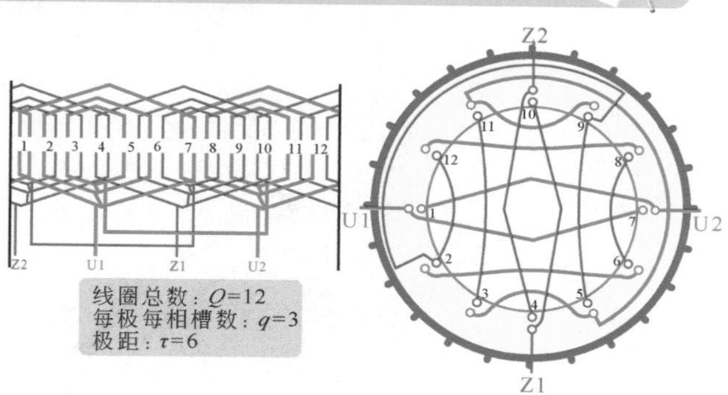

Z2
U1
U2
Z1
1 2 3 4 5 6 7 8 9 10 11 12
Z2 U1 Z1 U2
线圈总数：Q=12
每极每相槽数：q=3
极距：τ=6

8.1.2 4极12槽正弦绕组接线图

图 8-2 4 极 12 槽正弦绕组接线图

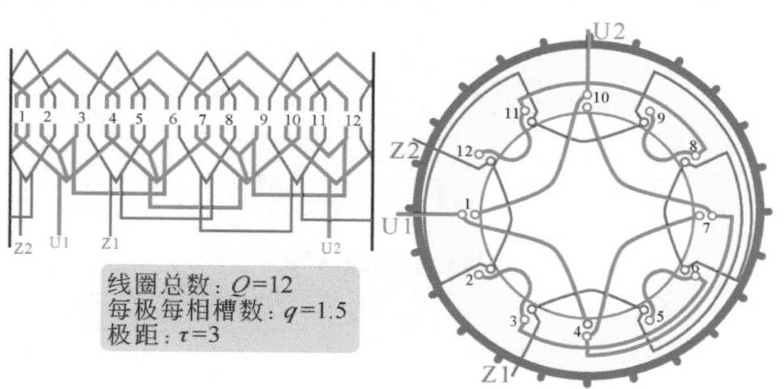

U2
Z2
U1
Z1
1 2 3 4 5 6 7 8 9 10 11 12
Z2 U1 Z1 U2
线圈总数：Q=12
每极每相槽数：q=1.5
极距：τ=3

8.1.3 2极18槽正弦绕组接线图

图 8-3 2 极 18 槽正弦绕组接线图

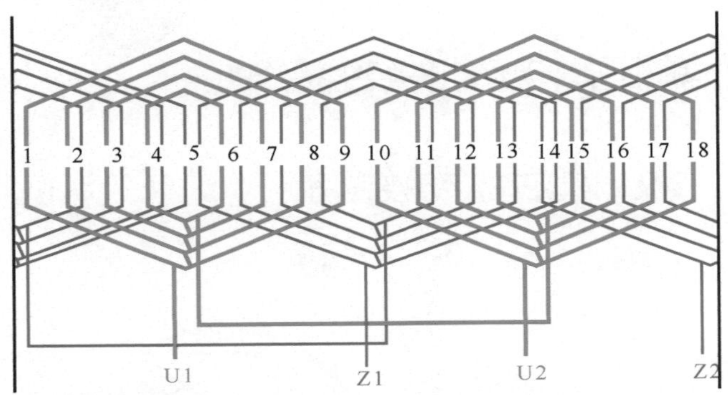
1
2
3
4
5
6
7
8
9
10
11
12
13
14
15
16
17
18
U1
Z1
U2
Z2

线圈总数：Q=16；
每极每相槽数：q=4.5；
极距：τ=9

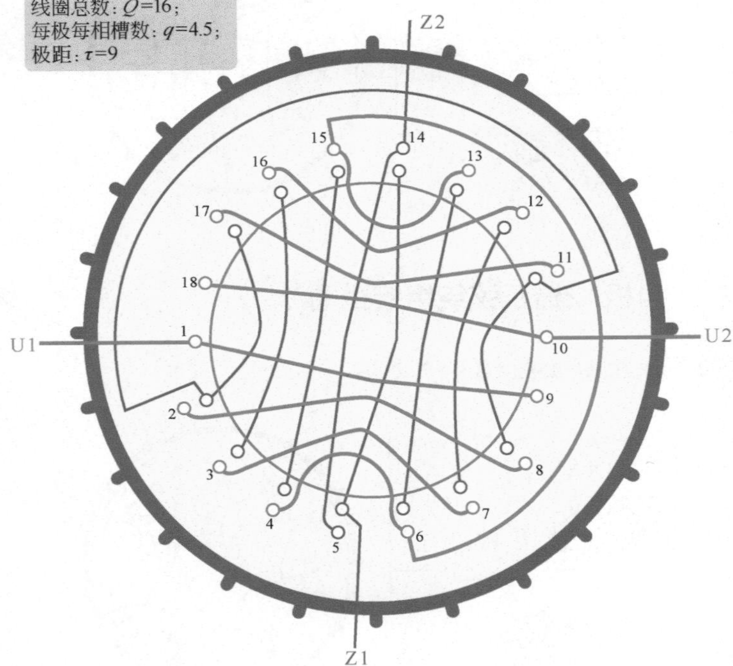
Z2
15
14
13
16
12
17
11
18
U1
1
10
U2
9
2
8
3
7
4
6
5
Z1

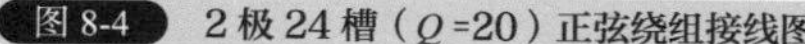

8.1.4　2极24槽（Q=20）正弦绕组接线图

图 8-4　2 极 24 槽（Q =20）正弦绕组接线图

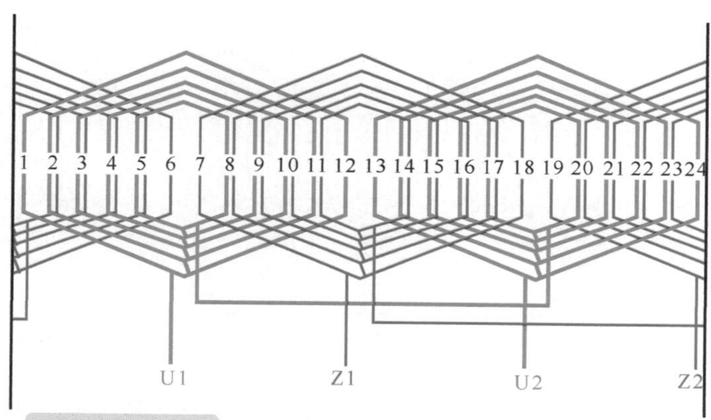
1 2 3 4 5 6 7 8 9 10 11 12 13 14 15 16 17 18 19 20 21 22 23 24
U1
Z1
U2
Z2

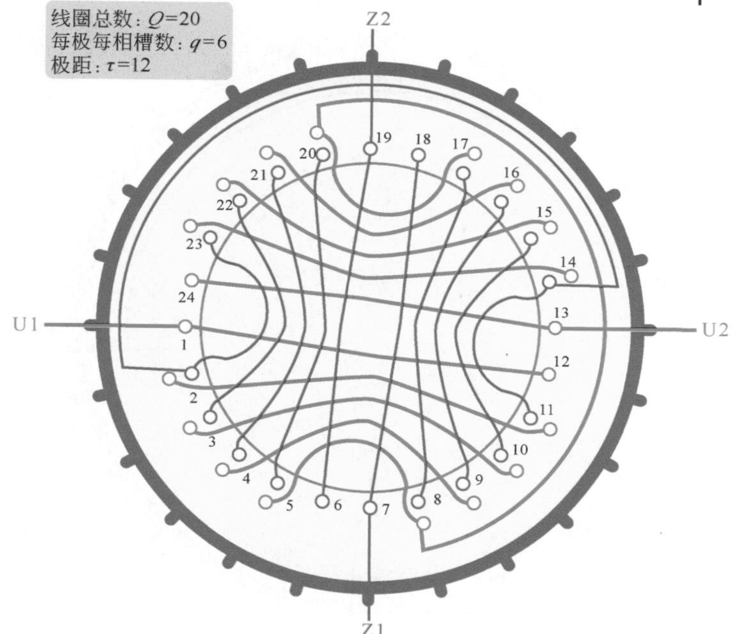
线圈总数：Q=20
每极每相槽数：q=6
极距：τ=12
Z2
U1
U2
Z1

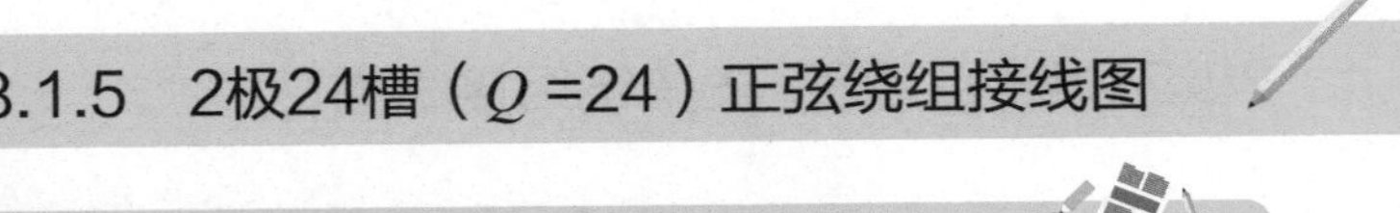

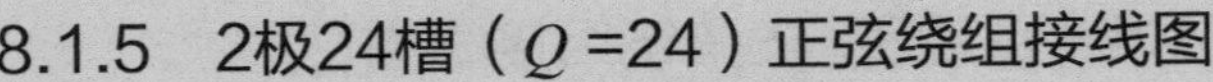

8.1.5 2极24槽（Q =24）正弦绕组接线图

图 8-5 2 极 24 槽（Q =24）正弦绕组接线图

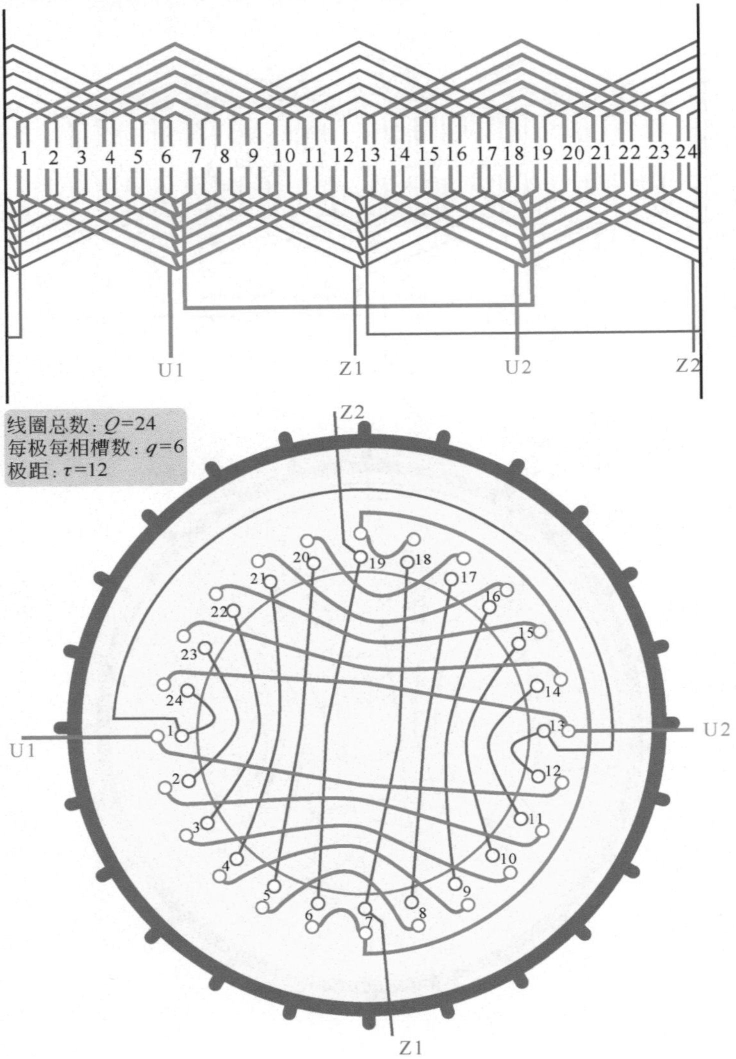

1 2 3 4 5 6 7 8 9 10 11 12 13 14 15 16 17 18 19 20 21 22 23 24
U1
Z1
U2
Z2
线圈总数：Q=24
每极每相槽数：q=6
极距：τ=12
Z2
U1
U2
Z1

8.1.6　4极24槽（Q=20）正弦绕组接线图

图 8-6　4 极 24 槽（Q=20）正弦绕组接线图

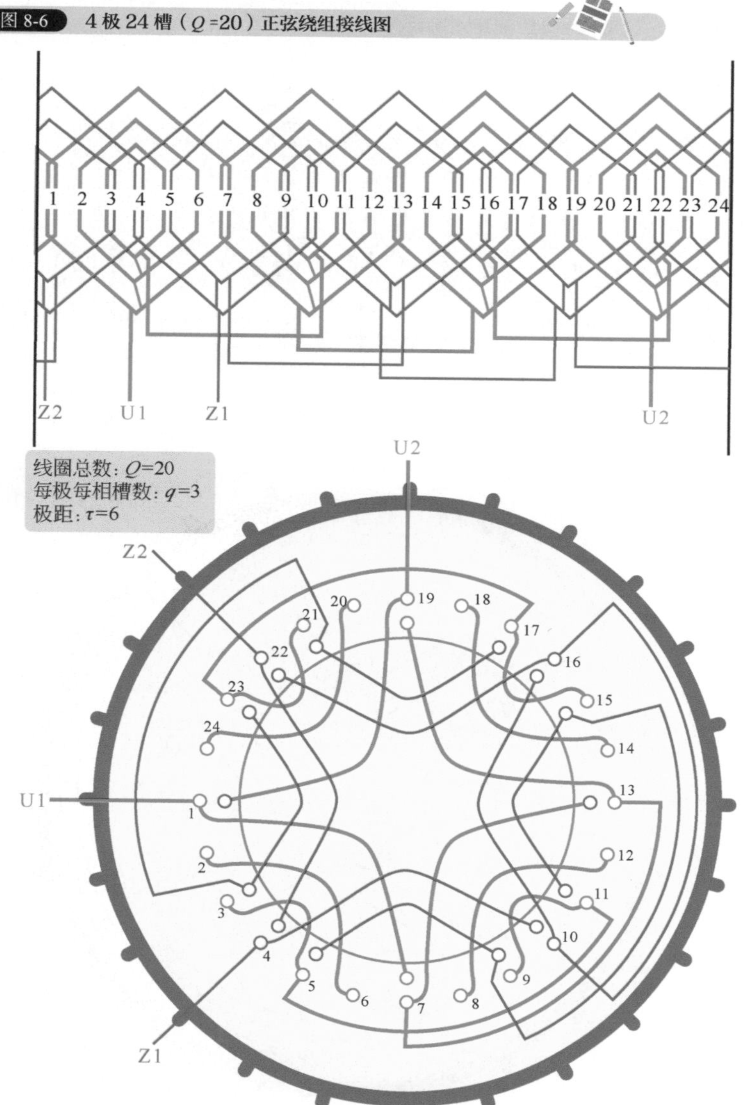
1 2 3 4 5 6 7 8 9 10 11 12 13 14 15 16 17 18 19 20 21 22 23 24
Z2
U1
Z1
U2
线圈总数：Q=20
每极每相槽数：q=3
极距：τ=6

8.1.7　4极24槽（Q=24）正弦绕组接线图

图 8-7　4 极 24 槽（Q=24）正弦绕组接线图

Z2　U1　Z1　U2

线圈总数：Q=24
每极每相槽数：q=6
极距：τ=6

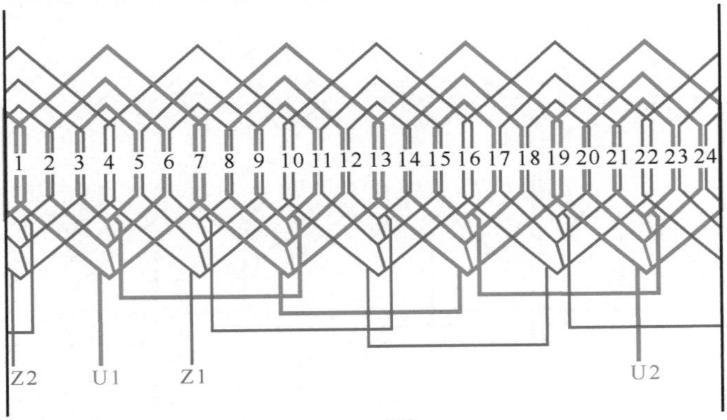

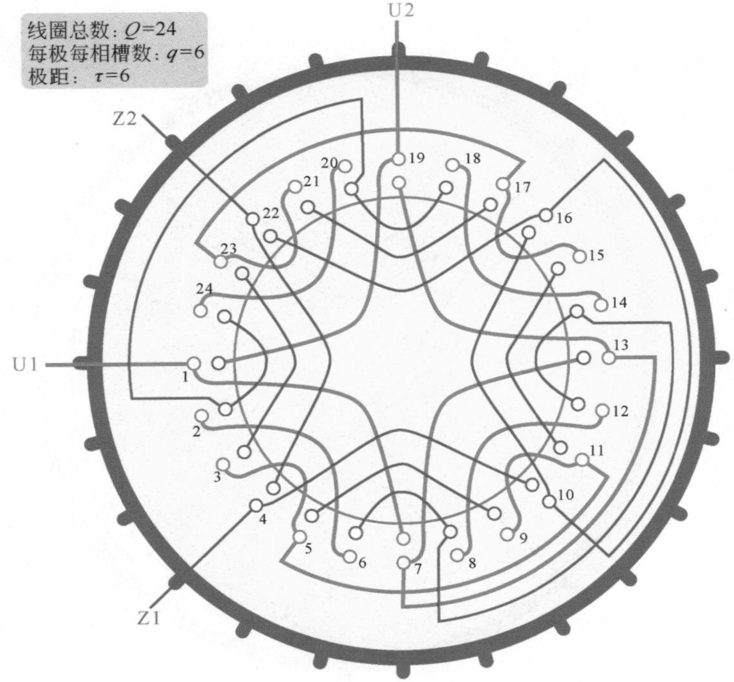

8.1.8　4极32槽（Q=24）正弦绕组接线图

图 8-8　4 极 32 槽（Q=24）正弦绕组接线图

线圈总数：Q=24
每极每相槽数：q=4
极距：τ=8

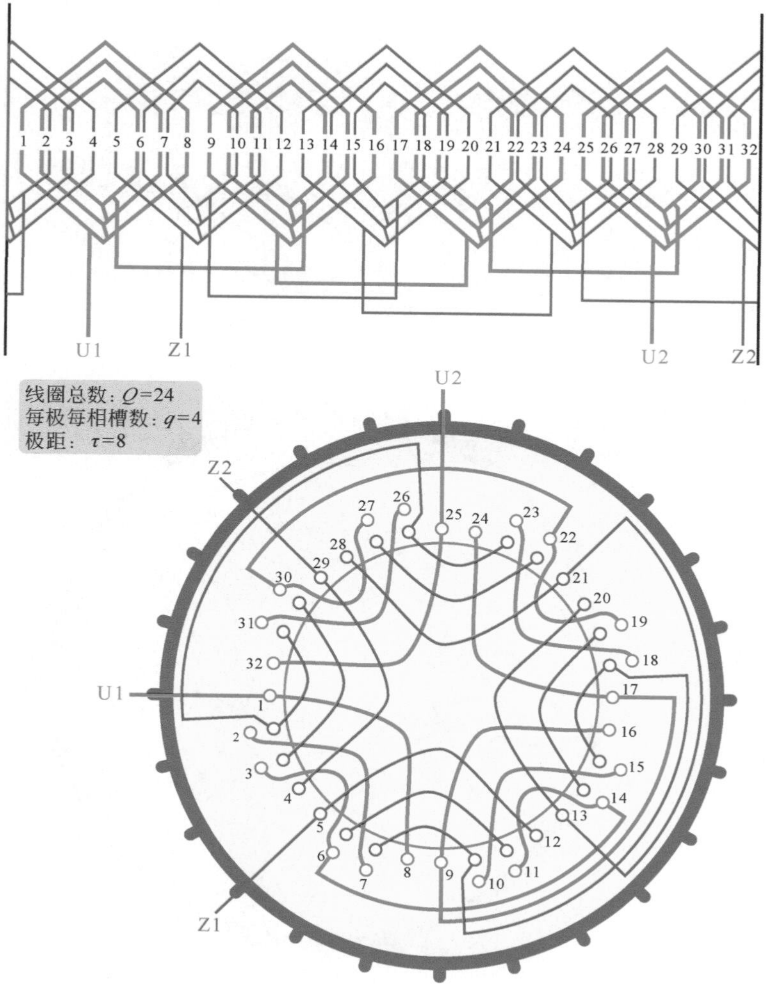

8.1.9 4极32槽（Q=28）正弦绕组接线图

图 8-9 4 极 32 槽（Q=28）正弦绕组接线图

Z2 U1 Z1 U2

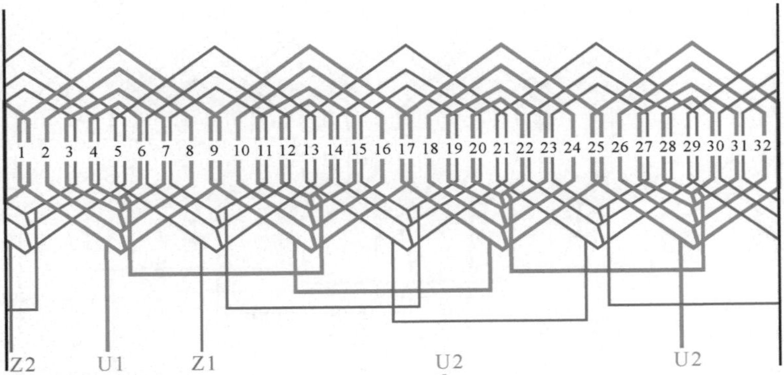

线圈总数：Q=28
每极每相槽数：q=4
极距：τ=8

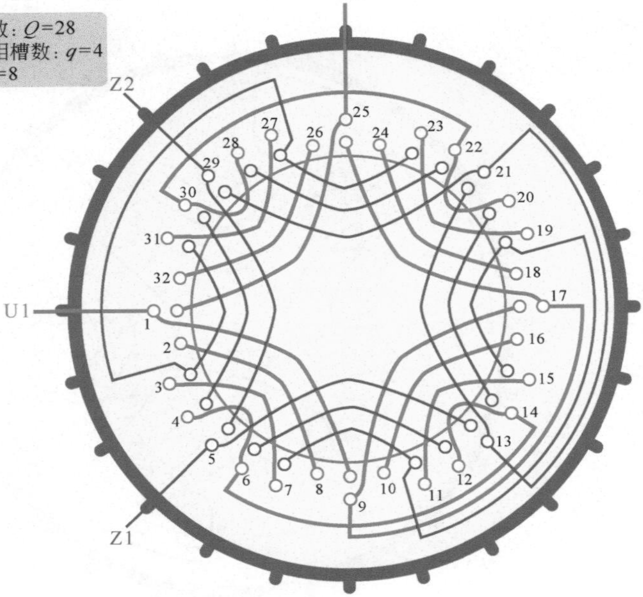

U2 Z2 U1 Z1

8.1.10　4极36槽（Q=28）正弦绕组接线图

图 8-10　4 极 36 槽（Q=28）正弦绕组接线图

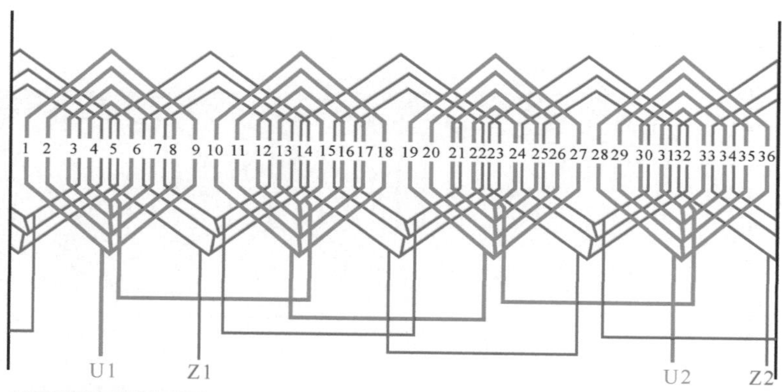
1 2 3 4 5 6 7 8 9 10 11 12 13 14 15 16 17 18 19 20 21 22 23 24 25 26 27 28 29 30 31 32 33 34 35 36
U1
Z1
U2
Z2

线圈总数：Q=28
每极每相槽数：q=4.5
极距：τ=9

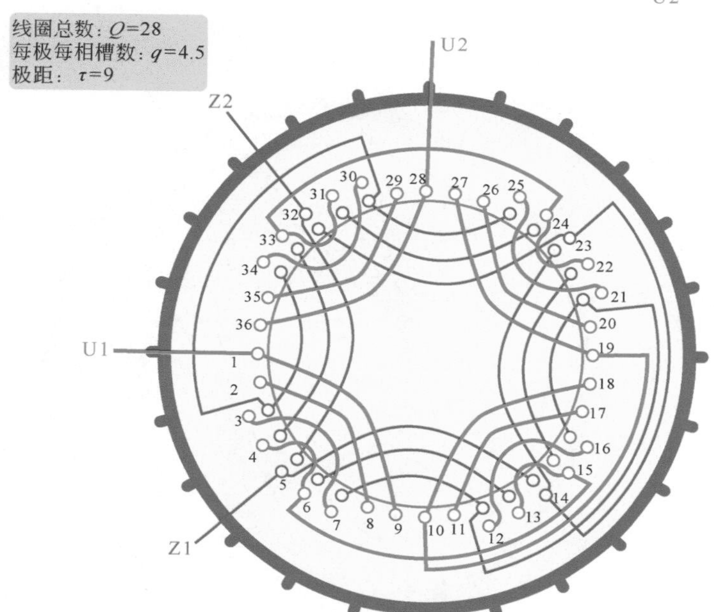
U2
Z2
U1
Z1

8.2 三相异步电动机的绕组接线图

8.2.1 2极30槽双层叠绕式绕组接线图

图 8-11 2 极 30 槽双层叠绕式绕组接线图

V2 U1 W2 V1 U2 W1

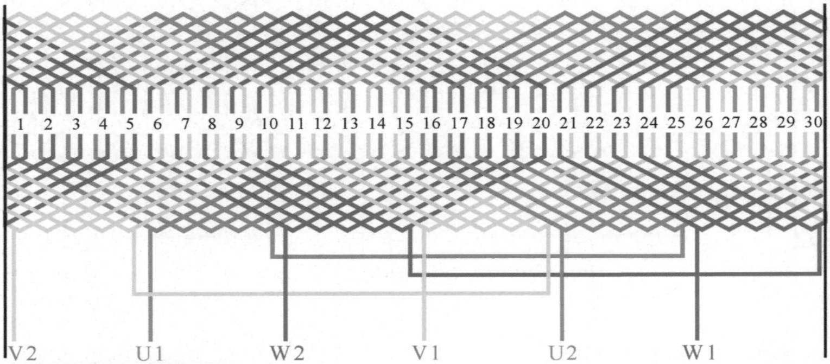

线圈总数：Q=30
每极每相槽数：q=5
线圈节距：y=10(1—11)
极距：τ= 15
并联支路数：a=1

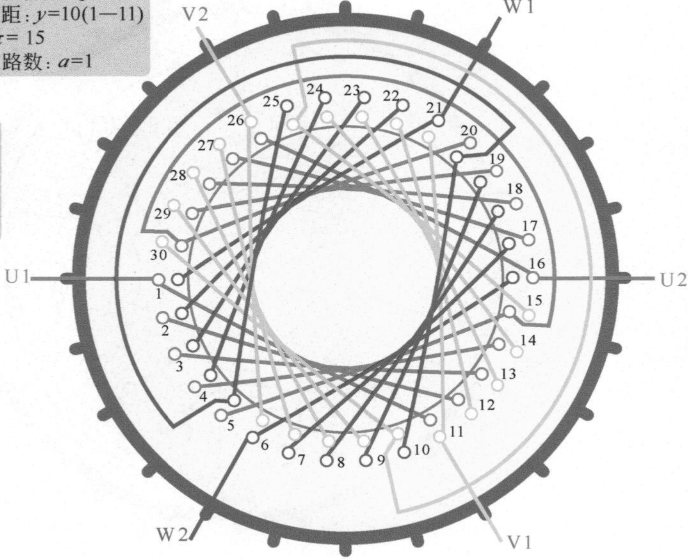

8.2.2　2极36槽双层叠绕式绕组接线图

图 8-12　2 极 36 槽双层叠绕式绕组接线图

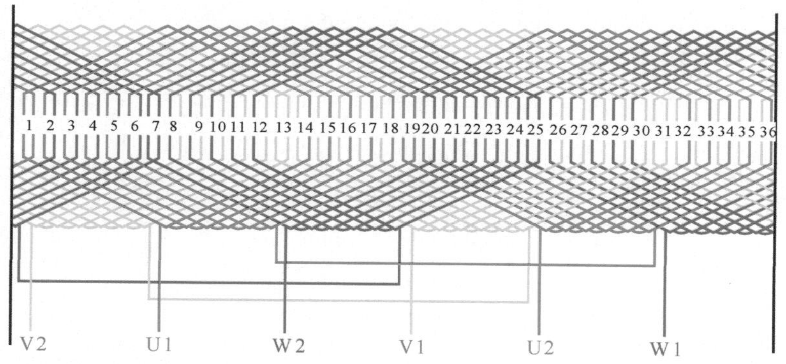
1 2 3 4 5 6 7 8 9 10 11 12 13 14 15 16 17 18 19 20 21 22 23 24 25 26 27 28 29 30 31 32 33 34 35 36
V2
U1
W2
V1
U2
W1

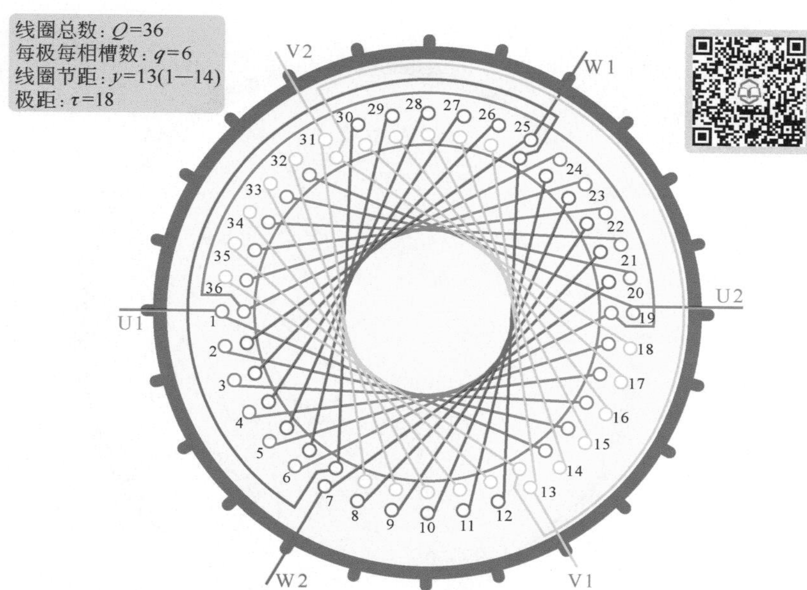
线圈总数：Q=36
每极每相槽数：q=6
线圈节距：y=13(1—14)
极距：τ=18
V2
W1
U1
U2
W2
V1

8.2.3　2极42槽双层叠绕式绕组接线图

图 8-13　2 极 42 槽双层叠绕式绕组接线图

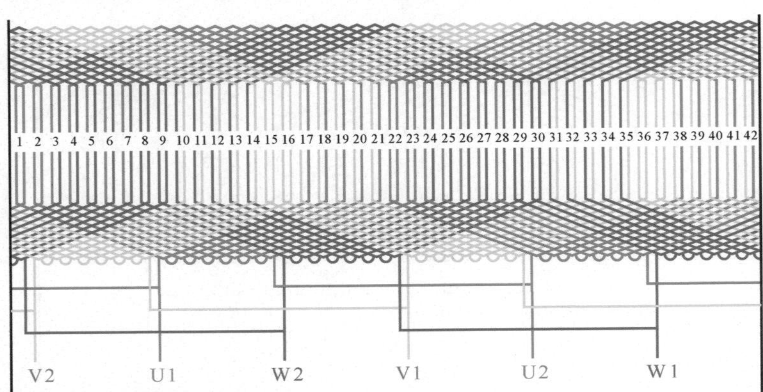
1 2 3 4 5 6 7 8 9 10 11 12 13 14 15 16 17 18 19 20 21 22 23 24 25 26 27 28 29 30 31 32 33 34 35 36 37 38 39 40 41 42
V2
U1
W2
V1
U2
W1

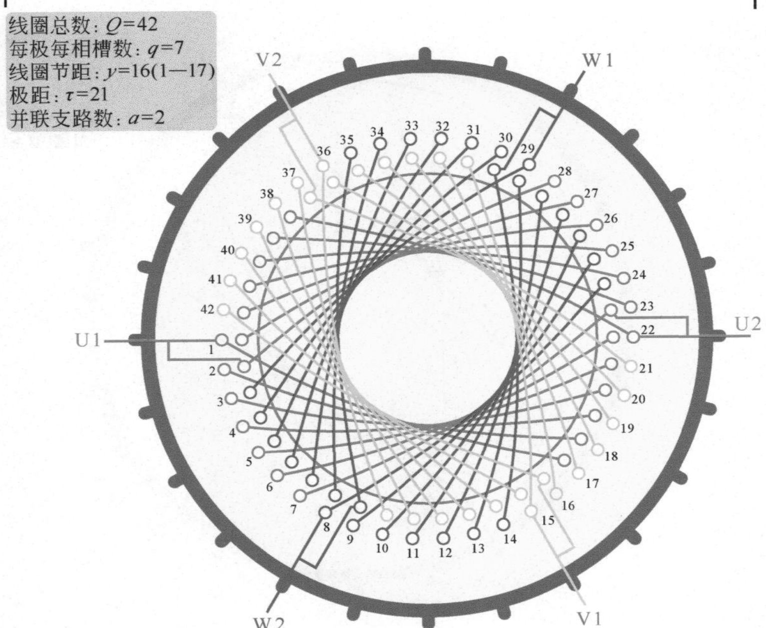
线圈总数：Q=42
每极每相槽数：q=7
线圈节距：y=16(1—17)
极距：τ=21
并联支路数：a=2
V2
W1
U1
U2
W2
V1

8.2.4　2极48槽双层叠绕式绕组接线图

图 8-14　2 极 48 槽双层叠绕式绕组接线图

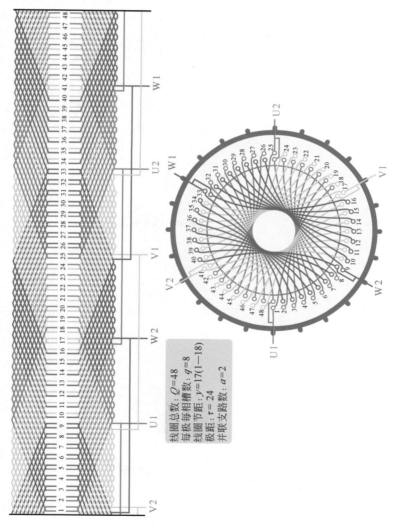

线圈总数：Q=48
每极每相槽数：q=8
线圈节距：y=17(1—18)
极距：τ= 24
并联支路数：a=2

8.2.5 4极30槽双层叠绕式绕组接线图

图 8-15 4 极 30 槽双层叠绕式绕组接线图

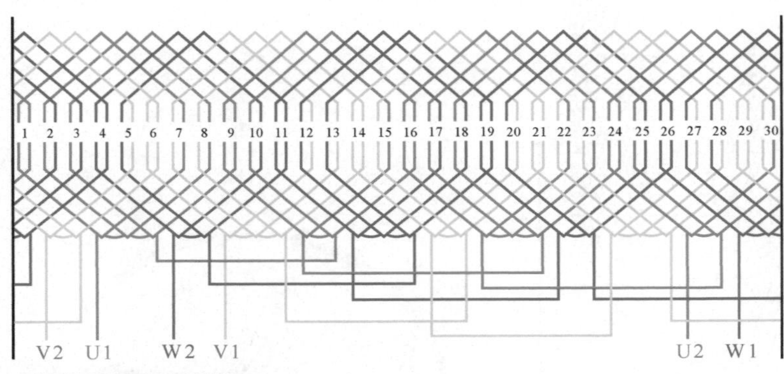
1 2 3 4 5 6 7 8 9 10 11 12 13 14 15 16 17 18 19 20 21 22 23 24 25 26 27 28 29 30
V2 U1 W2 V1 U2 W1

线圈总数：Q=30
每极每相槽数：q=2.5
线圈节距：y=6(1—7)
极距：τ= 7.5
并联支路数：a=1

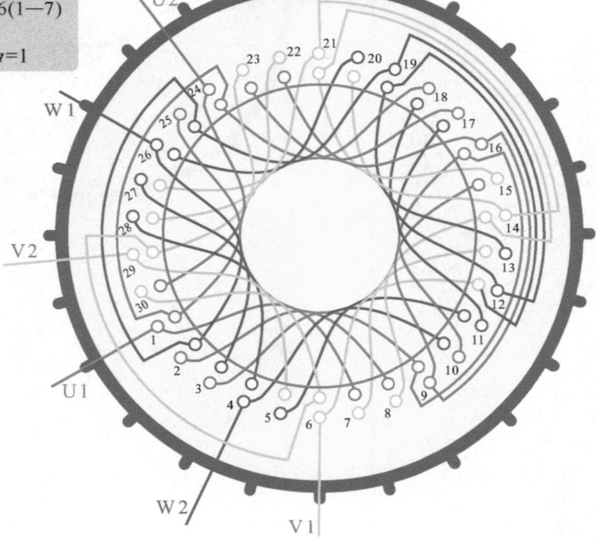
U2
W1
V2
U1
W2
V1
1 2 3 4 5 6 7 8 9 10 11 12 13 14 15 16 17 18 19 20 21 22 23 24 25 26 27 28 29 30

8.2.6　4极36槽双层叠绕式绕组接线图

图 8-16　4 极 36 槽双层叠绕式绕组接线图

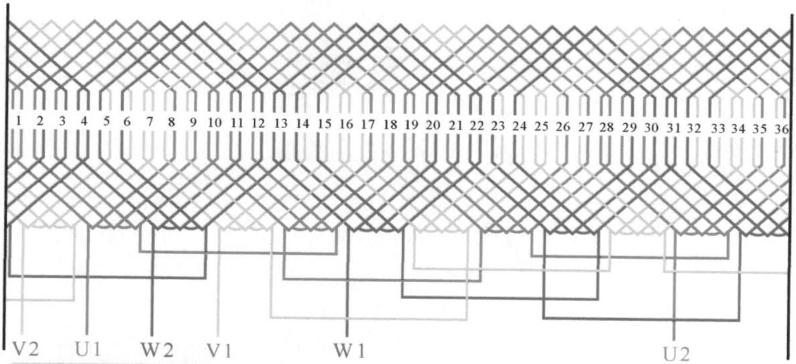

线圈总数：Q=36
每极每相槽数：q=3
线圈节距：y=7(1—8)
极距：τ = 9
并联支路数：a=2

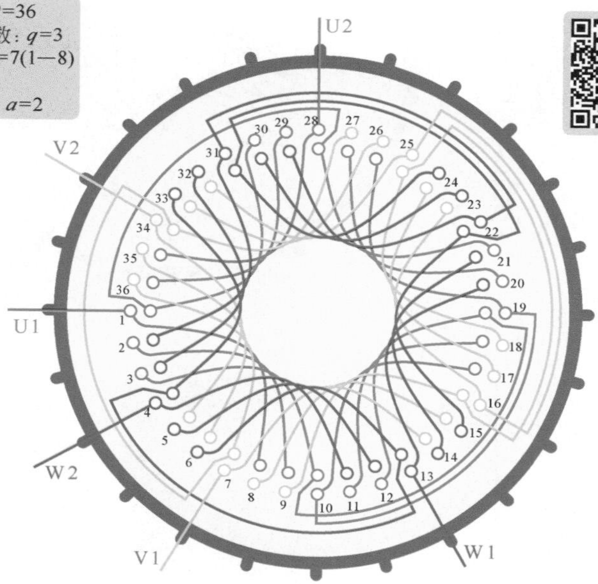

8.2.7 4极48槽双层叠绕式绕组接线图1

图 8-17 4 极 48 槽双层叠绕式绕组接线图 1

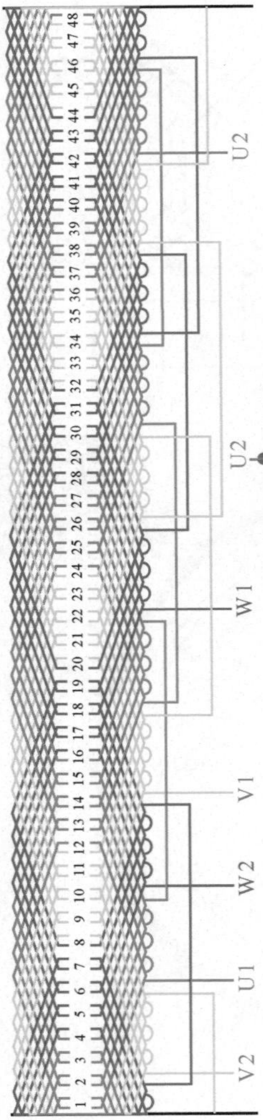

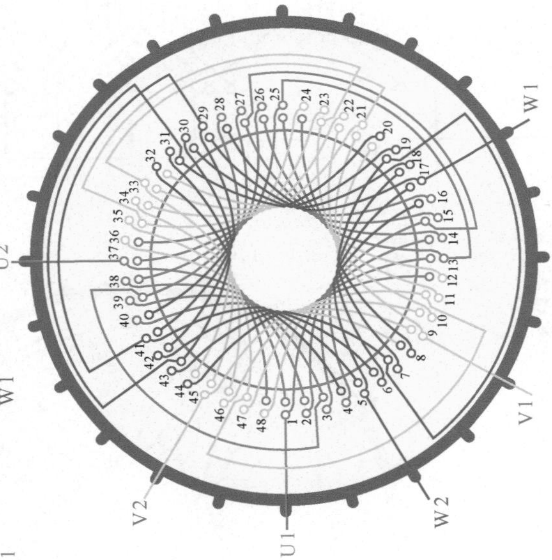

线圈总数：Q=48
每极每相槽数：q=4
线圈节距：y=11(1—12)
极距：τ=12
并联支路数：a=1

8.2.8　4极48槽双层叠绕式绕组接线图2

图 8-18　4 极 48 槽双层叠绕式绕组接线图 2

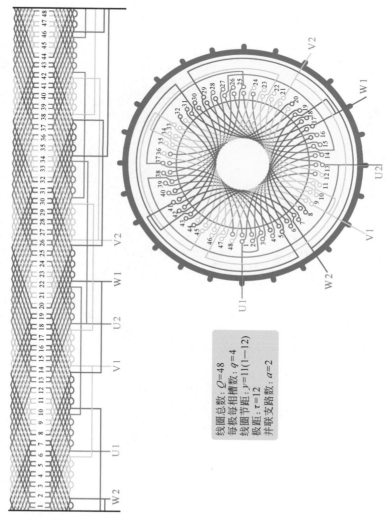

线圈总数：Q=48
每极每相槽数：q=4
线圈节距：y=11(1—12)
极距：τ=12
并联支路数：a=2

8.2.9 4极48槽双层叠绕式绕组接线图3

图 8-19 4 极 48 槽双层叠绕式绕组接线图 3

线圈总数：$Q=48$
每极每相槽数：$q=4$
线圈节距：$y=11(1-12)$
极距：$\tau=12$
并联支路数：$a=4$

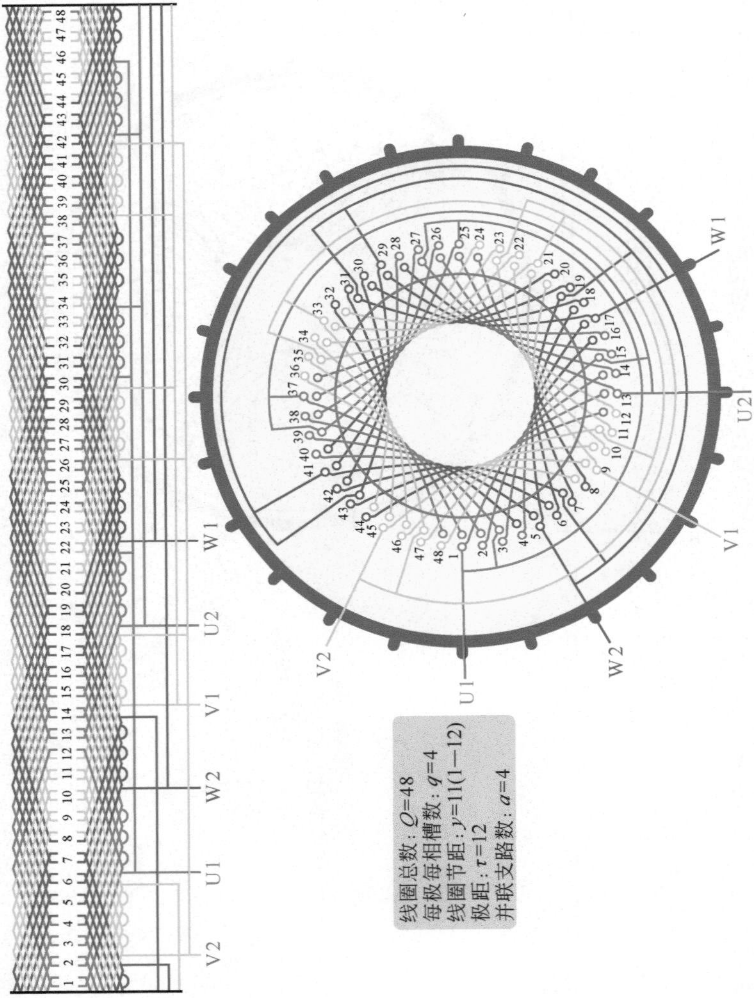

8.2.10 4极60槽单双层同心式绕组接线图

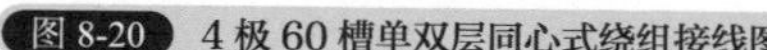

图 8-20 4 极 60 槽单双层同心式绕组接线图

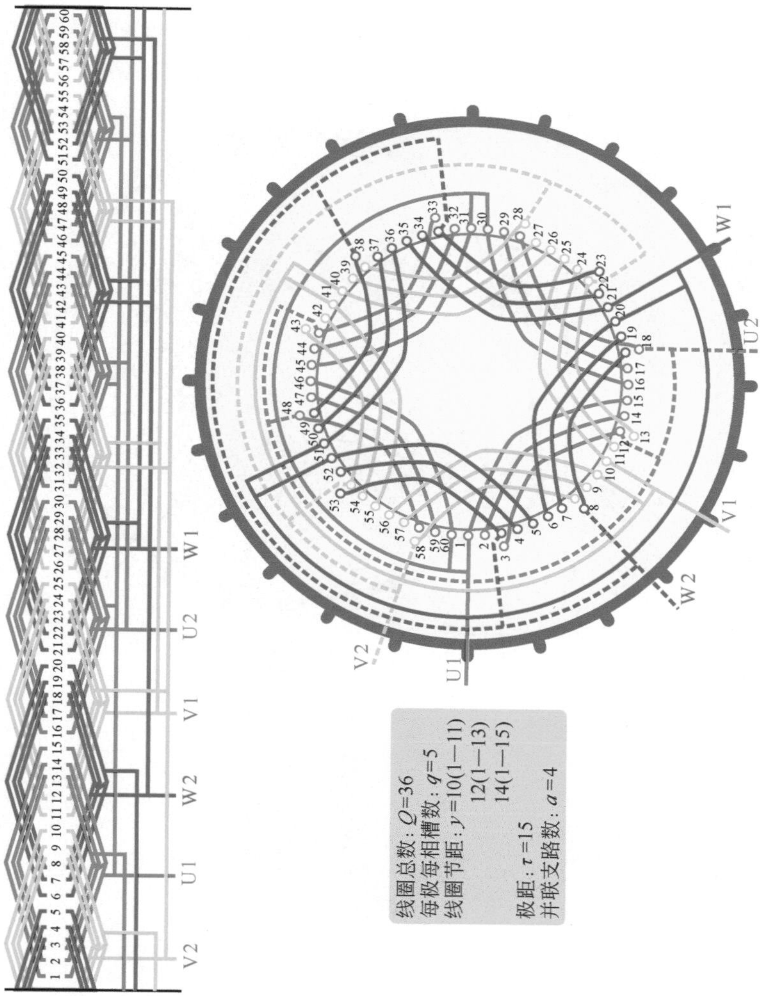

线圈总数：Q=36
每极每相槽数：q=5
线圈节距：y=10(1—11)
12(1—13)
14(1—15)

极距：τ=15
并联支路数：a=4

8.2.11　4极60槽双层叠绕式绕组接线图

图 8-21　4 极 60 槽双层叠绕式绕组接线图

线圈总数：Q=60
每极每相槽数：q=5
线圈节距：y=13(1—14)
极距：τ=15
并联支路数：a=2

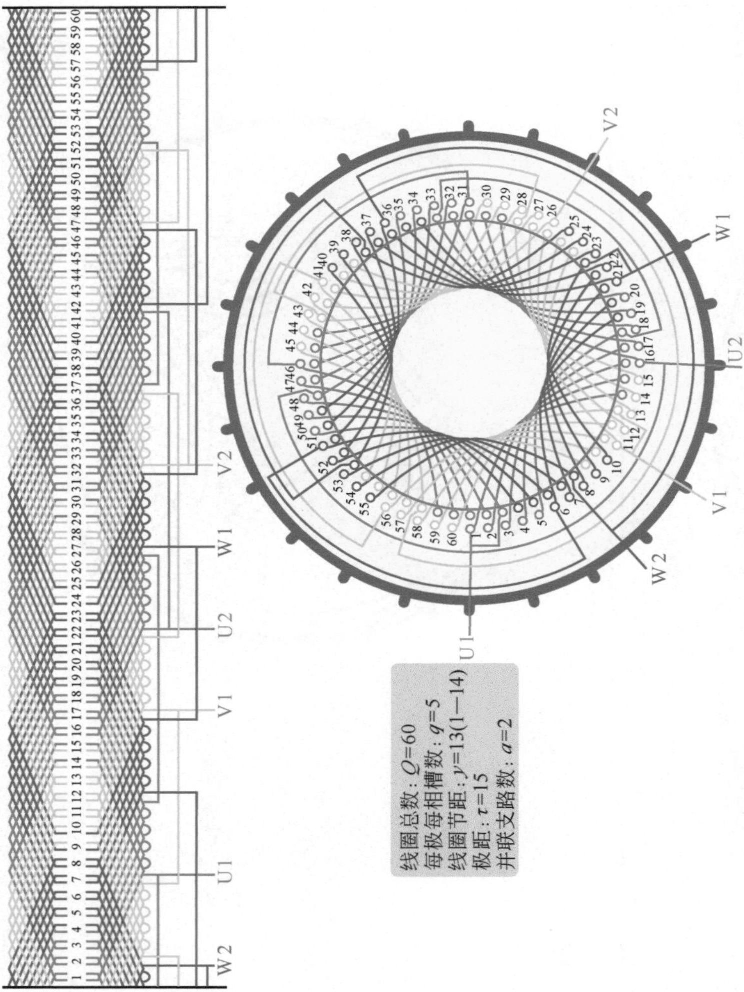

8.2.12　6极36槽双层叠绕式绕组接线图1

图 8-22　6 极 36 槽双层叠绕式绕组接线图 1

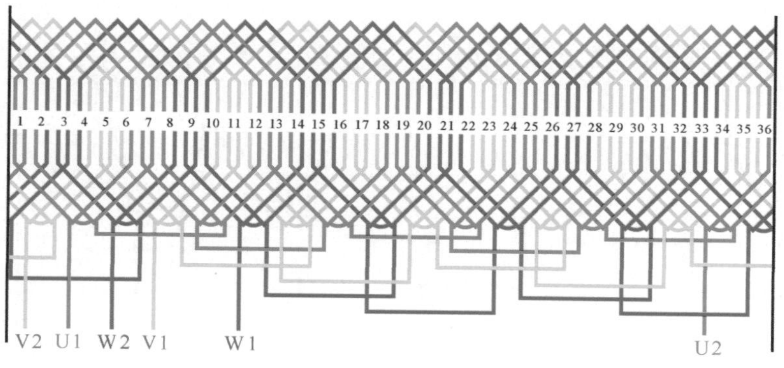
1 2 3 4 5 6 7 8 9 10 11 12 13 14 15 16 17 18 19 20 21 22 23 24 25 26 27 28 29 30 31 32 33 34 35 36
V2 U1 W2 V1 W1
U2

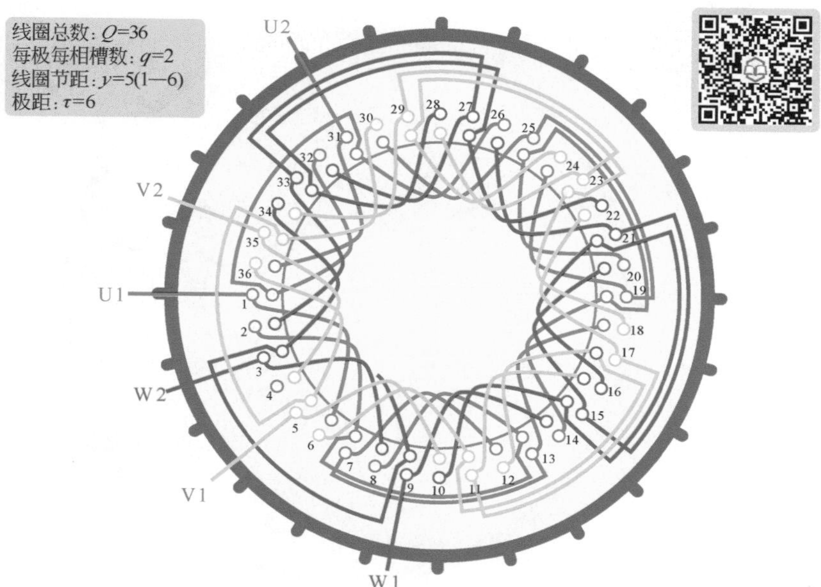
线圈总数：Q=36
每极每相槽数：q=2
线圈节距：y=5(1—6)
极距：τ=6
U2
V2
U1
W2
V1
W1

8.2.13　6极36槽双层叠绕式绕组接线图2

图 8-23　6 极 36 槽双层叠绕式绕组接线图 2

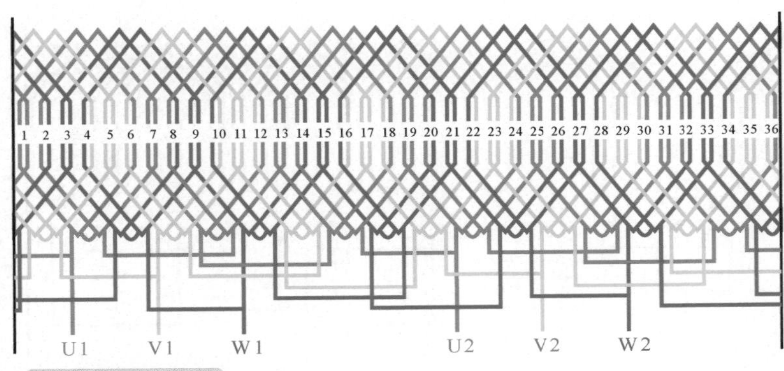

1 2 3 4 5 6 7 8 9 10 11 12 13 14 15 16 17 18 19 20 21 22 23 24 25 26 27 28 29 30 31 32 33 34 35 36
U1
V1
W1
U2
V2
W2

线圈总数：Q=36
每极每相槽数：q=2
线圈节距：y=5(1—6)
极距：τ=6
并联支路数：a=2

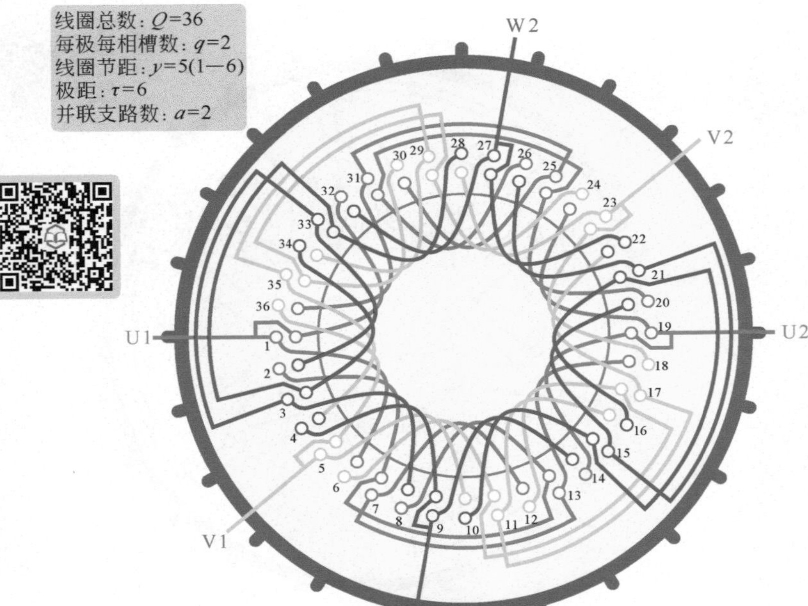

W2
V2
U1
U2
V1
W1

8.2.14　6极54槽双层叠绕式绕组接线图1

图 8-24　6 极 54 槽双层叠绕式绕组接线图 1

线圈总数：$Q=54$
每极每相槽数：$q=3$
线圈节距：$y=8(1—9)$
极距：$\tau=9$
并联支路数$a=2$

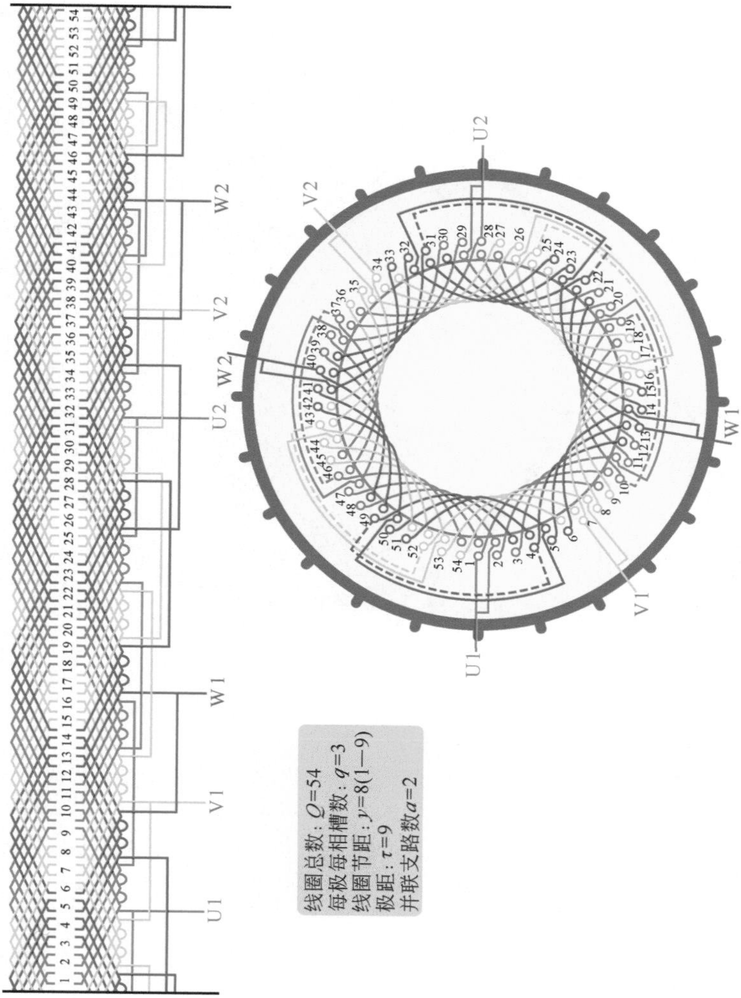

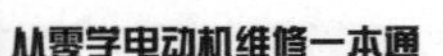

8.2.15　6极54槽双层叠绕式绕组接线图2

图 8-25　6 极 54 槽双层叠绕式绕组接线图 2

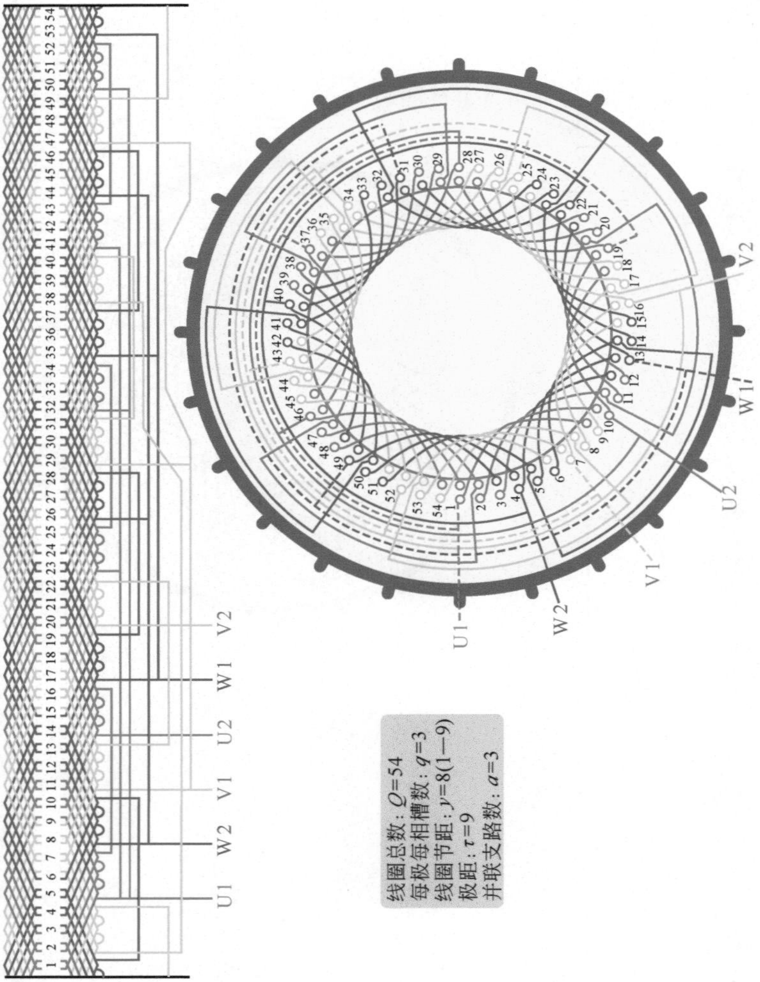

线圈总数：Q=54
每极每相槽数：q=3
线圈节距：y=8(1—9)
极距：τ=9
并联支路数：a=3

8.2.16　8极48槽双层叠绕式绕组接线图

图 8-26　8 极 48 槽双层叠绕式绕组接线图

线圈总数：Q=48
每极每相槽数：q=2
线圈节距：y=5(1—6)
极距：τ=6
并联支路数：a=2

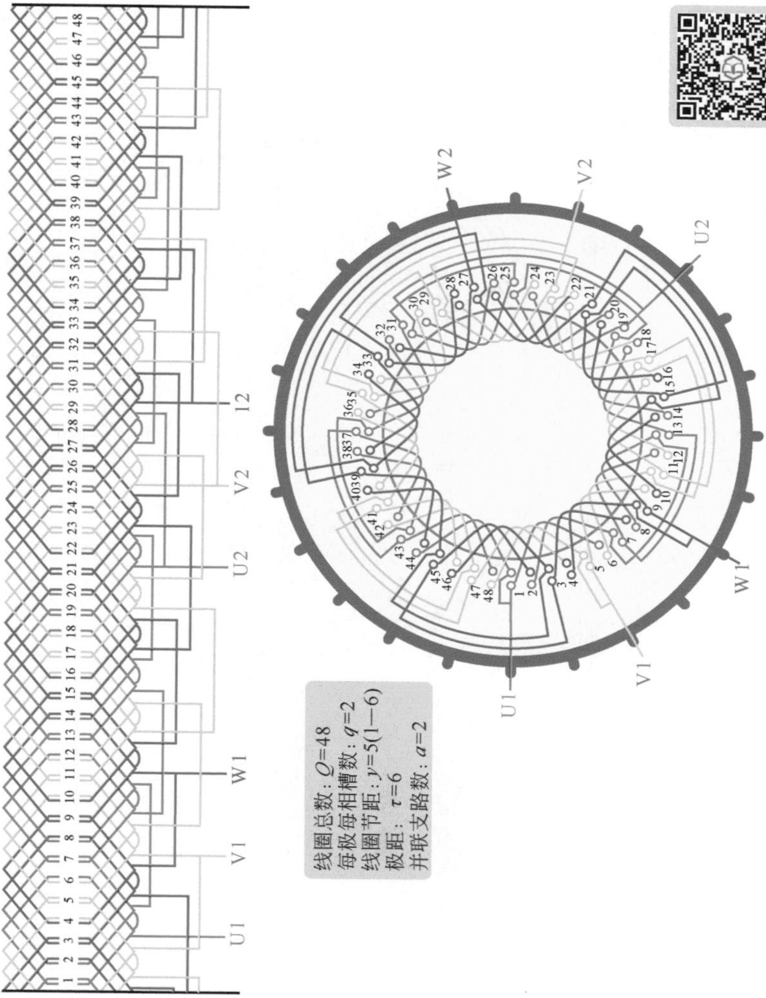

8.2.17　8极60槽双层叠绕式绕组接线图

图 8-27　8 极 60 槽双层叠绕式绕组接线图

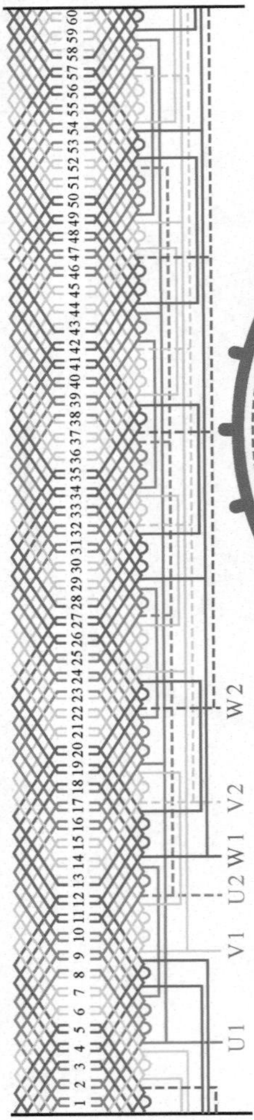

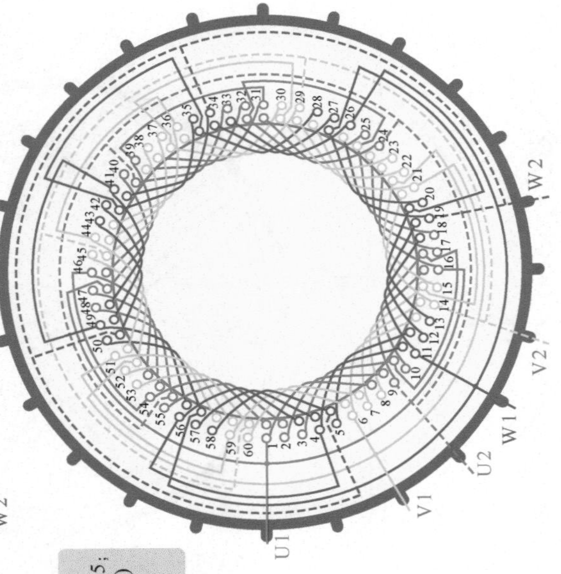

线圈总数：Q=60
每极每相槽数：q=2.5；
线圈节距：y=7(1—8)
极距：τ=7.5
并联支路数：a=4

8.2.18　10极60槽双层叠绕式绕组接线图

图 8-28　10 极 60 槽双层叠绕式绕组接线图

线圈总数：$Q=60$
每极每相槽数：$q=2$
线圈节距：$y=5(1—6)$
极距：$\tau=6$
并联支路数：$a=5$

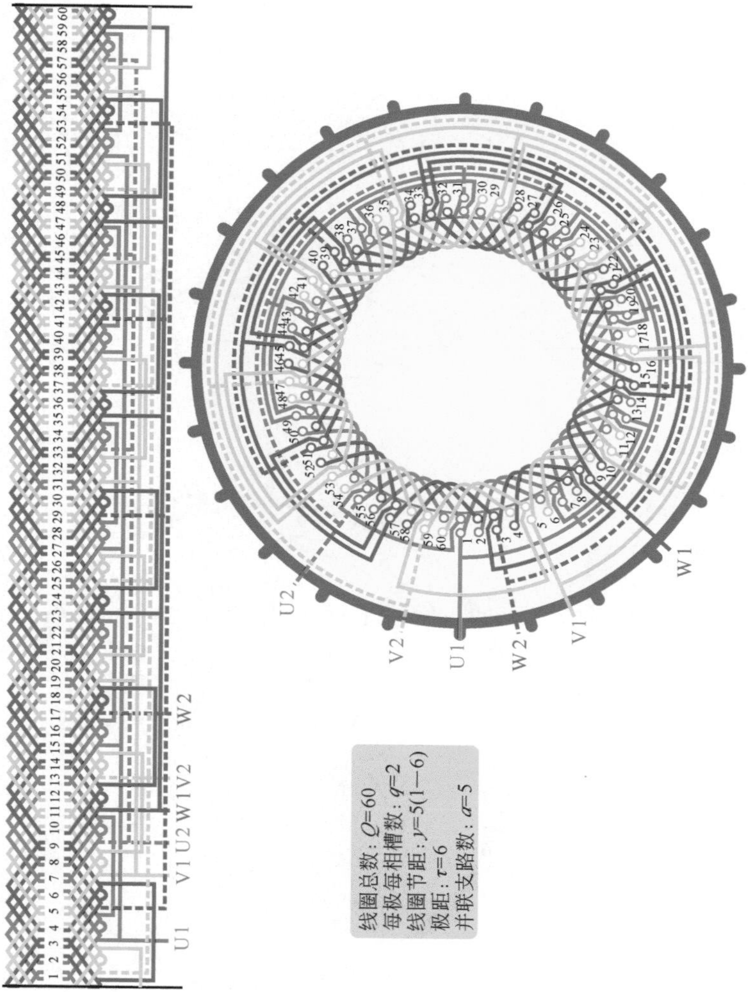

8.3 三相变极多速异步电动机的绕组接线图

8.3.1 24槽4/2极双速绕组接线图（△/2Y，y=6）

图 8-29 24 槽 4/2 极双速绕组接线图（△ /2Y，y=6）

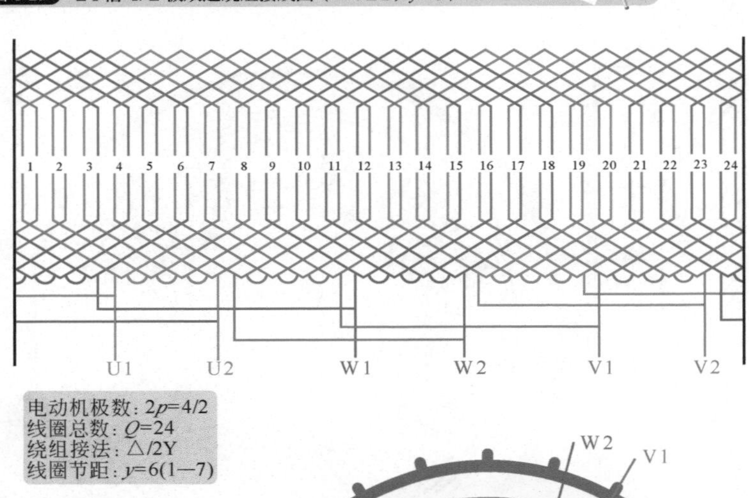
1 2 3 4 5 6 7 8 9 10 11 12 13 14 15 16 17 18 19 20 21 22 23 24
U1 U2 W1 W2 V1 V2

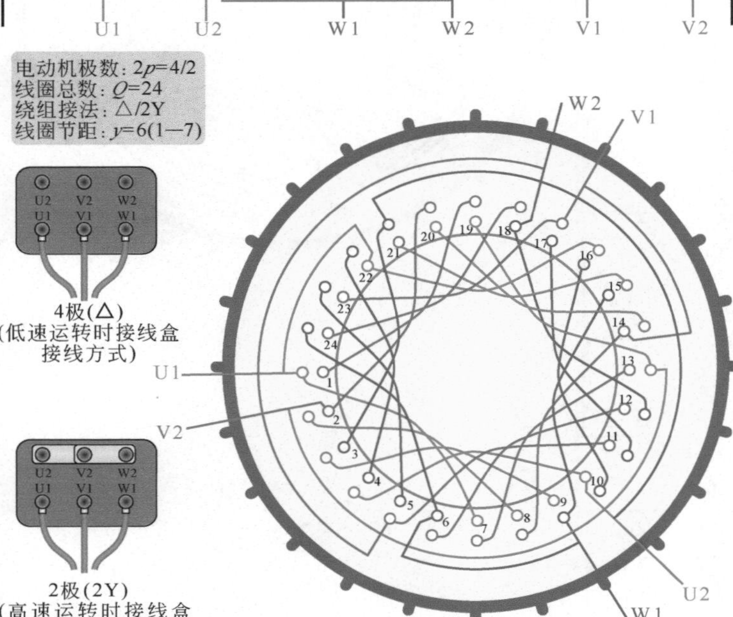
电动机极数：2p=4/2
线圈总数：Q=24
绕组接法：△/2Y
线圈节距：y=6(1—7)
U2 V2 W2
U1 V1 W1
4极(△)
(低速运转时接线盒接线方式)
U2 V2 W2
U1 V1 W1
2极(2Y)
(高速运转时接线盒接线方式)
W2 V1 U1 V2 U2 W1

8.3.2　36槽6/4极双速绕组接线图（△/2Y，y=6）

图 8-30　36 槽 6/4 极双速绕组接线图（△ /2Y，y=6）

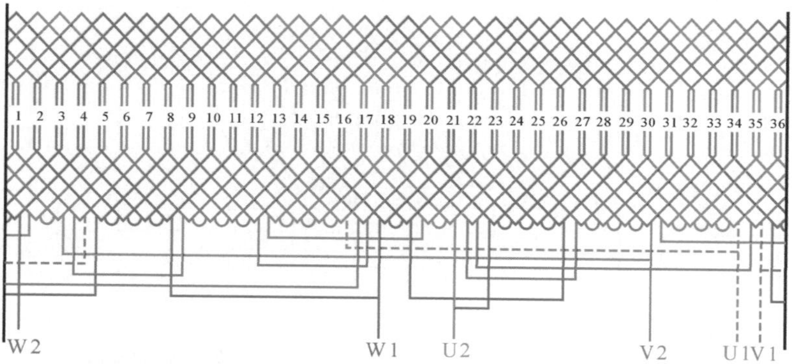

电动机极数：$2p$=6/4
线圈总数：Q=36
绕组接法：△/2Y
线圈节距：y=6(1—7)

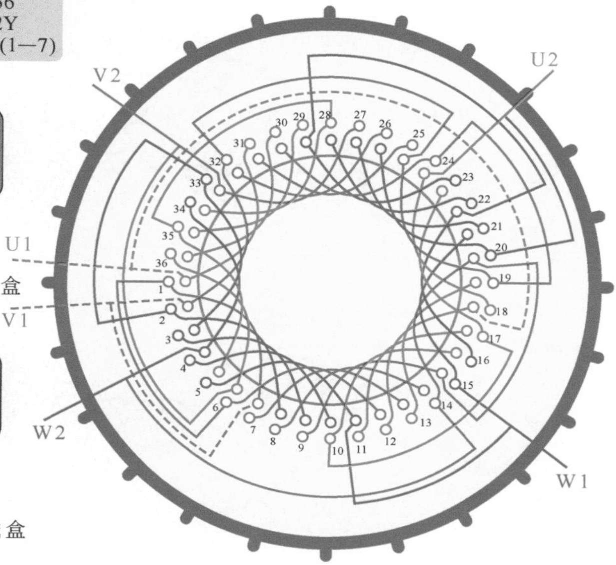

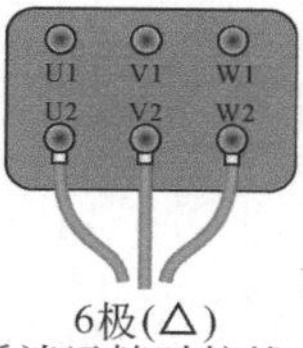

6极(△)
(低速运转时接线盒接线方式)

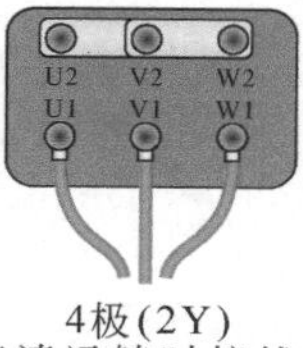

4极(2Y)
(高速运转时接线盒接线方式)

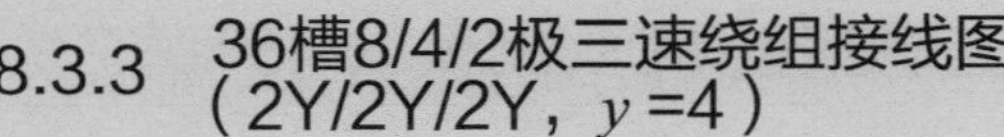

8.3.3 36槽8/4/2极三速绕组接线图（2Y/2Y/2Y，y=4）

图 8-31 36 槽 8/4/2 极三速绕组接线图（2Y/2Y/2Y，y=4）

1 2 3 4 5 6 7 8 9 10 11 12 13 14 15 16 17 18 19 20 21 22 23 24 25 26 27 28 29 30 31 32 33 34 35 36

V2 W1 U2 V1 V3 W2 U3 W3 U1

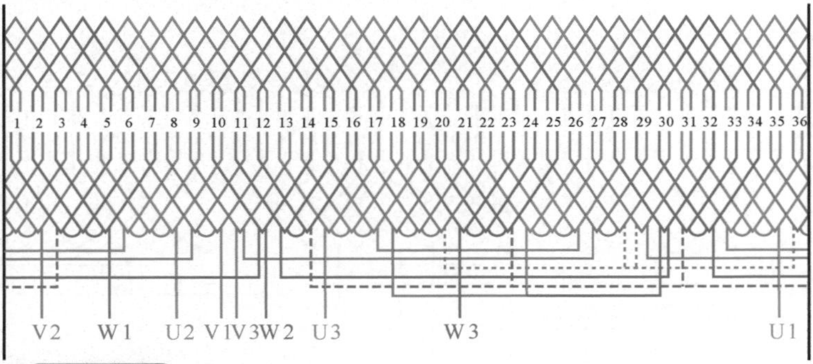

电动机极数：$2p$=8/4/2
线圈总数：Q=36
绕组接法：2Y/2Y/2Y
线圈节距：y=4(1—5)

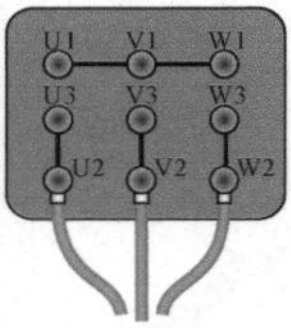

U1 V1 W1
U3 V3 W3
U2 V2 W2

2极(2Y)
(高速运转时接线盒接线方式)

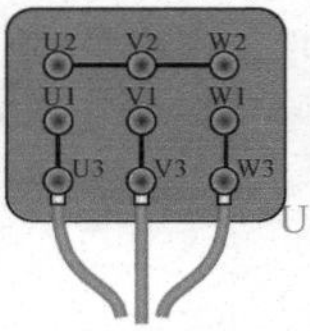

U2 V2 W2
U1 V1 W1
U3 V3 W3

4极(2Y)
(中速运转时接线盒接线方式)

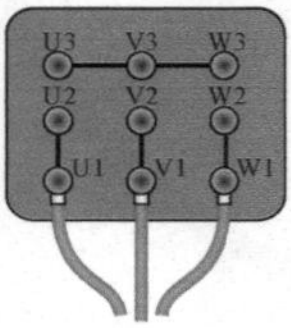

U3 V3 W3
U2 V2 W2
U1 V1 W1

8极(2Y)
(低速运转时接线盒接线方式)

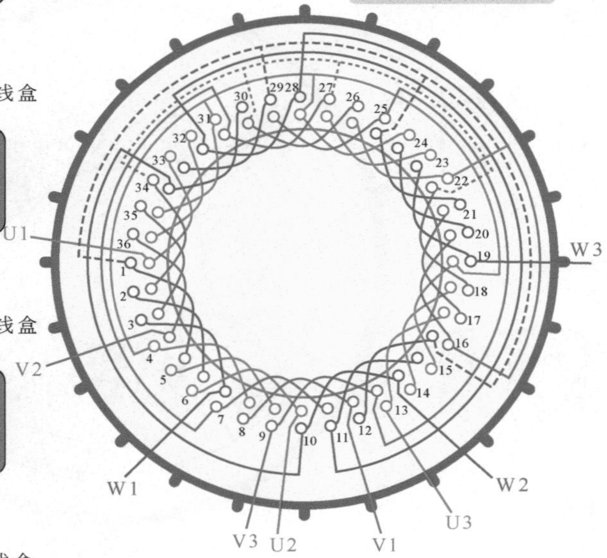

U1 V2 W1 V3 U2 V1 U3 W2 W3

8.3.4 36槽8/6/4极三速绕组接线图（2Y/2Y/2Y，y=5）

图 8-32 36 槽 8/6/4 极三速绕组接线图（2Y/2Y/2Y，y=5）

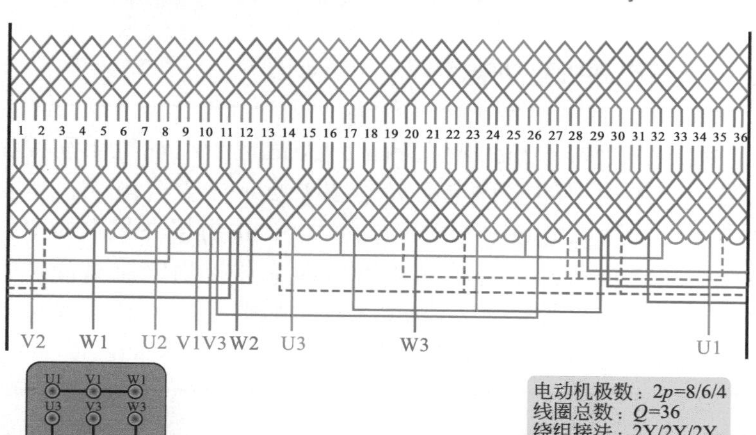

1 2 3 4 5 6 7 8 9 10 11 12 13 14 15 16 17 18 19 20 21 22 23 24 25 26 27 28 29 30 31 32 33 34 35 36
V2 W1 U2 V1 V3 W2 U3 W3 U1

U1 V1 W1
U3 V3 W3
U2 V2 W2

4极(2Y)
(高速运转时接线盒接线方式)

U2 V2 W2
U1 V1 W1
U3 V3 W3

6极(2Y)
(中速运转时接线盒接线方式)

U3 V3 W3
U2 V2 W2
U1 V1 W1

8极(2Y)
(低速运转时接线盒接线方式)

电动机极数：$2p$=8/6/4
线圈总数：Q=36
绕组接法：2Y/2Y/2Y
线圈节距：y=5(1—6)

U1 V2 W1 V3 U2 V1 U3 W2 W3

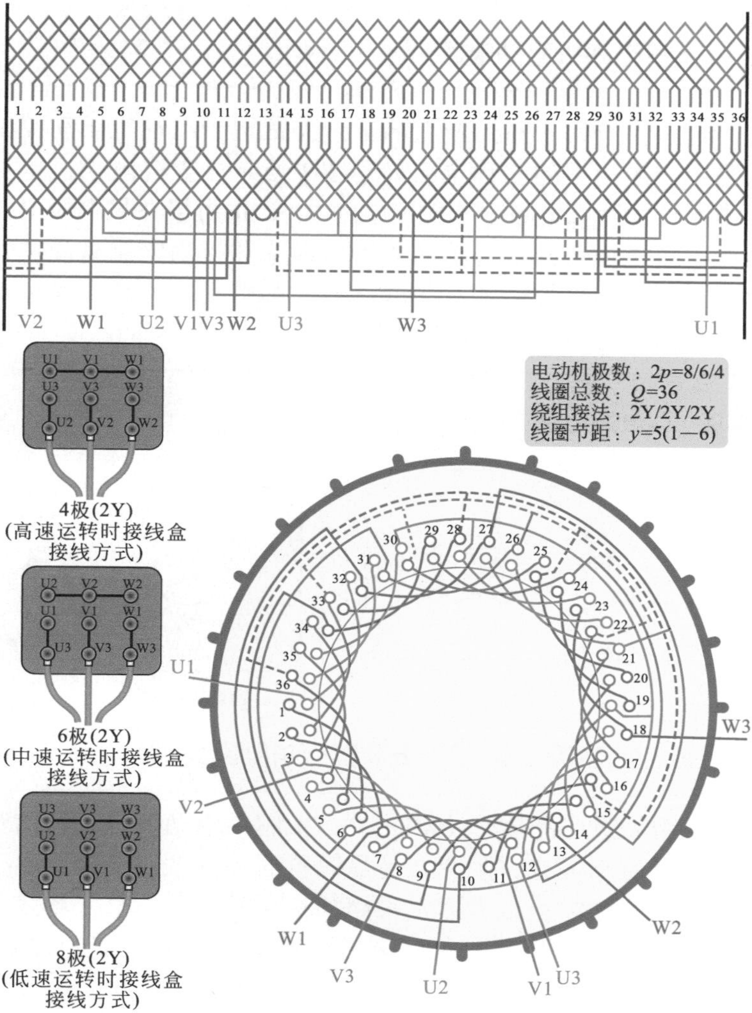

附录
常见电动机驱动电路介绍

一、晶体管电动机驱动电路

晶体管作为一种无触点电子开关常用于电动机驱动控制电路中，最简单的驱动电路如附图 1 所示，直流电动机可接在晶体管发射极电路中（射极跟随器），也可接在集电极电路中作为集电极负载。当给晶体管基极施加控制电流时晶体管导通，则电动机旋转；控制电流消失则电动机停转。通过控制晶体管的电流可实现速度控制。

附图 1　晶体管驱动电路

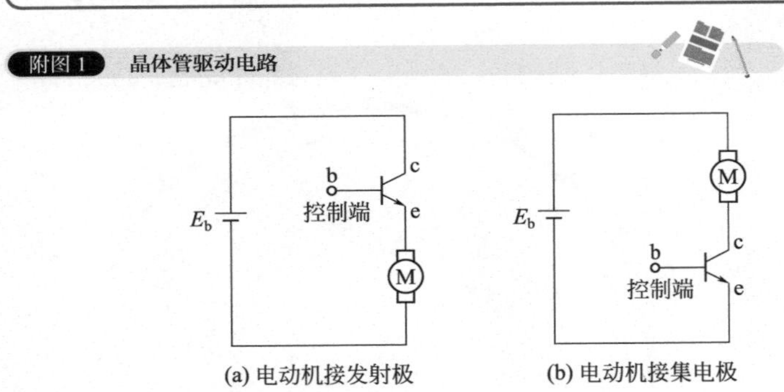

b
c
控制端
e
E_b
M
b
c
控制端
e
E_b
M

(a) 电动机接发射极　　(b) 电动机接集电极

二、场效应晶体管（MDS-FET）电动机驱动电路

采用场效应晶体管（MDS-FET）驱动电动机也是目前流行的一种驱动方式，附图 2 是最简单的一种电路结构，由于电动机的驱动电流较大通常采用功率场效应晶体管，场效应晶体管采用电压控制方式，可实现小信号对大电流的控制，也可实现速度控制。

附图 2　场效应晶体管驱动电路

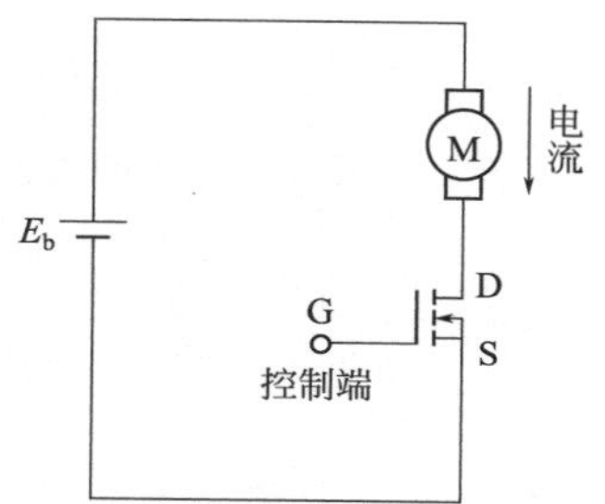
M
电
流
E_b
D
G
S
控制端

三、单向晶闸管电动机驱动电路

附图 3 是采用单向晶闸管的直流电动机驱动电路，这种电路也可用在交流电源电路中，单向晶闸管可在半波周期内被触发，改变触发角可实现速度控制。

附图 3　单向晶闸管驱动电路

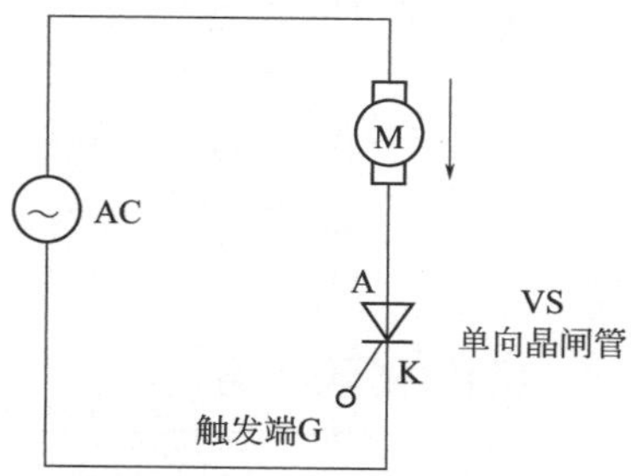
M
AC
A
VS
单向晶闸管
K
触发端G

四、双向晶闸管电动机驱动电路

附图 4 是采用双向晶闸管的交直流电动机驱动电路，该电路可用在交流电源电路中，双向晶闸管受控可双向导通，因而可对交流电动机进行速度控制。

附图 4 双向晶闸管驱动电路

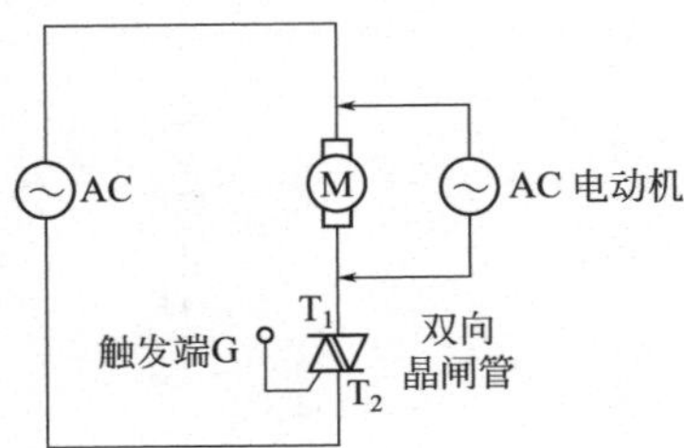
AC
M
AC 电动机
T1
触发端G
双向
晶闸管
T2

五、二极管正反转电动机驱动电路

附图 5 是利用二极管的单向导电性构成的正反转电动机驱动电路。这种电路的特点是将直流电动机接在交流电源中，改变开关 SW 的位置可改变电动机的旋转方向。

附图 5 二极管正反转驱动电路

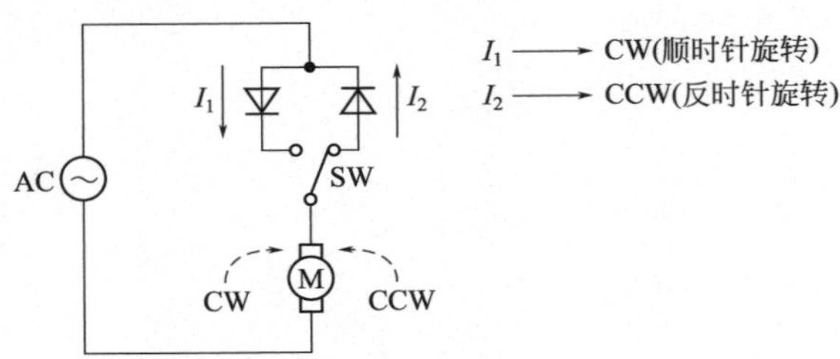
I1
I2
I1 → CW(顺时针旋转)
I2 → CCW(反时针旋转)
AC
SW
M
CW
CCW

六、双电源双向直流电动机驱动电路

附图 6 是双电源双向直流电动机驱动电路，它采用两个互补晶体管（NPN、PNP）作为驱动器件，当控制信号为正极性时，NPN 晶体管导通，E_{b1} 电源的电流 I_1 经 NPN 晶体管流过电动机形成回路，电动机则顺时针旋转。当控制信号为负极性时，PNP 晶体管导通，电源 E_{b2} 的电流 I_2 经电动机和 PNP 晶体管构成回路，电动机则反时针旋转。

附图 6　双电源双向直流电动机驱动电路

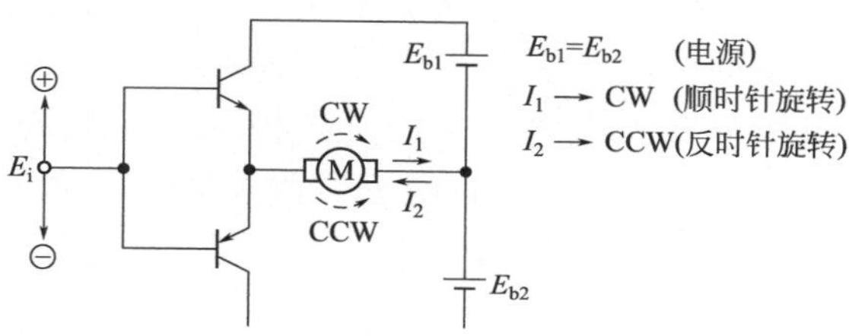

E_{b1}
CW
I_1
E_i
I_2
CCW
E_{b2}
$E_{b1}=E_{b2}$　(电源)
I_1 → CW (顺时针旋转)
I_2 → CCW(反时针旋转)

七、桥式正反转电动机驱动电路

附图 7 是桥式正反转电动机驱动电路，它是由两组互补输出晶体管来驱动直流电动机，这样用一组电源供电就可实现正反转驱动。当控制信号 $E_{i1} > E_{i2}$ 时，VT1 和 VT4 导通，VT2、VT3 截止，电流由 VT1 集电极到发射极经电动机绕组再经 VT2 到电源负极形成回路，电动机顺时针旋转。当控制信号 $E_{i1} < E_{i2}$ 时，晶体管 VT2、VT3 导通，VT1、VT4 截止，电流经 VT3、电动机绕组再经 VT2 到电源负极。流过电动机的电流与前相反则反时针方向旋转。

附图 7　桥式正反转电动机驱动电路

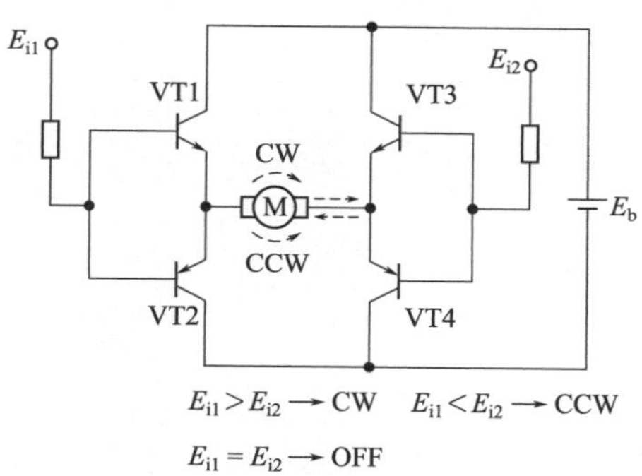

E_{i1}
VT1
VT3
E_{i2}
CW
E_b
CCW
VT2
VT4

$E_{i1} > E_{i2}$ → CW　$E_{i1} < E_{i2}$ → CCW

$E_{i1} = E_{i2}$ → OFF

八、恒压晶体管电动机驱动电路

附图 8 是恒压晶体管电动机驱动电路，所谓恒压控制是指晶体管的发射极电压受基极电压控制，基极电压恒定则发射极输出电压恒定。该电路采用发射极连接负载的方式，电路为射极跟随器，该电路具有电流增益高，电压增益为 1，输出阻抗小的特点，但电源的效率不好。该电路的控制信号为直流或脉冲。

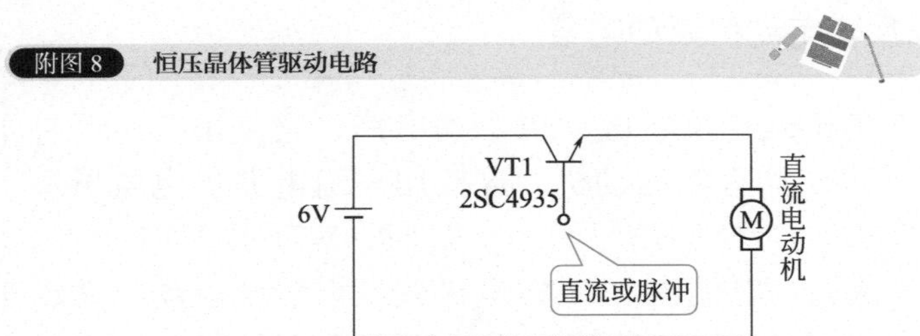
VT1
2SC4935
6V
M
直流电动机
直流或脉冲

附图 8　恒压晶体管驱动电路

九、恒流晶体管电动机驱动电路

附图 9 是恒流晶体管电动机驱动电路，所谓恒流是指晶体管的电流受基极控制，基极控制电流恒定则集电极电流也恒定。该电路采用集电极接负载的方式，具有电流 / 电压增益高，输出阻抗高的特点，电源效率比较高。控制信号为直流或脉冲。

附图 9　恒流晶体管驱动电路

M
VT1
2SC4935
6V
直流或脉冲

十、具有发电制动功能的电动机驱动电路

附图 10 是具有发电制动功能的电动机驱动电路，该电路在 a、b 之间加上电源时，电流经二极管 VD1 为直流电动机供电，开始运转，当去掉 a、b 之间的电源时，电动机失去电源而停机，但由于惯性电动机会继续旋转，这时电动机就相当于发电机而产生反向电流，此时由于二极管 VD1 成反向偏置而截止。电流则经过 VT1 放电，吸收电动机产生的电能。

附图 10 具有发电制动功能的电动机驱动电路

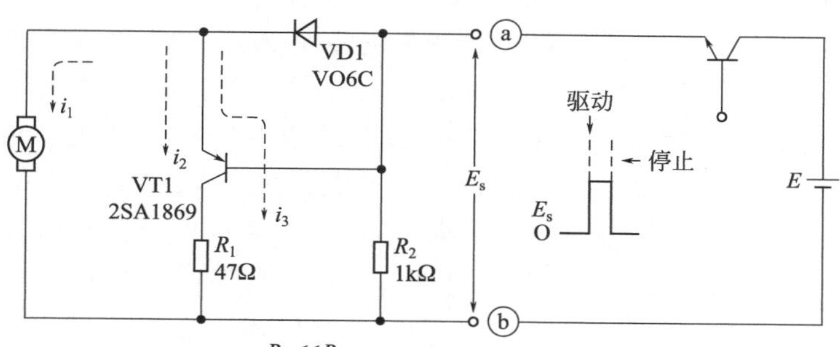
M
i_1
i_2
i_3
VD1
VO6C
VT1
2SA1869
R_1
47Ω
R_2
1kΩ
a
b
E_s
驱动
停止
E_s
O
E
$R_1 \ll R_2$

十一、驱动和制动分离的直流电动机控制电路

附图 11 是驱动和制动分离的直流电动机控制电路，该电路采用双电源双驱动晶体管（NPN 和 PNP 组合）的控制方式。低电压驱动信号加到 VT1（PNP 晶体管）的基极，VT1 便导通，电源 E_{b1} 经 VT1 为电动机供电，电流由左向右，电动机开始旋转。停机时切断驱动信号，加上制动信号（正极性脉冲）VT1 截止，电动机供电被切断，VT2 导通 E_{b2} 为电动机反向供电，使电动机迅速制动，这样就避免了电动机因惯性而继续旋转。

附图 11　驱动和制动分离的直流电动机控制电路

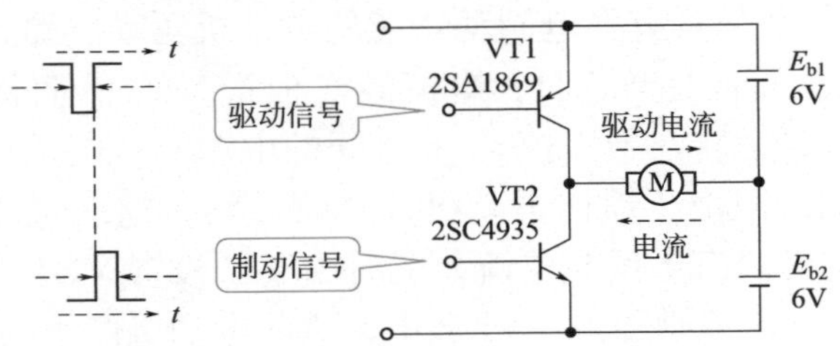
VT1
2SA1869
驱动信号
驱动电流
E_{b1}
6V
VT2
2SC4935
制动信号
电流
E_{b2}
6V
t
t

十二、直流电动机的正反转切换电路

附图 12 是直流电动机的正反转切换电路，该电路采用双电源和互补晶体管（NPN/PNP）的驱动方式，电动机的正反转，由切换开关控制。当切换开关 SW 置于 A 时，正极性控制电压加到两晶体管的基极，于是 NPN 管 VT1 导通，PNP 管 VT2 截止，电源 E_{b1} 为电动机供电，电流从左至右，电动机顺时针（CW）旋转。当切换开关 SW 置于 B 时，负极性控制电压加到两晶体管基极，于是 PNP 晶体管 VT2 导通，NPN 晶体管 VT1 截止，电源 E_{b2} 为电动机供电，电流从右至左，电动机反时针（CCW）旋转。

附图 12　直流电动机的正反转切换电路

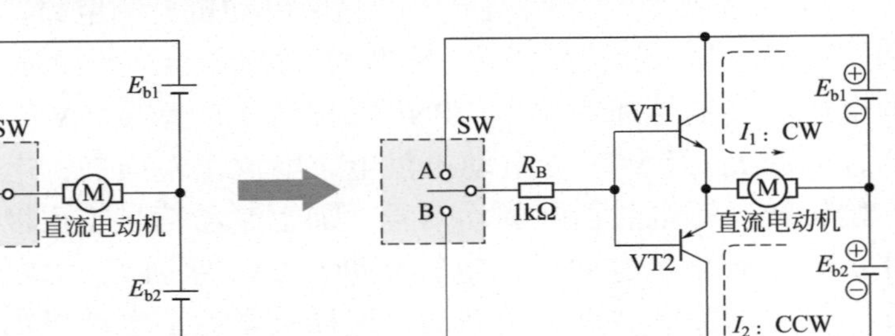
SW
A
B
M
直流电动机
E_{b1}
E_{b2}
SW
A
B
R_B
1kΩ
VT1
VT2
I_1: CW
I_2: CCW
M
直流电动机
E_{b1}
E_{b2}

(a) 工作原理　　(b) 电路结构

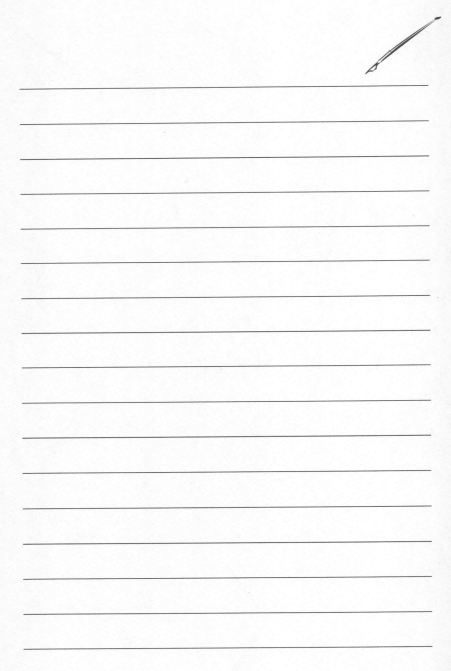